畜禽产品安全生产综合配套技术丛书

鸭标准化安全生产关键技术

乔宏兴　主编

U0391283

中原农民出版社

·郑州·

图书在版编目(CIP)数据

鸭标准化安全生产关键技术/乔宏兴主编.—郑州：
中原农民出版社,2016.8
(畜禽产品安全生产综合配套技术丛书)
ISBN 978-7-5542-1472-5

Ⅰ.①鸭… Ⅱ.①乔… Ⅲ.①鸭-饲养管理-标准化
Ⅳ.①S831.4-65

中国版本图书馆 CIP 数据核字(2016)第 170929 号

鸭标准化安全生产关键技术

乔宏兴　主编

出版社:中原农民出版社

地址:河南省郑州市经五路 66 号　　　　　**邮编**:450002

网址:http://www.zynm.com　　　　　　　**电话**:0371-65788655

发行单位:全国新华书店　　　　　　　　　**传真**:0371-65751257

承印单位:新乡市豫北印务有限公司

投稿邮箱:1093999369@qq.com

交流 QQ:1093999369

邮购热线:0371-65788040

开本:710mm×1010mm　　1/16

印张:17.5

字数:286 千字

版次:2016 年 9 月第 1 版　　　　　　　　**印次**:2016 年 9 月第 1 次印刷

书号:ISBN 978-7-5542-1472-5　　　　　　**定价**:29.00 元

序

  近年来,我国采取有力措施加快转变畜牧业发展方式,提高质量效益和竞争力,现代畜牧业建设取得明显进展。第一,转方式,调结构,畜牧业发展水平快速提升。持续推进畜禽标准化规模养殖,加快生产方式转变,深入开展畜禽养殖标准化示范创建,国家级畜禽标准化示范场累计超过 4 000 家,规模养殖水平保持快速增长。制定发布《关于促进草食畜牧业发展的意见》,加快草食畜牧业转型升级,进一步优化畜禽生产结构。第二,强质量,抓安全,努力增强市场消费信心。坚持产管结合、源头治理,严格实施饲料和生鲜乳质量安全监测计划,严厉打击饲料和生鲜乳违禁添加等违法犯罪行为。切实抓好饲料和生鲜乳质量安全监管,保障了人民群众"舌尖上的安全"。畜牧业发展坚持"创新、协调、绿色、开放、共享"的发展理念,坚持保供给、保安全、保生态目标不动摇,加快转变生产方式,强化政策支持和法制保障,努力实现畜牧业在农业现代化进程中率先突破的目标任务。

  随着互联网、云计算、物联网等信息技术渗透到畜牧业各个领域,越来越多的畜牧从业者开始体会到科技应用带来的巨变,并在实践中将这些先进技术运用到整条产业链中,利用传感器和软件通过移动平台或电脑平台对各环节进行控制,使传统畜牧业更具"智慧"。智慧畜牧业以互联网、云计算、物联网等技术为依托,以信息资源共享运用、信息技术高度集成为主要特征,全力发挥实时监控、视频会议、远程培训、远程诊疗、数字化生产和畜牧网上服务超市等功能,达到提升现代畜牧业智能化、装备化水平,以及提高行业产能和效率的目的。最终打造出集健康养殖、安全屠宰、无害处理、放心流通、绿色消费、追溯有源为一体的现代畜牧业发展模式。

  同时,"十三五"进入全面建成小康社会的决胜阶段,保障肉蛋奶有效供给和质量安全、推动种养结合循环发展、促进养殖增收和草原增绿,任务繁重而艰巨。实现畜牧业持续稳定发展,面临着一系列亟待解决的问题:畜产品消费增速放缓使增产和增收之间矛盾突出,资源环境约束趋紧对传统养殖方式形成了巨大挑战,廉价畜产品进口冲击对提升国内畜产品竞争力提出了迫切要求,食品安全关注度提高使饲料和生鲜乳质量安全监管面临着更大的压力。

"十三五"畜牧业发展,要更加注重产业结构和组织模式优化调整,引导产业专业化分工生产,提高生产效率;要加快现代畜禽牧草种业创新,强化政策支持和科技支撑,调动育种企业积极性,形成富有活力的自主育种机制,提升产业核心竞争力;要进一步推进标准化规模养殖,促进国内养殖水平上新台阶;要积极适应经济"新常态"变化,主动做好畜产品生产消费信息监测分析,加强畜产品质量安全宣传,引导生产者立足消费需求开展生产;要按照"提质增效转方式,稳粮增收可持续"的工作主线,推进供给侧结构性改革,加快转型升级,推行种养结合、绿色环保的高效生态养殖,进一步优化产业结构,完善组织模式,强化政策支持和法制保障,依靠创新驱动,不断提升综合生产能力、市场竞争能力和可持续发展能力,加快推进现代畜牧业建设;要充分发挥畜牧业带动能力强、增收见效快的优势,加快贫困地区特色畜牧业发展,促进精准扶贫、精准脱贫。

由张晓根教授组织编写的《畜禽产品安全生产综合配套技术丛书》涵盖了畜禽产品质量、生产、安全评价与检测技术,畜禽生产环境控制,畜禽场废弃物有效控制与综合利用,兽药规范化生产与合理使用,安全环保型饲料生产,饲料添加剂与高效利用技术,畜禽标准化健康养殖,畜禽疫病预警、诊断与综合防控等方面的内容。

丛书适应新阶段、新形势的要求,总结经验,勇于创新。除了进一步激发养殖业科技人员总结在实践中的创新经验外,无疑将对畜牧业从业者培训、促进产业转型发展,促进畜牧业在农业现代化进程中率先取得突破,起到强有力的推动作用。

中国工程院院士

2016 年 6 月

目　录

第一章　鸭标准化养殖品种

　　我国地大物博,幅员辽阔。多样化的地理、生态、气候条件及人文文化,使各地形成了众多具有地方特点的地方鸭种。从国外引进的优良品种经过适应性饲养也为我国鸭产业提供了良好的品种来源。另外,应用现代育种技术对地方良种鸭进行系统选育后产蛋性能明显提高。在生产中应充分了解鸭优良品种及其生物学特性,引种时应从实际出发,因地制宜,为提高养鸭效益打下坚实的基础。

第一节 肉用型标准品种

一、我国著名的优良肉鸭品种

（一）北京鸭

1. 产地与分布

北京鸭原产于我国北京近郊,其饲养基地在京东大运河及潮白河一带,后来的饲养中心逐渐迁至北京西郊玉泉山下一带护城河附近。北京鸭在我国除北京、天津、上海、广州饲养较多外,全国各地均有分布。于1873年输入美国,1874年自美国转输入英国后,很快传入欧洲各国。北京鸭1888年输入日本,1925年输入苏联,现在已遍及全世界各地,成为蜚声全球的标准肉鸭种。北京鸭具有羽毛纯白、生长迅速、肉质优良、胴体美观、繁殖力强、适应性广、适于圈养等特点。

2. 外貌特征(图1-1,图1-2)

北京鸭体型硕大丰满,挺拔强健。头较大,颈粗,中等长度;体躯呈长方形,前胸突出,背宽平,胸骨长而直;两翅较小,紧附于体躯两侧;尾羽短而上翘。公鸭头大,体躯方正而长,尾部有2~4根向背部卷曲的雄性羽,步态雄健有力。母鸭体躯方正而宽,腹部丰满,腿粗短,蹼宽厚。喙、胫、蹼橙黄色或橘红色;眼的虹彩蓝灰色。雏鸭绒毛金黄色,称为"鸭黄",随着日龄增加颜色逐渐变浅,至4周龄前后变为白色羽毛。

图1-1 北京鸭

图1-2 北京鸭

3. 生产性能

(1)产肉性能 初生雏鸭体重58~62克,3周龄体重1.75~2.0千克,商品代肉鸭7周龄体重3.0千克以上,料肉比达(2.7~3.0)∶1。成年公鸭体重4.0~4.5千克,母鸭3.5~4.0千克。

北京鸭填鸭的半净膛屠宰率公鸭80.6%，母鸭81.0%；全净膛屠宰率公鸭73.8%，母鸭74.1%；胸腿肌占胴体的比例，公鸭18%，母鸭18.5%。北京鸭有较好的肥肝性能，填肥2~3周，肥肝重可达300~400克。

（2）繁殖性能　北京鸭一般150~180日龄性成熟。公、母配种比例1：（5~6），年产蛋量200~240枚，蛋重90~95克，蛋壳白色，受精率90%以上，受精蛋孵化率80%~90%。

（3）肥肝性能　北京鸭有较好的肥肝性能，是国外生产肥肝的主要鸭种，用80~90日龄北京鸭或北京鸭与瘤头鸭杂交的杂种鸭，填饲2~3周，每只可产肥肝300~400克，而且填肥鸭的增重快，可达到肝、肉双收的目的。我国从1980年开始用北京鸭试填肥肝。

（二）天府肉鸭

1. 产地与分布

天府肉鸭系四川农业大学家禽研究室于1989年开始，采用建昌鸭和四川麻鸭杂交配套，经过10年选育而成的二系大型肉鸭商用配套系。四川农业大学家禽育种试验场已形成年产父母代1 500组（每组148只，其中公鸭32只，母鸭116只）以上的生产能力。天府肉鸭现广泛分布于四川、重庆、云南、广西、浙江、湖北、江西、贵州、海南等10多个省区市，具有生长速度快、饲料利用率高、腿胸比例高、饲养周期短、经济效益高等优点。

2. 外貌特征（图1-3，图1-4）

天府肉鸭体型硕大丰满，挺拔美观。头较大，颈粗、中等长，体躯呈长方形，前躯昂起与地面呈30°角，背宽平，胸部丰满，尾短而上翘。母鸭腹部丰满，羽色较杂，以褐麻雀色居多，在颈下2/3处有一白色项圈，胫呈橘红色。腿短粗，蹼宽厚。公鸭有2~4根向背部卷曲的性指羽。羽毛丰满而洁白。喙、胫、蹼呈橘黄色。初生雏鸭绒毛黄色，至4周龄时变为白色羽毛。

图1-3　天府肉鸭（麻羽）

图1-4　天府肉鸭（白羽）

3. 生产性能

(1) 产肉性能　天府肉鸭初生重55克左右,商品代肉鸭5周龄体重2.2～2.4千克,料肉比(2.2～2.4):1。7周龄体重3.0～3.2千克,料肉比(2.5～2.9):1。7周龄全净膛屠宰率公鸭73.9%。

天府肉鸭生长整齐度较好,其上市体重是影响经济效益的重要原因之一。天府肉鸭是制作烤鸭、板鸭的上等原料。从胴体品质的角度考虑,以水盆鸭出售,可在4周龄左右上市;以制烤鸭和板鸭为目的,大约在6周龄上市为宜;用于生产分割肉,则以7周龄上市较为理想。

(2) 繁殖性能　父母代种鸭26周龄开产(产蛋率达5%),年产合格种蛋240～250枚,蛋重85～90克,受精率90%以上,每只种母鸭年产雏鸭170～180只,达到肉用型鸭种的国际领先水平。

(三) 芙蓉鸭(图1-5)

1. 产地与分布

芙蓉鸭是由上海市畜牧兽医研究所育成,为优良的肉鸭配套系,现有SR$_1$、SR$_2$、SR$_7$三个系,具有繁殖力强、早期生长快、饲料利用率高、瘦肉率高等特点。该鸭是瘦肉型鸭,含脂率低,无皮下脂肪,是目前国内含脂率最低的鸭子。

2. 外貌特征

芙蓉鸭体型较大,羽毛白色,头颈粗短,胸宽厚丰满。

图1-5　芙蓉鸭

3. 生产性能

商品代肉鸭早期生长速度快,日增重50克以上,8周龄活重2.82千克以上,料肉比(2.85～2.89)∶1,出肉率达82%,较北京鸭高。胴体胸肌率达15.5%～16.9%。胴体皮及皮下脂肪率低于30%。种鸭180日龄开产,母鸭年均产蛋188～210枚。公、母配种比例为1∶(5～7),种蛋受精率88.5%～90.3%,种蛋孵化率70.5%～74.1%。

(四)昆山鸭(图1-6)

1. 产地与分布

昆山鸭又称昆山大麻鸭,系江苏省苏州地区培育的品系。采用北京鸭与当地鸭杂交,经过14年培育而成。

2. 外貌特征

昆山鸭体型似北京鸭,头大、颈粗,体躯呈长方形,宽而深。公鸭头、颈上部羽毛为墨绿色,有光泽,体背部和尾羽为墨褐色。体侧灰褐色有芦花纹,腹部白色。母鸭全身羽毛深褐色,点缀黑色芝麻斑纹,眼上方有白眉,翼部有墨绿色颈羽。昆山鸭的胫、蹼呈橘黄色。

图1-6　昆山鸭

3. 生产性能

公鸭成年体重3.5千克,母鸭3千克,开产日龄180天左右,年产蛋140～160枚,平均蛋重80克左右,蛋壳乳白色,少数青色。60日龄仔鸭体重2.4千克左右。

二、世界著名的优良肉鸭品种

（一）樱桃谷肉鸭（图1-7）

1. 产地与分布

由英国林肯郡樱桃谷公司引进北京鸭和埃里斯伯里鸭为亲本，经杂交选育而成9个品系：白羽系 L_2、L_3、M_1、S_1、S_2；杂色羽系 CL_3、CM_1、CS_3 和 CS_4。经配套系选育而育成的 X-11 杂交鸭，现已远销 60 个国家和地区，是世界上著名的肉用型品种，1985 年我国四川省引进该场培育的超级肉鸭父母代 SM 系。1993 年四川绵阳市建立祖代鸭场，向全国销售父母代种鸭。

2. 外貌特征

由于含有北京鸭血液，故外形与北京鸭大致相同。雏鸭羽毛呈淡黄色，成年鸭全身羽毛白色，少数有零星黑色杂羽；喙橙黄色，少数呈肉红色；胫、蹼橘红色。该鸭体型硕大，体躯呈长方形；公鸭头大，颈粗短，有 2~4 根白色性指羽。胸部宽深，肌肉发达，腿粗短。

图1-7　樱桃谷肉鸭

3. 生产性能

（1）产肉性能　樱桃谷肉鸭早期生长极为迅速，商品代 7 周龄体重达 3.0~3.3 千克，料肉比(2.5~3.0):1。根据市场需要 30 日龄后就可以上市，改进性的超级樱桃谷肉鸭 47 日龄活重可达 3.4 千克，肉料比为 1:2.81。经我国一些单位测定，该鸭 L_2 型商品代 7 周龄体重达到 3.12 千克，肉料比 1:2.31。半净膛屠宰率 85.55%，全净膛率(带头脚)79.11%，去头脚的全净膛率 71.81%。

（2）繁殖性能　据樱桃谷肉鸭种鸭场 1985 年在北京举办的国际展览会展出的材料介绍，父母代母鸭 26 周龄开产，40 周龄产蛋 220 枚左右，蛋重 80~85 克，蛋壳为白色。父母代种鸭公、母配种比例为 1:(5~6)，受精率

90%以上,种蛋孵化率78%,每只母鸭可提供商品代雏鸭苗150～180只。国内广泛利用樱桃谷鸭与北京鸭、绍鸭、中型麻鸭杂交,获得了良好的杂交优势。

(二)狄高鸭(图1-8)

1. 产地与分布

狄高鸭是澳大利亚狄高公司采用配套系方法,利用中国北京鸭经选育而成的大型肉鸭配套系。20世纪80年代引入我国。1987年广东省南海县种鸭场引进狄高鸭父母代,生产的商品代肉鸭生长快,早熟易肥,体型大,屠宰率高,适应性强,喜干燥,栖息于山坡树荫下,适于圈养,故又称为"旱地鸭"。因此,在广大农村、丘陵地带、缺少水的地区,均可饲养。

2. 外貌特征

狄高鸭的外形与北京鸭相似。全身羽毛白色。头大颈粗,背长宽,胸宽,尾稍翘起,性指羽2～4根。狄高鸭抗寒、耐热能力较强,适应性广,能在陆地上交配,适于丘陵地区旱地圈养或网养。体型较北京鸭大,全身羽毛洁白,外形酷似白鹅。头大、颈粗而长,胸宽背阔长,体躯前昂,脚粗短,尾稍翘起。体躯前昂,后躯靠近地面,喙、脚、蹼为橙黄色。

图1-8 狄高鸭

3. 生产性能

(1)产肉性能 初生雏鸭体重55克左右。成年公母鸭体重一般3.5千克。商品肉鸭7周龄体重3.0千克左右,料肉比(2.9～3.0):1。半净膛屠宰率92.8%～94.%,全净膛率(含头脚重)79.7%,胸肌重273克,腿肌重352克,腹脂重45克左右。商品肉鸭瘦肉率高,长羽快,雏鸭21天可长出大毛,45天齐羽,具有早熟易肥、柔嫩皮脆等特点,是制作烤鸭、板鸭、卤鸭的上等原料。

(2)繁殖性能 父母代鸭26周龄开产,年产蛋180～230枚,平均蛋重88克。蛋壳乳白色。产蛋率达90%以上。公、母配种比例1:(5～6),种蛋受精率90%以上,受精蛋孵化率85%左右。父母代每只母鸭可提供商品代雏鸭160只左右。

(三)瘤头鸭(图1-9)

1. 产地与分布

瘤头鸭又称疣鼻鸭、麝香鸭,中国俗称番鸭。原产于南美洲和中美洲的热带地区。国外以法国饲养最多,占其养鸭总数的80%左右,其中以克里木番鸭最著名。此外,美国、苏联、德国、丹麦和加拿大等国均有饲养。瘤头鸭由海外洋舶引入我国,在福建至少已有250年以上的饲养历史。除福建省外,我国的广东、广西、江西、江苏、湖南、安徽、浙江等省区均有饲养。瘤头鸭以其产瘦肉多而愈发受到现代家禽业的重视。

图1-9 瘤头鸭

2. 外貌特征

番鸭外貌与其他肉鸭明显不同,在嘴的基部和眼圈周围有红色或黑色的肉瘤,雄鸭比雌鸭发达,故名瘤头鸭。体型前宽后窄呈纺锤状,体躯与地面呈水平状态。喙较短而窄,呈“雁形喙”。头顶有一排纵向长羽,受刺激时竖起呈刷状。头大、颈粗短,胸部宽而平,腹部不发达,尾部较长。翅膀长达尾部,有一定的飞翔能力;腿短而粗壮,步态平稳,行走时体躯不摇摆。公鸭叫声低哑,呈“咝咝”声。公鸭在繁殖季节可散发出麝香味,故称为“麝香鸭”。瘤头鸭的羽毛主要有黑、白两种,黑色瘤头鸭(图1-10)的羽毛具有墨绿色光泽,喙肉红色有黑斑,皮瘤黑红色,眼的虹彩浅黄色,胫、蹼多为黑色。白羽瘤头鸭(图1-11)的喙呈粉红色,皮瘤鲜红色,眼的虹彩浅灰色,胫、蹼黄色。黑白花瘤头鸭的喙为肉红色带有黑斑,皮瘤红色,胫、蹼黄色。

3. 生产性能

(1)产肉性能 初生雏鸭体重40~42克,番鸭早期生长速度快,3~10周

图1-10 黑番鸭　　　　　图1-11 白番鸭

龄期间增重最快,10周龄增重开始减慢,10周龄公鸭体重1.31千克,母鸭1.05千克;12周龄公鸭2.68千克,母鸭1.73千克。成年公鸭体重3.40千克,母鸭2.0千克。据福建农学院测定:福建FA系10周龄公鸭体重达到2.78千克,母鸭体重1.84千克,肉料比1:3.1。

用瘤头鸭公鸭与家鸭的母鸭杂交,生产属间的远缘杂交鸭,称为半番鸭或骡鸭。半番鸭生长迅速,饲料报酬高,肉质好,抗逆性强。用瘤头鸭公鸭与北京鸭母鸭杂交生产的半番鸭,8周龄平均体重2.16千克。

瘤头鸭成年公鸭的半净膛屠宰率81.4%,全净膛屠宰率为74%;母鸭的半净膛屠宰率84.9%,全净膛屠宰率75%。瘤头鸭胸腿肌发达,公鸭胸腿重占全净膛的29.63%,母鸭为29.74%。10~12周龄的瘤头鸭经填饲2~3周,肥肝可达300~353克,肝料比1:(30~32)。

(2)繁殖性能　母鸭180~210日龄开产。年产蛋量一般为80~120枚,高产的达150~160枚。蛋重70~80克,蛋壳玉白色。公、母配种比例1:(6~8),受精率85%~94%,孵化期比普通家鸭长,为35天左右。受精蛋孵化率80%~85%,母鸭有就巢性,种公鸭利用期为1~1.5年。

(四)奥白星鸭(图1-12)

1. 产地与分布

奥白星鸭由法国克里莫公司培育,1996年成都克里莫雄峰育种公司首次从法国引进四系配套的奥白星63型祖代种鸭。奥白星鸭在国内也被称为雄峰肉鸭。奥白星鸭具有体型大、早期增重快、饲料利用率高、屠宰率高等特点。

2. 外貌特征

奥白星63型鸭体型较大,挺拔强健,体躯呈长方形,前胸突出,背宽平,体躯倾斜度小,几乎与地面平行。双翅较少,尾羽短而翘。公鸭尾部有2~4根向背部卷曲的性指羽。母鸭腹部丰满,腿粗短,蹼宽厚。雏鸭羽毛呈金黄色,4周龄前逐渐变成白色羽毛。成年鸭全身羽毛白色,喙橙黄色。

图 1-12 奥白星鸭

3. 生产性能

(1)产肉性能 奥白星鸭商品代 1、2、3、4、5、6、7 周龄活重分别为 0.402 千克、1.059 千克、1.69 千克、2.21 千克、2.71 千克、3.21 千克和 3.39 千克,7 周龄料肉比为 2.86:1。抗病力较强,适应性强。生长速度和樱桃谷肉鸭相差无几。7 周龄屠宰时胴体体重 67.8%,瘦肉率为 30.5%,胸肉率 13.6%。

(2)繁殖性能 奥白星鸭父母代母鸭 24 周龄性成熟,25 周龄开产,开产时体重一般 3 千克。40 周龄累计产蛋 220~240 枚。种蛋受精率 93%,公、母配种比例为 1:(5~6)。

(五)枫叶鸭(图 1-13)

1. 产地与分布

枫叶鸭又名美宝鸭,是美国美宝公司培育的优良肉鸭品种。近年来,由广东省一些研究单位和种鸭场引进饲养。枫叶鸭具有早期生长速度快、瘦肉率高、繁殖力高、抗热性能好、羽毛多、毛色洁白等特点。

图 1-13 枫叶鸭

2. 外貌特征

枫叶鸭体型较大,体躯前宽后窄呈倒三角形,背部宽平,公鸭头大颈粗,脚粗长,母鸭颈细长,脚细短,体躯倾斜度小,几乎与地面平行。雏鸭绒毛呈淡黄色,成年鸭全身羽毛白色。喙大部分为橙黄色,小部分为肉色。胫和蹼为橘红色。

3. 生产性能

该鸭父母代在25～26周龄开产,平均每只母鸭40周产蛋210枚,平均蛋重88克,蛋壳白色。公、母配比1:6,种蛋受精率93%,受精蛋孵化率90%,每只母鸭年提供商品代鸭苗160只以上。商品代肉鸭49日龄平均体重3.25千克,料肉比2.8:1。半净膛屠宰率84%,全净膛屠宰率为75.9%,腿肌率15.1%,胸肌率9.1%。

(六)海格肉鸭

海格肉鸭是丹麦培育的优良肉鸭品种。广东省茂名市种鸭场于1988年首次从丹麦引入一大型肉鸭配套系。经饲养证实,该鸭种的商品代具有适应性强的特点,既能水养,又能旱养,特别能较好适应南方夏季炎热的气候条件。海格肉鸭43～45日龄上市体重可达3.0千克,肉料比1:2.8,该鸭羽毛生长较快,45日龄时,翼羽长齐达5厘来,可达到出口要求。海格肉鸭肉质好,腹脂较少,适合对低脂肪食物要求的消费者的需求。

(七)力加鸭

力加鸭是丹麦培育的优良肉用鸭品种。广东省珠海市广海良种种鸭场于1989年从丹麦引进父母代。经饲养,种母鸭25周龄产蛋率达5%,产蛋高峰期可达87%。平均每只种母鸭40周龄产蛋206枚,平均蛋重85克,其商品代肉鸭饲养49日龄平均体重2.91千克,肉料比1:2.95。

(八)史狄高鸭

史狄高鸭是由澳大利亚培育的优良肉用鸭品种。广东省珠海市海良种鸭场于1988年从澳大利亚引进父母代。种母鸭26周龄产蛋率达5%,产蛋高峰期可达86%,平均每只种母鸭40周产蛋191枚,平均蛋重88克。该鸭适应性强,耐高温,饲养49日龄平均体重3.15千克,肉料比1:2.9。

(九)克里莫瘤头鸭

克里莫瘤头鸭是由法国克里莫公司培育而成,有白色、灰白和黑色三种羽色。此鸭体质健壮,适应性强,肉质好,瘦肉多,肉味鲜香,是法国饲养量最多的品种。

此鸭成年公鸭体重 4.9 ~ 5.3 千克,母鸭 2.7 ~ 3.1 千克。仔母鸭 10 周龄体重 2.2 ~ 2.3 千克,仔公鸭 11 周龄体重 4.0 ~ 4.2 千克。半净腔屠宰率82.0%,全净腔屠宰率 64%,肉料比为 1:2.7。开产日龄约为 196 天,年平均产蛋量 160 枚。种蛋受精率 90% 以上,受精蛋孵化率 72% 以上。此鸭的肥肝性能良好,一般在 90 日龄时用玉米填饲,经 21 天左右,平均肥肝重可达 400 ~ 500 克。法国生产的鸭肥肝约半数都是克里莫瘤头鸭。

第二节　蛋用型标准品种

1. 绍兴鸭(图 1 – 14,图 1 – 15)

简称绍鸭,又称绍兴麻鸭、浙江麻鸭,因原产地位于浙江旧绍兴府所辖的绍兴、萧山、诸暨等地而得名,是我国优良的高产蛋鸭品种,属小型麻鸭,该品种被列入《中国家禽品种志及图谱》。其特点是产蛋多、成熟早、体型小、饲料利用率高。既能在稻田、江河、湖泊中放牧,又适合集约化圈养,适应性很强,浙江省、上海市郊区及江苏的太湖地区为主要产区。目前,江西、福建、湖南、广东、黑龙江等十几个省均有分布。

(1)外貌特征　鸭体匀称、紧凑、结实,躯体狭长。颈细、喙长,腹部丰满,站立与行走时前躯昂起,躯干与地面成 45°,具有理想的蛋用体型。

白颈绍兴鸭　　白羽绍兴鸭　　绿翅绍兴鸭

图 1 – 14　绍兴鸭　　　　图 1 – 15　绍兴鸭

绍兴鸭根据毛色可分为带圈白翼梢鸭(WH)和红毛绿翼梢鸭(RE)两个类型。WH 系公鸭全身羽毛深褐色,头和颈上部羽毛墨绿色,有光泽。母鸭全身以浅褐色麻雀羽为基色。颈中间有 2 ~ 4 厘米宽的白色羽圈。主翼羽白色,腹部中下部羽毛白色,虹彩灰蓝色,喙豆黑色,胫、蹼橘红色,爪白色,皮肤黄色。RE 系全身羽毛以深褐色为主,头至颈部羽毛均呈墨绿色,有光泽。镜羽亦呈墨绿色,尾部性羽墨绿色,喙、胫、蹼均为橘红色。母鸭全身以深褐色为主。颈部无白圈,颈上部褐色,无麻点。镜羽墨绿色,有光泽。腹部褐麻,无白色。虹彩褐色。喙灰黄色或豆黑色。蹼橘黄色。爪黑色,皮肤黄色。

（2）生产性能　初生雏鸭体重37～40克,30～60日龄生长最快,70日龄后生长减慢,90日龄时的体重可达成年体重的90%左右。绍兴鸭体型小,成年鸭体重1 450克左右。绍兴鸭成熟较早,一般在3个月以后陆续开始产蛋,至150日龄时产蛋率可达到50%,至170日龄左右即可达到产蛋高峰,并能保持持续高产。年平均产蛋量280～310枚,高产群可达310枚以上。蛋壳光滑而厚实,多以白色为主,青绿色次之,无斑点。两个品系母鸭产蛋量和蛋重略有区别,WH系500日龄入舍母鸭的产蛋量为309.4枚,RE系为311枚。第一年产的蛋平均蛋重WH系为63克,RE系为59克,第二年产的蛋平均蛋重WH系为71克,RE系为63克。500日龄产蛋总重WH系平均为1 851克,RE系为1 854克。产蛋期料蛋比(2.8～3.0)∶1。6月龄以上的种鸭所产的蛋才能留种,母鸭可利用1～2年,以第一年较好,公鸭只利用1年。公、母鸭配比为1∶(20～30),随季节和气温的变化进行适当调整,一般早春为1∶20,夏、秋季为1∶30。按此配比,种蛋受精率可达90%以上。绍兴鸭无就巢性。全部采用人工孵化。农村产区都采用传统的缸式孵化,由于破蛋率较高,受精蛋的孵化率为75%～85%。

2. 金定鸭(图1-16)

金定鸭又称绿头鸭、华南鸭,是我国优良的蛋用型品种之一,属于小型麻鸭。既适于放牧饲养,也适于圈养、舍饲或海滩放牧。其中心产区在福建省龙海市紫泥乡金定村,厦门市郊区。龙海、晋江、惠安、漳州、云霄和绍安等市、县均有分布。

图1-16　金定鸭

（1）外貌特征　体型较长,羽毛紧凑。颈细长,背平直,胸部挺突,后躯较发达。眼的虹彩为褐色,胫、蹼橘红色,爪黑色。公鸭头部和颈上部羽毛具有翠绿色光泽,无明显的白色颈圈;前胸红褐色;背部灰褐色;腹部羽毛灰白色,具细芦花斑纹;翼羽深褐色,有镜羽,尾羽黑褐色。母鸭体躯较细而紧凑,腹部丰满。全身羽毛呈赤褐色麻雀羽,喙呈古铜色。金定鸭的尾脂腺发达,为鸭梳理羽毛提供了充足的油脂,故羽毛防湿性能较强。

(2)生产性能 初生公鸭体重47.6克,母鸭47.4克;1月龄公鸭体重560克,母鸭550克;2月龄公鸭体重1039克,母鸭1037克;3月龄公鸭体重1464.5克,母鸭1465.5克。成年公鸭体重1760克,母鸭1780克。成年母鸭的半净膛屠宰率为79%,全净膛屠宰率为70%,以金定母鸭与瘤头鸭公鸭生产的"半番鸭",产肉性能良好,饲养90天体重可达3000克。公鸭性成熟日龄为100天左右,母鸭开产日龄为110~120天,年产蛋量一般在260~300枚,平均蛋重72.3克,蛋壳多为青色。公、母配比1:25,种蛋受精率89%~93%,受精蛋孵化率85.3%~92.3%。母鸭利用年限一般为3年,公鸭1年。

3.卡基—康贝尔鸭(图1-17)

系英国采用浅黄色和白色印度跑鸭与法国罗恩公鸭杂交,再与公野鸭杂交选育而成的蛋鸭品种,是世界上优秀的蛋鸭品种之一。

图1-17 卡基—康贝尔鸭

(1)外貌特征 体躯高大、深广而结实,颈细长而直,背宽广平直,胸部饱满,腹部发育良好。公鸭的头、颈、尾部羽毛为古铜色,其余部位羽毛为卡基色(即茶褐色),喙墨绿色,胫、蹼橘红色,母鸭头、颈部羽毛为深褐色,其余部位羽毛为茶褐色。喙浅褐色或浅绿色,胫、蹼黄褐色。

(2)生产性能 仔鸭60日龄母鸭体重1580克,公鸭1820克;成年公鸭体重2300~2500克,母鸭2000~2300克。母鸭在120~140日龄开产,年产量230~250枚,500日龄产蛋量270~300枚,蛋重72~74克,蛋壳为白色。公、母配比1:(15~20),种蛋受精率为85%左右,受精蛋孵化率为80%以上。公鸭利用年限1年,母鸭第二年产蛋量明显下降。

4. 连城白鸭(图 1-18)

原产于福建连城、长汀、上杭、永安和清流县,为地方良种鸭,是我国唯一的白羽、黑嘴、黑脚的品种。连城白鸭肉富含 18 种氨基酸和 10 种微量元素,胆固醇含量低,具有清热解毒、祛痰开窍、宁心安神等作用,是民间用于治疗麻疹、痄症、肝炎、无名低热的良药。近年来发现连城白鸭对癌症病人有缓解病情、延长生命的功效。其肉质鲜美、汤味独特、营养丰富,是独具特色的鸭肉。

图 1-18　连城白鸭

(1)外貌特征　全身羽毛洁白紧密,体躯狭长,头小、嘴长、颈细长,前胸浅,喙、趾、蹼均为青绿色或黑色,眼球黑色。在长期的舍饲选育条件下,腹部略下垂,形如楔状。在长期放牧条件下,鸭的腹部不下垂,行动灵活,善于爬坡和潜水,觅食和抗病能力强,适宜在山区梯田、垄田上放牧。

(2)生产性能　初生体重 40~44 克,1 月龄体重 250~300 克,3 月龄体重 1 300~1 500 克,成年公鸭体重 1 400~1 500 克,母鸭 1 300~1 400 克。母鸭开产日龄为 120~130 天,年产蛋 220~230 枚,第二个产蛋年可达 250~280 枚,平均蛋重 58 克,蛋壳颜色以白色居多,少数为青色。蛋壳坚硬,有利于运输。公鸭 180 天配种,公、母配比 1:(20~25),种蛋受精率为 90% 以上,公鸭利用年限 1 年,母鸭 3 年。

5. 攸县麻鸭(图 1-19)

属小型蛋用鸭品种,具有体小灵活、成熟早、产蛋性能好、饲料利用率高等特点,特别适于稻田放牧。主产于湖南省攸县境内的攸水和沙河流域一带,以网岭、鸭塘浦、新市等地为中心产区。

(1)外貌特征　体型轻小,呈船形,羽毛紧密,喙豆黑色。母鸭全身羽毛黄褐色,具有椭圆形黑色板块,即麻雀羽。虹彩茶褐色,爪黑褐色。公鸭喙绿褐色,头部和颈上部羽毛翠绿色,有光泽,虹彩油黑色,颈中部有白色羽圈,颈下部和胸部褐色,腹羽、翼羽灰褐色,尾羽和性羽墨绿色,胫、蹼橙黄色,爪黑色。

攸县麻鸭公鸭　　　攸县麻鸭母鸭

图1-19　攸县麻鸭

（2）生产性能　攸县麻鸭初生重39克，1月龄体重48.5克，2月龄公鸭重850克，母鸭重852克，3月龄公鸭重1120克，母鸭重1180克；成年公、母鸭体重相似，均为1200~1300克。母鸭100~110日龄开产，最早的85~90日龄，年产蛋200~250枚，蛋重约62克。白壳蛋占90%，蛋壳厚0.36毫米；青壳蛋占10%，蛋壳厚0.37毫米。公鸭性成熟日龄100天左右，公、母配比1:25，种蛋受精率94.8%，受精蛋孵化率82.66%。

6. 莆田黑鸭（图1-20）

系我国现今仅有的一个全黑色品种，主要分布于福建省的晋江和莆田两个地区的沿海各县及福州市的浪岐、亭江、连江县的浦口等地。

莆田黑鸭公鸭　　　莆田黑鸭母鸭

图1-20　莆田黑鸭

（1）外貌特征　莆田黑鸭体型轻巧、紧凑，骨骼坚实，行走迅速。全身羽毛浅黑色，着生紧密；喙为墨绿色；胫、蹼、爪黑色。公鸭有性指羽，头、颈部羽毛具有光泽，雄性特征明显。

（2）生产性能　成年公鸭体重1300~1400克，母鸭1550~1650克。莆田黑鸭的母鸭与瘤头鸭杂交生产的半番鸭生长迅速，易育肥，肉质细嫩，市场销路好。母鸭开产日龄120天左右，年产蛋270~290枚，蛋重70克，白壳蛋占多数,料蛋比3.84:1。公、母配比1:25,种蛋受精率为95%左右。

第三节 兼用型标准品种

1. 高邮鸭(图1-21)

为我国较大型麻鸭品种,属蛋肉兼用型,以产双黄蛋著称。主要产于江苏省京杭运河沿岸的里下河地区。全国许多省、市均有引进,以广东、云南、贵州、湖南、江西、安徽等地饲养较多。

(1)外貌特征 高邮鸭发育匀称,有典型的兼用型种鸭体型。公鸭体型较大,背阔肩宽,胸深,体躯呈长方形。头颈上部羽毛为深蓝色,背、腰、胸褐色芦花羽,尾羽黑色,腹部白色,喙青绿色,虹彩深褐色,胫、蹼橘红色,爪黑色,有"乌头白档青嘴雄"之称。母鸭的颈细长,羽毛紧密,胸宽深,后躯发达。全身为麻雀色羽,淡褐色,花纹细小,有锐羽。喙青色,虹彩深褐色,胫、蹼灰褐色,爪黑色。雏鸭羽色为黑头星,青喙,黑线背,黑尾巴,黑胫、黑蹼、黑爪。

图1-21 高邮鸭

(2)生产性能 高邮鸭生长速度快,在放牧条件下,70日龄体重达1 500克左右,较好的饲养条件下可达1 800~2 000克,以40~70日龄生长最快。成年公鸭体重2 300~2 400克,母鸭2 600~2 700克。放牧条件下成年鸭半净膛屠宰率80%,全净膛屠宰率70%。公鸭70日龄后即有性行为,母鸭开产日龄108~140天,年平均产蛋140~160枚,蛋重75.9克,壳色以白色为主,双黄蛋占产蛋总数的0.3%左右。公、母配比1:(25~33),种蛋受精率为92%~94%,受精蛋孵化率为85%以上。

2. 建昌鸭(图1-22)

建昌鸭是肉用性能优良、以生产大肥肝著称的肉蛋兼用型麻鸭,素有"大肝鸭"的美称。主要产于四川省的西昌、德昌、冕宁、米易和会理等县。西昌古称建昌，因而得名。当地素有腌制板鸭、填肥取肝、食用鸭油的习俗，经过长期的选择，育成了以肉为主、肉蛋兼用的品种。

（1）外貌特征　体型中等大小，体躯宽深，头大颈粗。公鸭头和颈上部羽毛墨绿色而有光泽，颈下部1/3处有白色环状羽带。胸、背红褐色，腹部银灰色，尾羽黑色；喙青绿。胫、蹼橘红色，故有"绿头""红胸""银肚""青嘴公"之称。母鸭羽毛以浅麻和深麻为主；喙橘黄色，胫、蹼橘红色。除麻雀羽色外，建昌鸭还有约15%的白胸黑鸭，公、母鸭羽色相同，前胸白色，有些个体白色羽扩大到颈下，其余体羽黑色。喙、胫、蹼黑色。

图1-22　建昌鸭

（2）生产性能　建昌鸭生长速度较快，初生体重37.4克，1月龄体重302.5克，2月龄体重962.5克，3月龄体重1 655.8克，成年公鸭体重2 200～2 600克，母鸭体重2 000～2 100克。全净膛屠宰率成年公鸭72.3%，母鸭74.1%。90日龄左右经人工强制填饲玉米2～3周可得肥肝229.24～324.36克。母鸭开产日龄150～180天，年产蛋150枚左右，蛋重72～73克；蛋壳分青、白两色，青壳蛋占60%～70%。公、母配比1:28，种蛋受精率为90%左右，受精蛋孵化率为80%左右。

3. 大余鸭

属大型麻鸭，主产于江西省大余县，分布于大余县周围的遂州、崇义、永新等赣南各县及广东省南雄市。主要用于制作板鸭，本品种以腌制南安板鸭而闻名，具有皮薄肉嫩、骨脆可嚼、脂味香浓等特点，在广州、港澳地区及东南亚等地久负盛名。

（1）外貌特征　体型中等，无白色颈圈，翼部有墨绿色镜羽。喙青色，胫、蹼青绿色，皮肤白色。公鸭头、颈、背、腹部红褐色，翼羽墨绿色。母鸭褐羽带大块黑条纹，称为"大粒麻"。

（2）生产性能　在放牧条件下,90日龄仔鸭活重1 400~1 500克,再经1个月的育肥饲养,体重达1 900~2 000克,即可屠宰加工板鸭。半净膛屠宰率公鸭为84.1%,母鸭为84.5%;全净膛屠宰率公鸭为74.9%,母鸭为75.3%。成年鸭体重2 000~2 200克。母鸭开产日龄180~200天,年产蛋180~220枚,平均蛋重70克,蛋壳白色。公、母配比1:10,种蛋受精率为81%~91%,受精蛋孵化率为90%以上。

4. 巢湖鸭(图1-23)

主产于安徽省中部,巢湖周围的庐江、巢县、肥西、肥东等县。该品种具有体质健壮、行动敏捷、抗逆性和采食能力强等特点,是制作熏鸭和南京板鸭的良好材料。

图1-23　巢湖鸭

（1）外貌特征　体型中等大小,呈长方形,匀称紧凑。公鸭的头和颈上部羽毛呈墨绿色,有光泽,前胸和背腰部羽毛褐色,缀有黑色条斑,腹部白色,尾部黑色,喙黄绿色,虹彩褐色,胫、蹼橘红色,爪黑色。母鸭体羽浅褐色,缀黑色细花纹,呈浅麻细花形,翼部有蓝绿色镜羽,眼上方有白色或浅黄色的眉纹。

（2）生产性能　肉用仔鸭70日龄体重1 500克,90日龄体重2 000克。半净膛屠宰率72.6%~73.4%。成年公鸭体重2 100~2 700克,母鸭1 900~2 400克。母鸭开产日龄140~160天,年产蛋160~180枚,平均蛋重70克,蛋壳以白色居多。公、母配比早春1:25,清明后1:33,种蛋受精率为90%以上,受精蛋孵化率为89%~94%。公鸭利用年限为1年,母鸭3~4年。

5. 昆山鸭

又称昆山大麻鸭,系江苏省苏州地区培育的肉蛋兼用型品种。该品种系由北京鸭与当地的娄门鸭杂交培育而成。

（1）外貌特征　体型似父本北京鸭,头大、颈粗,体躯长方形,宽而且深,喙青绿色,胫、蹼橘红色。羽毛似母本娄门鸭。公鸭头、颈部羽毛墨绿色,有光泽,体背部和尾羽黑褐色,体侧灰褐色有芦花纹,腹部白色,翼部镜羽墨绿色。母鸭全身羽毛深褐色,缀黑色麻雀斑纹,眼上方有白眉,翼部有墨绿色镜羽。

(2)生产性能　60日龄仔鸭体重2 400克;成年公鸭体重3 500克,母鸭3 000克。母鸭开产日龄180天,年产蛋140~160枚,蛋重80克左右,蛋壳乳白色,少数青色。

第四节　鸭的生物学特性

一、鸭的外貌特征

鸭体型外貌是其生理结构的反映,是识别鸭品种的主要依据。形态结构与生产性能是相关联的。鸭的身体与其他鸟类一样,外形呈流线型,全身覆盖羽毛,分头、颈、躯干、四肢和尾部等。

1. 头部

鸭头部较大,呈圆形,除喙之外,其余部分覆盖短羽。耳孔外被耳羽覆盖,防止头部入水取食时水浸入耳中。喙扁长、角质,可以啄开泥而夹住食物,是采食与防卫的器官。喙分上下两片,上大下小,合拢时相邻的边缘有锯齿状的空隙,可以借助舌的运动啜呷或潜水觅食时排水过滤食物。喙的颜色因品种而异,有黑色、灰色、橙黄色等。喙基部两侧为鼻孔。眼圆而大,反应敏捷。鸭舌发达,边缘长满尖刺,有利于捕食。

2. 颈部

鸭为适应在水中采食的生活环境,颈部细长,被有细羽,活动自如,利于在水中采食。鸭颈的粗细、长短与性别、品种有关,一般公鸭、肉鸭的颈较粗短,且颈羽色彩鲜艳;母鸭、蛋鸭的颈较细长。

3. 体躯

鸭体躯分为胸、背、腰、肩、肋、腹等部分,随着品种、性别、年龄及生产类型不同,体躯各部分的结构也不同。通常公鸭体型较大,肌肉发达,胸深,背阔,肩宽,体躯呈长方形,前躯稍向上提起;母鸭体型较小,体躯较细长,羽毛紧密,胸挺突,前躯提起,后躯发达,臀部近似方形,尤其是产蛋阶段,其后躯加厚加宽,致使全身上下左右呈楔形。肉鸭体躯深宽而下垂,背长而直,前躯稍稍提起,肌肉发达。蛋鸭体型较小,体躯细长,后躯发达。

4. 四肢

鸭前肢变为翼,外覆羽毛,称为翼羽。鸭翼比鸡翅短小,紧贴于体躯,故鸭的飞翔能力通常没有鸡强,只能做一些低飞、短程的直线飞行。鸭翼羽包括主翼羽10根,副翼羽14根。主翼羽尖窄而坚硬,副翼羽大,主翼羽与副翼羽之间有一根最短的羽毛,称为轴羽。翅羽更换次序是,先换靠近轴羽的第一根主翼羽,后更换翼羽。全部翼羽在短期内更换完毕的鸭,叫作新翅型;一两根地更换的鸭,叫作掺翅型;不更换翼羽的鸭,叫作旧翅型。

鸭的后肢由腿、胫、趾和蹼构成。腿与胫较短,并偏向躯体后端,以便保持在陆地上的平衡以及在水中倒立时拨水采食。鸭的趾部、蹼部裸露,具有四趾,三前一后,前三趾间有蹼,有利于划水、采食与行走。

5. 尾

鸭尾部短小,尾羽不发达,公鸭在尾羽中央的覆尾羽有 2~4 根向上卷曲,特称雄性羽。据此可鉴别鸭的公母。

二、鸭的生活习性

1. 喜水性

鸭善于在水中觅食、嬉戏和求偶交配。鸭的尾脂腺发达,能分泌含有脂肪、卵磷脂、高级醇的油脂,鸭在梳理羽毛时,常用喙压迫尾脂腺,挤出油脂,再均匀地涂抹于全身羽毛上,使羽毛不被水浸湿,能有效地起到隔水防潮、御寒的作用。鸭喜水不等于鸭喜欢潮湿的环境,因为潮湿的栖息环境不利于鸭冬季保温和夏季散热,并且容易使鸭子腹部的羽毛受潮,加上粪尿污染,导致鸭的羽毛腐烂、脱落,对鸭生产性能的发挥和健康不利。

2. 合群性

鸭性情温驯,胆小易惊,只要有比较合适的饲养条件,不论鸭日龄大小,混群饲养都能和睦共处,争斗现象不明显。但在喂料时一定要让群内每只鸭都有充分的吃料位置,否则,将有一部分个体由于吃料不足而消瘦。

3. 耐寒性

成鸭的大部分体表覆盖着正羽,非常致密且多绒毛,保温性能很好,对寒冷有较强的抵抗力。根据研究表明,鸭脚骨的凝固点很低,北风呼啸、寒气逼人的严冬,鸭还常在水中嬉戏、觅食;只要饲料好,有充足的饮水,仍然能维持正常体重和产蛋。相反,鸭对炎热环境的适应性差,羽毛对保温有利,但对散热不利,加之鸭无汗腺排汗散热,在气温超过25℃时散热较困难。但鸭像鸡一样有许多气囊,可用来加强和改善呼吸过程进行散热,还可进入水中,通过传导散热,因而鸭的抗暑能力稍强于鸡。所以,在炎热的夏季,鸭只有经常泡在水中活动才感到舒适,或在树荫下休息,觅食时间减少,采食量下降,产蛋量也有所下降。因此,在集约化养鸭场,多采用搭凉棚或悬挂遮光布网等方法来防暑降温。

4. 耐粗饲性

鸭耐粗饲且觅食能力强,喜食多种水生动、植物及浮游生物。鸭的味觉不发达(味蕾数少),对饲料的适口性要求不高,凡无酸败和异味的饲料都会无选择地大口吞咽,对异物和食物无辨别能力,常把异物当成饲料吞食。鸭的口叉深,食道宽大,能吞食较大的食团。鸭舌边缘分布有许多细小乳头,这些乳头与嘴板交错,具有过滤作用,使鸭能在水中捕捉到小鱼虾,并且有助于鸭对采食的饲料进行适当磨碎。鸭的肌胃发达,消化力也强,肌胃内经常储存有沙砾帮助消化。

5. 规律性

鸭有较好的条件反射能力,可以按照人们的需要和自然条件进行训练,形成鸭群各自的生活规律。如觅食、嬉水、休息、交配和产蛋都具有相对固定的时间。放牧饲养中,一般是上午以觅食为主,间以浮游和休息;中午以浮游、休息为主,间以觅食;下午则以休息为主,间以觅食。一般说来,产蛋鸭傍晚采食多,不产蛋鸭清晨采食多,这与晚间停食时间长和形成蛋壳需要钙、磷等有关,因此早晚应多投料。

6. 敏感性

鸭胆小,易受外界影响而受惊。在受到突然惊吓或不良应激时,往往导致生产性能降低。鸭尤其对人、畜及偶然出现的声音、强光等刺激均有害怕的感觉。因此,要保持养鸭环境的安静稳定,要防止陌生人和猫、狗等其他动物进入鸭舍,以免鸭受到惊吓。

7. 抗病力强

鸭的祖先生活在水中,由于水源受到污染机会较多。鸭受疾病威胁较大。为了获得较好的抗病能力,鸭在漫长进化过程中,免疫器官如胸腺等退化较晚,这样就大大地增强了机体的抗病能力。所以,鸭的抗病力较强,并且感染发病的疾病种类相对较少,注射疫苗后免疫效果较好。

第二章 鸭标准化养殖场建设与设备

当前,疫病已成为制约养鸭业发展的重要因素。要想饲养出健康的鸭肉和鸭蛋,必须增强"防重于治"的思想意识,在建场时就要考虑整个场区的卫生、防疫需要,同时要方便饲养管理。只有在生产各个环节上下功夫,确保不出漏洞,才能最终提高养鸭的经济效益。

第一节　鸭标准化养殖的环境要求

一、水源要求

水是家畜家禽生命活动的必需物质,水的好坏也是决定养殖成败的关键因素之一。鸭是水禽,无论是生长发育、交尾配种、洗浴都离不开水。鸭场的水源有河流、湖泊、地下水等。水上运动场也是鸭舍的重要组成部分。养鸭的用水量特别大,因此要有廉价的自然水源,才能降低饲养成本,选择的水源必须能达到每只鸭每天 10 千克水的标准。选择场址时,水源充足是首要条件,即使是干旱的季节,也不能断水。通常将鸭舍建在河湖之滨,水面尽量宽阔,波浪小,水深为 1 ~ 2 米。如果是河流交通要道,不应选主航道,以免影响过大,引起鸭群应激。大型鸭场,最好场内另建深井,以保证水源和水质。要求水质良好,水源充足,水中无病菌和毒物,无异臭或异味、澄清,大肠杆菌指数不超标,每 100 毫升水中大肠杆菌数不超过5 000个。

二、环境条件

鸭本身的生物特点要求其饲养环境要在比较安静而又卫生的地方,必须保证鸭能健康生长,而又能不影响周围的环境。因此,在选择场址时必须注意周围的环境条件,一般应考虑距居民点 3 ~ 4 千米,距其他家禽场 10 千米以上,附近无大型重污染的化工厂、重工业厂矿或排放有毒气体的化工厂,尤其上风向更不能有这些工厂。把养鸭场建在水库旁边或河流边,在水面放养鸭子,容易污染水源,这样做不可取。

三、交通运输

鸭场本身怕污染,一般要求离开铁路要道 400 米以上,距次级公路 100 ~ 200 米,远离屠宰场和集市,离居民点或村镇 500 米以上,不能损害居民的环境卫生。鸭场的产品需要运输出去,鸭场需要的饲料等要不断运进来。鸭场的位置如果太偏僻,交通不便,不仅不利于自己的运输,还会影响客户的来往。由干线修建通向鸭场的专用路,质量要求路基坚固、路面平坦,便于产品运输。不要在车站、码头等旁边建场,否则不利于防疫卫生,也不能给鸭的生长繁殖提供安静的环境。

四、地质土壤

在选择场址时要求场地土壤以前未被传染病或寄生虫病原体污染过,透气性和渗水性良好,能保证场地稍高、面积宽敞、较平坦、干燥、排水良好。一般鸭场应建在土质为沙质土的地带,土质不能黏性太重,最好是雨后容易干燥,地下水位在地面以下1.5~2米为最好。地面应平坦或稍有坡度,鸭场总坡度不超过25%,建筑区坡度应在2.5%以内,以利于地面水的排泄。丘陵地区建场,鸭场应建在阳面,鸭舍能得到充足的阳光,夏天通风良好,冬天又能挡风,利于鸭的生长。切忌在潮湿低洼、通风不良、积水的地方建场。同时,在建鸭场时要考察地质结构,避开断层、滑坡、塌方的地段。

五、电源条件

鸭舍的照明、饲料的加工、孵化、抽水等方面都需要用电才能更方便,所以,鸭场的附近要有变电站和高压输电线,这样不仅可以节约建场投资,而且电力供应有保障。要考虑到最大通电量与养鸭量的匹配,一般电的安装容量种鸭每只5~6瓦,商品鸭1.5~2瓦。电源电压与用电设备的匹配,一般照明应用220伏电压,而饲料加工、孵化、抽水等需要380伏的电压。目前,我国许多地区的电力供应仍然紧张,有孵化任务的种鸭场应当双路供电或自备发电机,以便输电线路发生故障或停电检修时能够保障正常供电。

六、气候条件

主要是指与建场有关的和造成鸭场气候有关的气候、气象资料。如气温、风向、降雨、降雪以及过去所造成的灾害等情况。在建鸭场时,根据实际情况有目的地进行加厚鸭舍墙壁,增加绝热层,建造地火龙等加温设备,在较热的地方,增加遮阳等设施。在沿海地区要考虑台风的影响,易遭受台风袭击的地方不宜建造鸭舍。夏季通风不良,气温过高,或冬季风大,易遭受寒流袭击的地方不宜建造鸭舍。

七、鸭场方向

鸭场的朝向应以坐北朝南最为理想。鸭场最好建在水源的北边,大门朝向水源面,在水边有鸭的运动场,既便于鸭舍采光,又能使鸭在阳光下沐浴洗澡。冬季能提高舍温、夏季通风,给鸭提供一个良好的冬暖夏凉的生活环境,有利于鸭的生长繁殖。如果不能坐北朝南,尽量采用朝东南或朝东的方向,不能在朝西或朝北的地段建鸭场,因为遮阳,冬天北风吹,温度低,不利于保温,夏季晒太阳,温度高,将会给生产带来极大的不便。

第二节 鸭标准化养殖的科学布局

鸭场建设中各区间要合理划分、规范布局,要本着节约的目的,节约能源、提供劳动生产率、无公害与工程配套的原则,根据鸭场中各种建筑的不同用途进行规划。鸭场布局遵循以下原则:利于生产;利于防疫;利于运输,节约基建投资费用;利于生活管理,提高工作效率。

一、鸭场区间划分

一个完整的、规模较大的养鸭场,功能区较多,应包括职工生活区、行政区、生产区和粪污处理区等。

1. 职工生活区

建有职工宿舍、食堂及其他生活服务设施和场所等。生活区为工作人员生活休息场所,应与生产区相距 200 ~ 300 米,并用清洁道和防疫隔离设施把生活区和生产区连接起来,以利于防疫。

2. 行政区

包括办公室、资料室、会议室、供电室、锅炉房、水塔、车库等。

3. 生产区

是整个鸭场建设的重中之重,要根据计划要求,按照饲养不同鸭的情况而确定布局模式,主要包括鸭舍、蛋库、饲料库、产品库、水泵房、机修室、消毒室、更衣室、饲养员休息室等。

(1)鸭舍　鸭舍是鸭生长栖息的场所,可分为育雏舍、育成鸭舍、商品鸭舍和种鸭舍几种类型。鸭舍应根据主导风向,按育雏舍、种鸭舍和商品鸭舍的顺序来设置。育雏舍要求朝阳,保温良好,干燥,采光通风好,育雏舍内应配备育雏器等,舍内设有小门供仔鸭自由出入,目前多采用铁丝网、木板条或尼龙网等进行离地平养;商品鸭舍用于饲养育成期种鸭和商品鸭,一般长 9 米、宽 4 米、高 3.2 米,采用水泥地面或砖地面,上面铺上垫料,垫料要经常更换,以保持室内清洁干燥;种鸭舍与商品鸭舍建筑相仿,只是要求光照及保温条件稍好,另外还要有产蛋窝(箱)。每间种鸭舍长 6 米、宽 4 米、高 2.5 米,鸭舍、运动场、水面三者的面积比为 1∶2∶3。

(2)鸭滩　鸭滩是水面与鸭舍之间的陆地部分,通常把它叫作鸭子的"陆地运动场",是鸭子吃食、梳理羽毛和昼夜间小憩的场所。其面积应为鸭舍面积的一半以上。由于鸭脚短,飞翔能力差,不平的地面常使其跌倒碰伤,不利于鸭群活动。其地面要平整,略向水面倾斜,不允许坑坑洼洼,以免蓄积污水。鸭滩的大部分地方是泥土地面,只在连接水面的倾斜处,要用水泥沙石,做成倾斜的缓坡,坡度 25° ~ 30°。斜坡要深入水中,要低于枯水期的最低水位。鸭滩斜坡与水面连接处,必须用砖石砌好,不能图一时省钱而用泥土铺垫。由于这个斜坡是鸭子每天上岸下水的必经之路,使用率极高,而且上有风吹雨打,下有浊浪拍击,非常容易损坏,必须在养鸭之前修得坚固、平整。有条件和资金充足的养鸭场,最好将鸭滩和斜坡用沙石铺底后,抹上水泥,这样的路既坚固,又方便清洁,在鱼鸭混养的鸭场还方便向鱼池中冲洗鸭粪。

鸭滩如果出现坑坑洼洼,要及时修复。沙石路面的鸭滩可用喂鸭后剩下的河蚌壳铺在鸭滩上,这样,即使在大雨以后,鸭滩仍可以保持干燥清洁。

(3)水围 鸭是水禽,若有条件可设一定的水上运动场,即水围。鸭在水围内玩耍嬉戏、繁殖交尾、捕食鱼虾等。水围的面积不应小于鸭滩。一般每100只鸭需要的水围面积为 10~40 米^2,随鸭的年龄增长而增加。考虑到供水季节水面要缩小,故有条件的地方要尽可能围大一些。在鸭舍、鸭滩、水围三部分的连接处,均需用围栏把它们围成一体,根据鸭舍的分间和鸭子分群情况,每群分隔成一个部分。陆上运动场的围栏高度为 50~60 厘米,水上运动场的围栏应超过最高水位 50 厘米,深入水下 1 米以上,可用尼龙网、铁丝网或渔网,网孔为 3 厘米×3 厘米。如果用于育种或饲养试验的鸭舍,必须进行严格分群,围栏应深入水底,以免串群。有的地方将围栏做成活动的,围栏高 1.5~2 米,绑在固定的桩上,视水位高低而灵活升降,经常保持水上 50 厘米,水下 100~150 厘米。

(4)食棚、食槽及水槽设置 食棚是为了使鸭在吃食时遮阴避雨,这样能保证在天气不好的情况下也能在舍外饲喂,从而有利于保持舍内清洁、干燥,在食棚内根据所养鸭的数量放置食槽和水槽,食槽和水槽均可用水泥砌成长形,也可用塑料制品制成食槽和饮水器,每 100 只鸭需食槽长度为 3 米,或 3 个盆斗式食槽,每 250 只鸭需双面长形饮水器长度为 2 米。

(5)饲料加工储藏库 饲料加工储藏库要考虑到每天运送饲料而不宜建得太远,又要考虑到防疫和降低机械噪声对鸭的影响而不能建得太近。饲料库应能储备 1 个月以上的库存量,成品饲料库应储备 1 周以上的用量。原料、加工料和成品料应分开储存。

(6)其他辅助生产设施 可根据自己的条件自行设定。

4. 粪污处理区

包括兽医室、病鸭舍、厕所、粪污处理地等。堆粪场应建在生活区和生产区的下风处,并建成封闭的粪池,堆粪场与生产区鸭舍间有污道连接。小型鸭场区划布置与大型鸭场基本一致,只是在布局时,一般将饲养员宿舍、仓库、灶间放在最外侧的一端,将鸭舍放在最里端,以避免外来人员随便出入,也便于饲料、产品等的运输和装卸。

二、区间布局的原则

区间布局在设计时,一要便于管理,有利于提高工作效率,照顾各区间的相互联系;要将养鸭场各种房舍分区规划,就地势高低和主导风向,将各种房舍依防疫需要的先后次序进行合理安排。如果地势与风向不一致,按防疫要求又不好处理,则以风向为主,地势服从风向。由于地势原因形成的矛盾,则可增加设施加以解决,如挖沟、设障等。二要便于搞好防疫卫生工作,规划时要充分考虑风向和河道的上、下游关系。按主导风向考虑,行政区应设在生产区风向平行的一侧,生活区设在行政区之后;按河道的上、下游考虑,育雏舍、育成鸭舍应在上游,蛋鸭舍在其后,种鸭舍与上述鸭舍应有 300 米以上的距离。三是生产区应按作业的流程顺序安排;行政区与生活区应离开放鸭的河道,保证生活污水不排入河道中。以便于作业考虑,饲料仓库应位于生产区和行政区之间,并尽可能接近耗料最多的鸭舍;从防疫角度考虑,场内道路应分清洁道和非清洁道,两者互不交叉,清洁道用于运输活鸭、饲料、产品,非清洁道用于运输粪便、死鸭等污物。各个区之间应有围墙隔开,并在中间种草种花,设置绿化地带。尤其生产区,一定要有围墙,加强卫生防疫工作,进入生产区内必须换衣、换鞋、消毒。生活区与生产区之间应保持一定距离。

第三节　鸭标准化养殖的设计原则

鸭舍建造种类很多,在养殖的实际中要根据各自的经济、地理、地势、气候等条件,选择合适的鸭舍,总的来说,鸭舍要求防寒保暖,通风良好,且清洗消毒,排水良好,还能防止鼠、狗、蛇等动物的侵害。鸭舍周围应保持安静,减少应激。

一、鸭舍设计的原则

鸭舍是鸭生活、栖息、生长和繁殖的场所,应考虑以下几点因素。

(一)保温隔热性能好

保温性是指鸭舍内热量损失少,让鸭在冬季不感到十分寒冷,利于鸭生长和种鸭在春季提前下蛋,要从墙和屋顶保温、地面保温、窗户和其他综合措施考虑。隔热性是指夏天舍外高温不易辐射传入舍内,使鸭感到凉爽,从而提高鸭生长速度和产蛋量,是炎热地区鸭舍建筑设计要重点考虑的工作。随着全球气候的变暖,防暑是现代鸭舍建筑的最基本要求。主要的隔热措施有鸭舍外维护结构隔热、材料结构隔热、气夹层隔热等。

(二)便于采光

舍内充足的光照是养好种鸭的一个重要条件。光照可促进鸭新陈代谢,促进种鸭性发育。如光照强度和时间不足,则要补充人工光照。坐北朝南的鸭舍有利于自然采光。

(三)通风

通风效果的好坏,取决于鸭舍与主导风向的夹角。鸭舍内通风要良好,以降低舍内污浊空气的含量,减少发病。

(四)利于防疫消毒

鸭舍内地面和墙壁要光洁,便于清洗、消毒,同时留好下水道口,以利污水排出。

(五)密闭性好

鸭舍密闭性好可以防止鼠、黄鼬、犬、蛇、猫等敌害和冬天寒风的侵入。

二、鸭舍类型

(一)鸭舍屋顶的式样

可根据鸭场的性质、要求和建设者的爱好等因素,选择适宜于自己的式样,目前,养殖户多采用单坡式或双坡式。

1. 单坡式

单坡式结构的鸭舍,跨度小,用材较少,经济实用,阳光充足,雨水后流,前面容易保持干燥,适宜建设运动场。这种结构的鸭舍,其室温易受外界气温的影响。总的来说,这种鸭舍适于小规模鸭的饲养。

单坡式鸭舍一般进深3米,前墙高2.6米,后墙高2.3米,正面宽根据饲养规模而定,并可根据具体情况隔成若干间。

2. 双坡式

双坡式的跨度较单坡式大,但因建筑材料的限制,又不能造得过大,是目前应用较广的一种鸭舍,适于大规模机械化养鸭。但舍内采光和通风较单坡式鸭舍稍差。这种鸭舍一般跨度在6米左右,最大不超过9米,檐口高2~3米。

(二)各类鸭舍的建筑

鸭在不同生长阶段对温度、光照、空气等外界环境的要求差异较大,因此,应建有形式和结构不尽相同的鸭舍,以供饲养不同生长阶段的鸭。总之,鸭舍的建筑除掌握一般原则外,还应考虑鸭舍的不同用途要求。

1. 育雏舍

类似于其他家禽,鸭刚出壳的幼雏,其生理机能还不健全,几乎没有调节体温的能力。人工育雏成功与否,关键的环节就是保温。因此,育雏舍要有良好的保暖性能和相应的设施,育雏舍还要求阳光充足、通风良好。为了既保证育雏温度,又节省保暖成本,育雏舍不宜过高,檐高一般2米左右。育雏舍一般采用单坡式或双坡式。双坡式跨度5~6米,单坡式的跨度3米左右。四周用砖砌,墙壁要比其他鸭舍稍厚,尤其是北面墙壁,以利于保温。门最好开在东西两头,南北开窗。窗与舍内面积之比为1:(6~8),寒冷地区窗的比例宜适当小些,北窗一般为南窗的1/2,南窗离地60厘米,北窗离地100厘米。要严防间隙风,墙面、门和窗要无缝。墙面最好抹灰,门和窗上最好设有布帘,既便于遮光,也可避免冷风直入鸭舍。南墙应设气窗,以便于调整舍内空气,克服保暖和通气的矛盾。育雏舍屋顶应设天花板,寒冷地区还要有保温层,如在天花板上铺一层糠壳,可增加保温效果。地面应为水泥铺成,并有排水系统,以利于鸭舍清扫、清洗和消毒。要求室温能保持在20~30℃。如有保温伞或其他加热方式育雏,室温可适当低些。为有利于雏鸭的生长发育,育雏舍最好分隔成若干小间,进行小群育雏。

2. 育成鸭舍

育成鸭阶段,鸭生长快,体质健壮,抵抗力强,饲养比较粗放,所以育成鸭舍的保暖要求没有育雏舍那样严格。随着鸭的生长,代谢量增大,对鸭舍的通风换气和空气新鲜的要求提高。单坡式或双坡式育成鸭舍可在顶棚上适当开出气口,并设置拉门,通过调节出气口的大小来调节空气的流量,使污浊气体经出气口排出室外。室内四周要设窗户,以增加采光。正面窗户宜多,侧面和后面宜少。一般情况下鸭在22日龄时进入育肥期,这个时期鸭对外界环境适应能力较强,活泼好动,要求的活动面积逐渐增大,除了相应减小饲养密度外,采用平育方式饲养的,可以设水上运动场,供鸭群活动和进行阳光浴,并在四周栽树或搭阴棚,以利于夏季防暑降温。

由于育成阶段的鸭自我调节温度的能力逐渐增强,在气候温和的地方,育成鸭舍的建造可以从简。例如修建成有顶棚而四周光墙壁仅以尼龙网代之的鸭舍;或者三面墙壁用砖砌,南面围以尼龙网;或者将鸭直接置于露天网室饲养,露天网室长34米,宽30米,四周围以防逃网,内放置饲槽、饮水器和栖架,供鸭采食、饮水、栖息、避光、避雨。

3. 商品鸭舍

商品鸭舍用于饲养育成阶段的肉鸭,其建筑的基本要求与育成鸭舍相似。只是肉用鸭饲养一般采用"全进全出"制,鸭舍的大小和栋数应根据饲养方式、生产规模和饲养期长短等因素确定。应着重考虑为保证全年均衡上市或市场销价最好的季节上市所应修建的鸭舍数量。

4. 种鸭舍

种鸭舍又称产蛋舍,主要供种用鸭产蛋用,休产期的种用鸭也在其中饲养,也可用作饲养育成阶段以后至性成熟前的鸭。为提高产蛋量和种蛋质量,在过冷、过热或一年四季温差大的地区,种鸭舍的隔热保暖性能要做到冬暖夏凉。由于种用鸭体重达最大,代谢活动较育雏阶段和育成阶段旺盛得多,种鸭舍要求通风条件好。鸭的性成熟和产蛋量,可通过人工辅助光照来促进,因此,种鸭舍内要有照明装置,以便提供人工辅助光照。一般光照强度保持每平方米 2 ~ 3 瓦。

种鸭舍的具体设计,要根据饲养方式、种鸭数目以及走道宽度决定。其舍内设置较为简单,多分成若干小间,以便在休产期将公、母鸭分开饲养。在繁殖产蛋期,则每个小间饲养一个繁殖群。鸭舍的地面要铺水泥,并设有排水沟,以便清除粪便和排水。墙壁应涂防水材料,沿墙的四周放置巢箱。为了节省人工,可用散装饲料桶或自动饲槽。

5. 孵化室

根据鸭种蛋的数量,采用温室孵化、家禽代孵或机器孵化。孵化室应远离鸭舍,紧邻种蛋库。具体建筑要求有保暖隔热性好,温度宜保持在24℃左右;室内通风良好,层高 3.5 米以上,墙上装排风扇;墙壁油漆、地面光滑,以便于清洁、消毒;有良好的防疫隔离条件。此外,还要能防鼠、防蚊蝇,有下水道等。

6. 种蛋库

种蛋库用于存放鸭的种蛋,要求有良好的通风条件以及良好的保温和隔热降温性能,库内温度宜保持在 10 ~ 20℃。种蛋库内要防止蚊、蝇、鼠和鸟的进入。种蛋库的室内面积以足够在种蛋高峰期放置蛋盘,并操作方便为度。

三、饲养密度和建筑面积估算

一般原则是,单位面积内,冬天可适当多养些(提高密度),夏天少养些;大面积的鸭舍,饲养密度适当大些,小面积的鸭舍,要适当少养;运动场大的鸭舍,饲养密度可适当大些,运动场小的鸭舍,饲养密度要适当小些。表 2 - 1 是不同情况下的饲养密度。

表 2 – 1   不同阶段鸭的饲养密度（只/米^2）

鸭种	饲养方式	雏鸭	青年鸭	育成鸭（填鸭）	产蛋鸭（种鸭）
肉用型	地面散养 网养	15 20	8	5	2.5
兼用型	地面散养 网养	18 25	10	7	4
蛋用型	地面散养 网养	20 30	12	8	6

第四节   鸭标准化养殖的饲养设备

一、保温设备和用具

育雏时所必需的保温设备和用具,大多数与鸡的育雏保温设备和用具相似,各地可以根据本地区的特点选择使用。

（一）自温育雏

自温育雏是利用箩筐或竹围栏作保温器材,依靠雏鸭自身发出的热量达到保温的目的。此法设备用具简单且经济,但管理费工,只适用于小规模育雏。

1. 自温育雏箩筐

分两层套筐和单层竹筐两种。两层套筐由竹片编织而成的筐盖、小筐和大筐拼合而成。筐盖直径 60 厘米,高 20 厘米,作保温和喂料用。大筐直径 50～55 厘米,高 40～43 厘米,小筐的直径比大筐略小,高 18～20 厘米,套在大筐之内作为上层。大小筐底铺垫草,筐壁四周用草纸或棉布保温。每层可盛初生雏鸭 10 只左右,以后随日龄增大而酌情减少。另一种是单层竹筐,筐底和周围用垫草保温,上覆筐盖或其他保温物。筐内育雏的缺点是喂料前后提取雏鸭出入和清洁工作等十分烦琐。

2. 自温育雏栏

在育雏舍内用 50 厘米高的竹条编成的篾围,围成可以挡风的若干小栏,每个小栏可容纳 100 只雏鸭以上,以后随日龄增长而扩大围栏面积。栏内铺上垫草,篾上架以竹条,盖上覆盖物保温,此法比筐内育雏管理方便。

(二)给温育雏

给温育雏是利用某种热源供给雏鸭生长所需的适宜温度。家庭或小规模育雏可用火炕、火炉、热水袋或电热器等。工厂化大批量育雏多采用电热育雏伞、煤炉、红外线灯、烟道等给温。优点是适用于寒冷季节大规模育雏,可提高管理效率。

1. 地下烟道和暖气管

在育雏室内修筑地下烟道,是我国农村使用最普遍的一种育雏保温方式。这种方式简单易行,适于无电地区采用。它类似于火炕,又与火炕有所不同。火炕的烟道一般用土坯砌成,而地下烟道的火道一般使用金属管或陶瓷管铺设,南方用砖砌而成。地下烟道修砌方法:按设计的烟道路线挖宽35厘米、近火炉端深25厘米、近烟囱端深15厘米的倾斜沟,在沟内用砖砌高11厘米、宽20厘米的烟道,上面铺上砖或双层瓦,烟道的接缝处要用水泥砂浆封严,不能让烟火从接缝处冒出,以免鸭发生煤气中毒。用煤渣、河沙等将沟填平,并在地面下铺一层5厘米厚的灰沙三合土。煤炉用炉灰等蒙严,只留一个指头般大的通气孔,让煤缓慢地燃烧,一般每天只需早、晚各加一次煤。烟道出口端的舍外砌一个烟囱。修建地下烟道应注意:为防止在温度过高时幼雏无法避开热源,室内应留1/3的地面不修烟道,以便幼雏能选择在温度适宜的地方休息。烟道应倾斜,使炉灶低于烟道口,炉面连接烟道的始端80厘米要用双层砖砌或填上深度达10~15厘米,而烟道出口端仅填土3~5厘米,这样在烟道连接炉灶的附近就不致温度过高。烟囱高度相当于烟道长度的1/2即可。烟囱过高则吸火太猛,热能浪费较大;过低又不利于吸火,烟道温度过低。烟囱下都应留一低于烟道出口的空室,以减少逆风倒烟。管道周围应填加吸热快、储热多、散热均匀的填充物,如煤渣、河沙等。

育雏室的暖气安装基本类似于民用建筑,只是育雏期间要求育雏舍室温能满足雏鸭所需的温度(一般为35~37℃),这就要求比民用建筑多装暖气管。

2. 育雏伞

各种类型育雏伞外形相同,都为伞状结构,热源大多在伞中心,仅热源和外壳材料不同,具体可据当地实际择优选用。一般常选用由电力供暖的电热育雏伞。伞罩有方形、多角形和圆形,伞罩上部小,直径约30厘米,下部大,直径100~120厘米,高约70厘米。伞罩外壳用铁皮、铝合金或纤维木板制成双层,夹层填充玻璃纤维等保温材料;有的也用布料作外壳,仅在其内层涂一层保温材料,这样伞具就可折叠。伞罩下线安装一圈电热丝,电热丝外加防护铁网以防触电,也有的在内侧顶端安装电热丝或远红外加热器,并与自动控温装置相连。伞下线每10厘米钉上厚布条。每个电热育雏伞悬挂或置于地面,可育雏鸭150～200只。优点是伞内温度可自动控制,管理方便,电源稳定地区使用较好,缺点是耗电较多,无电或经常停电的地方使用受限制,而且没有剩余热量升高室温。

3. 红外线

利用红外线灯泡发热量较高的特点,把它悬挂在育雏室内,提供育雏所需的热量。利用红外线灯泡加温,保温稳定,室内清洁干燥,管理方便,节省人工,但耗电量大,灯泡使用率高,易损坏,成本较高,也不能在未通电和经常停电的地区采用。

利用红外线灯泡加温时,第一周灯泡离地面35～45厘米,由第二周起,随雏鸭日龄的增大,逐渐提升灯泡高度。一般每周将灯提高7～8厘米,直到离地面60厘米为止。在室内直接使用红外线灯泡加热。常用的红外线灯每只250～500瓦。一般每只红外线灯可保温雏鸭100～150只。红外线灯发热量高,不仅可以取暖,还可杀菌。

4. 普通白炽照明灯

普通白炽照明灯也可用来供雏鸭保温,尤其是饲养量较少的情况下,用普通照明灯泡取暖育雏既经济又实用。用木材或纸箱制成长100厘米、宽50厘米、高50厘米的简易育雏箱,在箱的上部开2个通气孔,在箱的顶部悬挂两盏60瓦的灯泡供热。

当然,鸭人工育雏除需要保温设备外,还需要育雏笼(箱)、育雏围栏(栈条)、育雏网、卫生防疫用具等设备。

二、饲料加工设备

现代化、高效益的肉鸭生产,大多采用全价配合饲料。因此,各养鸭场必须备有饲料加工设备,对不同饲料原料,在喂饲之前进行一定的粉碎、混合和制粒。

(一)饲料粉碎机

一般精饲料、粗饲料在加工全价配合料之前,都应粉碎。粉碎的目的,主要是提高肉鸭对饲料的消化吸收率,同时也便于将各种饲料混合均匀和加工成多种饲料(如粉状、颗粒状等)。在选择粉碎机时,要求机器通用性好(能粉碎多种原料),结构简单,使用、维修方便,成品粒度均匀,作业时噪声和粉尘应符合规定标准。目前,生产中应用最普遍的多为锤片式粉碎机,这种粉碎机主要是利用高速旋转的锤片来击碎饲料。工作时,物料从喂料斗进入粉碎室,受到高速旋转的锤片打击和齿板撞击,使物料逐渐粉碎成小碎粒,通过筛孔的饲料细粒经吸料管吸入风机,转而送入集料筒。

(二)饲料混合机

一般配合饲料厂或大型养殖场的饲料加工车间,饲料混合机是不可缺少的重要设备之一。混合按工序,大致可分为批量混合和连续混合两种。批量混合设备常用的是立式混合机或卧式混合机,连续混合设备常用的是桨叶式连续混合机。生产实践表明,立式混合机动力消耗较少,装卸方便,但生产效率较低,搅拌时间较长,适用于小型饲料加工厂。卧式混合机的优点是混合效率高,质量好,卸料迅速,其缺点是动力消耗大,一般适用于大型饲料厂。桨叶式连续混合机结构简单,造价较低,适用于较大规模的专业户养鸭场使用。

(三)饲料压粒机

生产颗粒饲料的压粒机。目前,生产中应用最广泛的是环模压粒机和平模压粒机。环模压粒机又可分为立式和卧式两种。立式环模压粒机的主轴是垂直的,而环模圈则呈水平配置;卧式环模压粒机的主轴是水平的,环模圈呈垂直配置。一般小型厂(场)多采用立式环模压粒机,大中型厂(场)多采用卧式压粒机。

三、饲喂工具

(一)喂料设备

常见的喂料设备有料盘、料桶、料槽和自动喂料系统。料盘随鸭大小与饲养方式而异,但各种食槽都要求平整光滑,便于鸭采食又不浪费饲料,并便于清洗消毒。不论采用何种喂料设备和给料方式,都必须合理安放喂料设备的位置,使喂料设备与鸭的胸部平齐。

1. 料盘

主要用于开食,长40厘米,宽40厘米,边缘高2～2.5厘米,每个料盘可养雏鸭35～40只。

2. 料桶、料槽

可用于各个饲养阶段。料桶材料为塑料或玻璃钢,容量为3～10千克,其特点是容量大,可一次添加大量饲料,饲喂次数少,对鸭群影响小,但应注意布料均匀。一般肥育期料槽上宽30～35厘米,底宽24厘米,高20～23厘米,长50～100厘米,料槽底可比地面高出20厘米以防饲料浪费。种鸭用饲槽长

100~120厘米,上宽40~43厘米,底宽30~35厘米,高10~20厘米,也可用直径50~60厘米、高15~20厘米的盆作饲槽。

3. 自动喂料系统

由人工加料于料箱,其余全部是自动化喂料,适用于地面或网上平养方式。该系统包括驱动器、料箱、料槽、输料管和转角器,饲料在驱动器钢缆的带动下,经料箱和输料管进入料槽供鸭采食。

(二)饮水设备

供鸭饮水的设备,其形式和花样多种多样,现在厂家以生产塑料的为主,也有的用铝板或铁皮板做成,只要是清洁卫生、便于清洗的瓷盆、瓦钵、竹筒、塑料盆等均可用于鸭饮水。

1. 塔形真空饮水器

它是由一个上部尖顶圆桶和底部比圆桶稍大的圆盘构成。圆桶顶、腰部不漏气,基部离底盘2.5厘米处开1~2个小口。圆桶盛满水后当盘内水位低于小孔时,空气从小孔中进入而水自动流入盘中。当盘中水位高过小孔时,空气进不了桶内而水流不出。

2. 长条饮水器

即长条形水槽,断面一般呈"V"字形、"U"字形。其大小可随鸭的饲养阶段(即日龄)而异,一般规格为5.0厘米×5.0厘米。条形饮水器结构简单,供水可靠,但耗水量大,易于传播疾病。

四、填饲机械

肉鸭生产中为加速增重,促进脂肪的积累,往往都要经过填饲才能达到理想的效果,在鸭肥肝的生产中也需要强制填饲2~3周。以前用手工填鸭,现在多采用填饲机器进行填饲。填饲机械通常分为手动填饲机和电动填饲机两类。

(一)手动填饲机

在小型的肉鸭场和缺电的地方可使用手动填饲机,比较简单,操作方便。这种填饲机规格不一,主要由料箱和唧筒两部分组成。填饲嘴上套橡胶软管,其内径1.5~2厘米,管长10~13厘米。用手压填食鸭,即通过唧筒和填饲嘴将饲料填入鸭食管内。

(二)电动填饲机

电动填饲机使用方便、填饲效率高,根据所填用的饲料不同,可分为两大类型。一类是螺旋推运式,它利用小型电动机,带动螺旋推运器,推运玉米经填饲管填入鸭食管。这种填饲机适用于填饲整粒玉米,效率较高。另一类是压力泵式,它利用电动机带动压力泵,使饲料通过填饲管进入鸭食管。这种填饲机采用尼龙和橡胶制成的软管作填饲管,不易造成咽喉和食管的损伤,也不必多次向食管捏送饲料,生产率也高,适合于填饲糊状饲料。

五、孵化设备

孵化场从种蛋进入到雏鸭发送,需要各种配套设备,各设备的种类和数量随孵化规模等而定,其中最重要的设备为孵化器,目前,多为模糊电脑孵化器,其他一些孵化器也相继并存。值得指出的是,很多孵化器厂家并无鸭蛋专用孵化器,若为鸡蛋孵化器,则按40%计算孵化器容量,但要用鸭蛋专用蛋盘和蛋车。总之,只要孵化器工作稳定性好,密闭性能好,装满蛋后温差小,抢修和清洗等方便,控温系统灵敏,且省电即可。

(一)孵化机类型

孵化机的类型多种多样。按供热方式可分为电热式、水电热式、水热式等;按箱体结构可分为箱式(有拼装式和整装式两种)和巷道式;按放蛋层次可分为平面式和立体式;按通风方式可分为自然通风和强力通风式。孵化机类型的选择主要应根据生产条件来决定。在电源充足稳定的地区以选择电热箱式或巷道式孵化机最理想。拼装式、箱式孵化机安装拆卸方便;整装箱式孵化机箱体牢固,保温性能较好;巷道式孵化机孵化量大,多为大型孵化厂采用。

(二)孵化机性能指标

1. 孵化机的容量

应根据孵化厂的生产规模来选择孵化机的型号,当前国内外孵化机制造厂商均有系列产品。每台孵化机的容蛋量从数千枚到数万枚,巷道式孵化机可达到6万枚以上。

2. 孵化机的结构及性能

综合孵化设备现状来看,国内外生产的孵化器的结构基本大同小异。箱体一般都选用彩塑钢或璃钢板为里外板,中间用泡沫夹层保温,再用专用铝型材组合连接,箱体内部采用大直径混流式风扇对孵化设备内的温度、湿度进行控制。装蛋架均用角铁焊接固定后,利用涡轮涡杆型减速机驱动传动,翻蛋动作缓慢平稳无颤动。再配选不同禽蛋的专用蛋盘,装蛋后一层一层地放入装蛋铁架,根据操作人员设定的技术参数,可以使孵化设备具备自动恒温、自动控湿、自动翻蛋与合理通风换气的全套自动功能,保证了受精蛋的孵化出雏率。

目前,优良的孵化设备为模糊电脑控制系统,它的主要特点是温度、湿度、风门联控,这样减少了温度场的波动。合理的负压进气、正压排气方式,使进风口形成负压,吸入新鲜空气,经加热后均匀搅拌吹入孵化蛋区,最后由出气口排出。孵化厅环境温度偏高时,冷却系统会自动打开,实施风冷,风门也会自动开到最大,以加快空气的交换。全新的加热控制方式,能根据环境温度、机器散热和胚胎发育周期自动调节加热功率,既节能又控温精确。有两套控温系统,第一套系统工作时,第二套系统监视第一套系统,一旦出现超温现象时,第二套系统自动切断加热信号,并发出声光报警,提高了设备的可靠性。第二套控温系统能独立控制加温工作。该系统还特加了加热补偿功能,最大限度地保证了温度的稳定。加热、加湿、冷却、翻蛋、风门、风机均有指示灯进行工作状态指示;高低温、高低湿、风门故障、翻蛋故障、风扇断带停转、电源停电、缺相、电流过载等均可以不同的声讯报警;面板设计简单明了,操作使用方便。

3. 孵化机自控系统

有模拟分立元件控制系统、集成电路控制系统和电脑控制系统三种。集成电路控制系统可预设温度和湿度,并能自动跟踪设定数据。电脑控制系统可单机编制多套孵化程序,也可建立中心控制系统,一个中心控制系统可控制数十台以上的孵化单机。孵化机可以数字显示温度、湿度、翻蛋次数和孵化天数,并设有高温、低温报警系统,还能自动切断电源。

4. 孵化机技术指标

孵化机技术指标的精度不应低于所列下限指标:温度显示精度 $0.1 \sim 0.01^{\circ}\text{C}$,控温精度 $0.1 \sim 0.2^{\circ}\text{C}$,箱内温度场标准差 $0.1 \sim 0.2^{\circ}\text{C}$,湿度显示精度 $2\% \sim 1\% \text{RH}$,控湿精度 $3\% \sim 2\% \text{RH}$。

5. 出雏器

与孵化机相同。如采用分批入孵、分批出雏制,一般出雏机的容蛋量按 $1/4 \sim 1/3$ 与孵化机配套。

(三)挑选

养殖场和专业户在选购孵化器时,应考虑以下几个方面:

第一,孵化率的高低是衡量设备好坏的最主要指标,也是许多孵化场不惜重金更换先进孵化设备的主要原因。机内的温度场应该均匀,没有温度死角,否则会降低出雏率。控温精度,汉显智能要好于模糊电脑,模糊电脑要好于集成电路。

第二,机器使用成本要合适,如电费及维修保养费用等。

第三,电路设计要合理,有完善的老化检测设备;另外,整机装完后应老化试验一段时间,检测后才能出厂使用。

第四,售后服务好。一是服务的速度快,二是服务的长期性。应尽可能选择规模较大、发展势头好、能提供长期服务的厂家。

第五,使用寿命长。使用寿命主要取决于材料的材质、用料的厚薄及电器元件的质量,选购时应详加比较。另外,产品类型也是选择孵化机时应特别注意的方面。

(四)孵化配套设备

1. 发电机

用于停电时的发电。

2. 水处理设备

孵化场用水量大,水质要求高,水中含矿物质等沉淀物易堵塞加湿器,须有过滤或软化水的设备。

3. 运输设备

用于孵化场内运输蛋箱、雏盒、蛋盘、种蛋和雏鸭。

4. 照蛋器

照蛋箱,在纸箱或木箱内装灯,箱壁四周开直径 3 厘米孔;台式照蛋器,灯光数与蛋盘蛋数相同,整盘操作,速度快,破损少;手提多头照蛋灯,逐行照蛋,快速准确;照蛋车,光线通过玻璃板照在蛋盘内蛋上,由真空装置自动吸出无精蛋或死胚蛋。

5. 高压水枪

用于冲洗地面、墙壁和设备。

6. 其他设备

移盘设备、连续注射器、专用的雏鸭盒(可用雏鸡盒代替)、鸭蛋孵化专用蛋盘和蛋车等。

六、其他用具

(一)垫料

垫料原材料为锯木屑、干草、碎的秸秆等。垫料要干燥清洁,无霉菌,吸水力强,无灰尘霉菌等。垫料板结或厚度不够,易造成鸭胸囊肿而降低屠体等级,因此应定期更换。

(二)护板

用木板、厚纸或席子制成。保温伞周围护板用于防止雏鸭远离热源而受凉。护板高 45~50 厘米,与保温伞边缘距离 70~90 厘米,随日龄的增加可逐渐拆除。

(三)网板

多用于网上育雏或育肥,用铁丝或竹板制成,网眼大小为 1.25 厘米 × 1.25 厘米,若分群则可另设 50 厘米高的活动隔网。

(四)产蛋巢或产蛋箱

一般生产鸭场多采用开放式产蛋巢,即在鸭舍一角用围栏隔开,地上铺以垫草,让鸭自由进入产蛋和离开,也可制作多个产蛋窝或箱,供鸭选择产蛋。

(五)箩筐和围条

自温育雏或装运雏鸭用的箩筐。一般箩筐筐盖直径 60 厘米,高 20 厘米,大筐直径 50~55 厘米,高 40 厘米,内可设小筐。围条一般用苇条编制成,长 15~20 米,高 60~70 厘米,育雏或抓鸭时使用。

(六)运输笼

用作育肥鸭的运输,铁笼或竹笼均可,每只笼可容 8~10 只,笼顶开一小盖,盖的直径为 35 厘米,笼的直径为 75 厘米,高 40 厘米。

(七)照明设备

包括白炽灯、荧光灯、照度计和光照控制器等。

(八)通风设备

鸭舍通风可用自然通风和机械通风,后者需吊扇或通风机。

除以上设备和用具以外,还有饲草收割设备、屠宰加工设备、铁锹、扫帚、秤等常用工具。

第三章 鸭标准化养殖的引种与繁育技术

　　我国存栏的鸭品种比较多,比如地方优良品种有绍兴麻鸭、金定鸭、连城白鸭、莆田黑鸭等,近年引入我国的鸭种有咔叽康贝尔鸭、印度跑鸭等。实际生产中,任何一个品种都因为产地的自然环境、长期选育的方向和标准而具备不同的特点。引种时应注意本地的自然环境条件、市场的需求,经营场的技术条件等因素选择合适的鸭种引进,不要盲目引种,也不要跟风引种,尤其注意不要陷入炒种旋涡。目前,种鸭的繁殖方式有自然交配和人工授精两种方法,随着生产水平的逐步提高,种鸭的人工授精技术已在养殖生产中普遍采用。

第一节　引种

种鸭是养鸭业的基础,对种鸭的引进称为引种。种鸭选择的好坏不仅影响其本身,还涉及其后代的生产性能和养殖者的经济利益。因此,应根据养殖者的生产目的和自身的条件来选择自己需要的品种。引入品种,包括从国外引进和国内其他地区引进,为了防止在引进国外优良鸭种时,将我国境内不存在的疾病带入,对国外引入品种必须遵照《中华人民共和国进出境动植物检疫法》,对国外引入品种进行严格的检疫。对从国内其他地区间引入品种应遵照《中华人民共和国动物防疫法》执行。

一、根据体型外貌进行选择

对于没有记录资料的养鸭场应采用这种方法。体型外貌是一个品种的重要特征,也是生产力高低的主要依据,因此,选择的种鸭必须具有其品种的固有特征,同时更应侧重于经济类型的选择。

二、根据生产性能进行选择

体型外貌与生产性能有密切关系,生产性能包括产蛋力、产肉力和繁殖力。

(一)产蛋力

产蛋力的高低决定于两大因素,一是饲养管理条件的好坏;二是受遗传因素的影响,这个影响是由鸭的品种所决定的。产蛋力包括开产日龄、产蛋量和蛋重等几项指标。开产日龄指的是母鸭群产蛋率达到50%时的日龄。一般来说,开产早的品种(或品系、鸭群)成熟早,产蛋量也高;开产晚的品种换羽早,产蛋量也少。蛋的重量也是标志产蛋力高低的一个重要指标,在选种时要选蛋重大的鸭群作为种用。

(二)产肉力

在选择肉用型鸭和肉蛋兼用型鸭时,要选择体重较大、生长速度快、育肥能力强、肉质好、饲料利用率高的鸭群作为种用。

(三)繁殖力

鸭的繁殖力通常指产蛋量、受精率、孵化率和雏鸭的成活率等。繁殖力的高低与经济效益关系密切,繁殖力高则经济效益大,反之则低。

三、个体选择

(一)成鸭的选择

首先要选择体型外貌符合其品种特征的成鸭,之后再考虑公、母鸭个体的不同要求。

1. 成年鸭的选择

（1）种公鸭　头大、颈粗、胸深而突出,背宽而长,嘴齐平,眼大而明亮,腿粗而有力,体格健壮,精神活泼,生长快,羽毛紧密,有光泽,性欲旺盛。

（2）种母鸭　应体躯大而丰满,头轻小,眼大而亮,颈细而灵活,胸饱满,腰深而方,臀部下垂但不擦地,臀钝圆面宽,脚稍高,两脚距离宽,蹼大而厚,爪钝,绒毛紧密、细致而柔软、两翼紧贴体躯,行动灵活而敏捷,觅食力强,肥瘦适中。

2. 选择比例

（1）母鸭群年龄结构　一般鸭群中 1 岁母鸭占 60% ~ 70% ,2 岁母鸭占 20% ~ 30% 。

（2）公母比例　公母配比一般为1:（7 ~ 8）。

3. 种鸭的运输

采用封闭式笼具运输鸭,以防止逃逸。运输前鸭要经兽医人员检疫,并喂镇静药物,以防受惊。夏天每笼装 5 ~ 10 只,冬天可多装些。装车时在两层笼间铺一层纸,防止上层粪便落到下层鸭身上,最上层用麻袋罩好,以免光线太强,引起鸭兴奋。

运输途中经常检查温度是否过高或有无贼风,防止风直接吹到笼内鸭身上,同时也要注意通风透气。运输时间以不超过 36 小时为度,司机最好在车内带足食品和饮水,以减少停车时间。车辆最好用厢式货车,既防雨又防寒,能通风换气。鸭运达目的地后,立即入笼架内饲喂,如受风寒饮用庆大霉素水,每只用3 000国际单位,每天 2 次,连用 3 天。

（二）青年鸭的选择

首先要根据各阶段的生长发育水平进行选择,选择那些生长快、体重适中的,淘汰生长慢、体重轻的不符合本品种要求的次鸭;其次根据体型外貌情况选择,将羽毛颜色和喙、蹼、趾的颜色不符合本品种要求的个体淘汰。青年鸭的选择可分为育雏结束时和在 12 周龄时,在 12 周龄时骨架已经长成,除主翼羽外,全身羽毛基本长好。

（三）雏鸭的选择

雏鸭应来源于健康和高产的种鸭所产的后代。若鸭场或鸭场所在地区有雏鸭病毒性肝炎、鸭瘟等发生,那么这个鸭场所孵出的雏鸭,往往被感染。引进这种雏鸭,有可能导致发病,造成损失。

1. 育雏季节的选择

采用关养或圈养方式、依靠人工喂给饲料的,原则上一年四季可饲养,但四季引种是有区别的。

(1)春雏 3月下旬至5月饲养的雏鸭为春雏。这个时期育雏的天气比较冷,要注意保温。但是育雏期一过,天气日趋变暖,自然饲料丰富,此阶段饲养的鸭不但生长快,开产早,而且可以节省饲料。

(2)夏鸭 从6月上旬至8月下旬饲养的雏鸭为夏鸭。这个时期的特点是气温高,雨水多,气候潮湿,雏鸭育雏期短,不需要保温,可节省大量的育雏和保温费用。夏鸭开产早,当年可以见效益。但是,夏鸭的前期气候闷热,管理上较困难,要注意防潮湿、防暑和防病工作。开产前,要注意补充光照。

(3)秋鸭 从8月中旬至9月饲养的雏鸭称为秋鸭。此期的特点是秋高气爽,气温逐渐下降,是育雏的好季节。秋鸭的育成期正值寒冬,气温低,要注意防寒和适当补料。

2. 雏鸭的选择

雏鸭品质的好坏是雏鸭养育成败的先决条件。应选择同一时间出壳,大小均匀,脐部愈合良好,眼大有神,比较活跃,绒毛有光泽,抓在手上挣扎有劲的雏鸭。凡是腹大突脐、行动迟钝、瞎眼、跛脚、畸形、体重过轻的雏鸭,一般成活率较低,长得也不快。在选择雏鸭时,最好能将公、母鸭分开,并按1:4的公、母比例引进苗鸭,以降低饲养成本。

3. 了解免疫情况

肉鸭一般不进行任何免疫,有些鸭场对雏鸭进行肝炎病毒疫苗的注射,对该病高发区也应注射此疫苗。了解雏鸭父母亲的健康和免疫情况,以供雏鸭免疫时参考。

4. 初生雏的接运

雏鸭生命力柔弱,经不起外界的剧烈震动和多变的气温。因此,自孵化出壳到1个月脱温的雏鸭不宜长途运输,否则死亡率极高。一般1个月后的雏鸭可长途运输,宜用纸箱装运,箱底垫铺麻袋片以防滑。雏鸭存放室的温度要求24~28℃,通风良好且无穿堂风,雏鸭应当尽快运到养殖场。要和孵化场或种鸭场签订雏鸭订购合同,保证雏鸭的数量和质量,同时确定大致接雏日期。在接雏前1周内要确定具体的接雏日期,以便育雏舍提前预热和其他准备工作的进行。雏鸭出雏经过免疫接种以后,一般需要在孵化室恢复3~5小时,然后再进行运输,并尽快送至育雏舍。最早出壳的雏鸭从出壳到雏鸭全部出齐已经经过了较长时间,加上雏鸭处理和雏鸭恢复时间,到开始装车运输时出壳大约经过了 30 小时,因此雏鸭要尽快运到目的地,以防止脱水。雏鸭开始装车运输后要马上电话通知饲养场雏鸭到达时间,以便做好接雏工作。

汽车运输时,车厢底板上面铺上消毒过的柔软垫草,每行雏箱之间,雏箱与车厢之间要留有空隙,最好用木条隔开,雏箱两层之间也要用木条(玉米秸、高粱秸、竹竿均可)隔开,以便通气。冬季、早春运输雏鸭要用棉被、棉毯遮住雏箱,千万不能用塑料包盖,更不应将雏箱放在汽车发动机附近,否则会将雏鸭闷死、热死。车内要有足够的空间,保证运输箱周围空气流通良好。运输途中,要时时观察雏鸭动态,防止意外事故发生。夏季运输雏鸭要携带雨布,千万不能让雏鸭着雨,着雨后雏鸭易感冒,会大量死亡,影响成活率。阴雨天运输雏鸭,除带防雨设备外,还要准备棉被、棉毯,防止雏鸭着凉。夏季运输雏鸭最好在早晚凉爽时进行,以防雏鸭中暑。运输初生雏鸭时,行车要平稳,转弯、刹车时都不要过急,下坡要减速,以免雏鸭堆压死亡。

运输雏鸭要有专用雏箱,一般的运雏箱规格为 60 厘米 × 45 厘米 × 18 厘米(长、宽、高)的纸箱、木箱或塑料瓦楞箱。箱的上下左右均有 1 厘米洞孔若干,箱内分成 4 个格,每格装 25 只雏鸭,每箱可装 100 只雏鸭,如用其他纸箱应注意留通风孔,并注意分隔。每箱装雏鸭数量以最多不超过 150 只为宜,防止挤压。车厢、雏箱使用前要消毒,为防疫起见,雏箱不能互相借用。

(四)种蛋的引进

1. 种蛋的选择

种蛋品质的好坏,是决定孵化率高低的关键因素,而且还关系到雏鸭生长发育健壮与否以及其生产性能。在购买种蛋的时候,需要重点强调几点注意事项。

(1)种蛋来源 种蛋应来自生产性能高、无经蛋传播疾病、受精率高、饲喂营养全面的饲料、管理良好的种鸭群,并按照科学的饲养管理方法进行饲养的,具有稳定良好的遗传素质的品种鸭,公、母的配种比例要适当。一般来讲,鸭龄在 1 年以上。公母配偶比例适当的鸭群中母鸭所产的蛋蛋黄鲜艳、浓蛋白多、受精率较高。

(2)种蛋必须新鲜 首先要了解清楚种蛋的生产日期,最好购买 1 周内的蛋。一般以储存 3 ~ 5 天为宜。新鲜的种蛋内营养物质损失少,各种病原微生物侵入少,胚胎生活力强,孵化率高,出雏整齐,雏鸭健壮,成活率高。凡蛋壳发亮、壳上有斑点、气室大的蛋多是陈蛋,不宜进行孵化。另外,种蛋保存还和季节有关,一般春、秋季节种蛋保存期不超过 5 天,夏季不要超过 3 天。在适宜的温度条件下,保存时间一般不应超过 7 天。若种蛋放在充入氮气的塑料袋内,保存期可延长到 3 ~ 4 周。

(3)蛋壳清洁无污染 合格蛋应新鲜无变质、外表有光泽而且相对清洁。受污染的种蛋,妨碍气体交换,微生物极易浸入蛋白内,而且污染正常的种蛋和孵化器,增加了腐败蛋和死胎蛋,导致孵化率降低和雏鸭质量下降。轻度污染的种蛋可以入孵,但要认真擦拭或用消毒液洗去污物。

(4)蛋的大小合适和形状正常 购买时应选蛋形标准、大小适中的椭圆形蛋。根据不同品种标准,可选择平均蛋重 ± 10% 的蛋作种蛋,蛋形指数 71% ~ 74% 为宜(横/纵),低于 71% 的蛋形过长,超过 76% 的蛋形过圆。过长、过圆的蛋以及畸形蛋都影响孵化率。

(5)蛋壳色泽要纯 鸭的蛋壳有青、白两种。有的鸭以产白壳蛋为主,有少量青壳,有的鸭以产青壳蛋为主,有少量白壳,如北京白鸭产乳白色蛋,番鸭蛋是玉白色,所以,在引种时要先了解清楚该品种的蛋壳颜色标准,以免品种不纯。

(6)蛋壳的质量好 蛋壳要求致密均匀,表面正常,厚薄适度。蛋壳过厚,孵化时蛋内水分蒸发过慢,出雏也困难;蛋壳过薄,蛋内水分蒸发过快,也不利于胚胎发育。对钢皮蛋、沙皮蛋、皱纹蛋等要剔除,以免影响种蛋孵化率。

在选择种蛋时,要把看、摸、听、闻、照的方法结合起来。看:蛋壳的结构、颜色和形状是否正常,大小是否标准,蛋的表面是否清洁;摸:蛋壳表面是否粗糙,用手感觉蛋的重量;听:将蛋相互轻轻碰敲,听是否有破裂和金属音;闻:闻蛋的气味是否正常,是否有异味;照:用照蛋灯照蛋,透视种蛋,可以观察到蛋壳结构、蛋的内容物、气室大小情况,凡裂纹蛋、沙皮蛋、钢皮蛋、陈蛋、气室异位蛋、散黄蛋、血斑蛋、肉斑蛋、双黄蛋等均应剔除。

2. 种蛋的运输

种蛋的运输指种蛋由种鸭场运到孵化场和运到其他地方的孵化场,有些可能要运到几千里以外的地方。本场内运送种蛋由于距离较近,对运输条件的要求较低,只要夏天太阳不直晒、不雨淋,冬天不受冻,不剧烈颠簸,一般问题不大。

对于长途运输的种蛋,要求运输的条件较严格,夏季运送种蛋一定要有防雨措施,而且种蛋应当使用根据其大小而专门设计的塑料压型蛋托包装,然后装箱,捆扎牢固后装车运输。如无专用的压型蛋托,也可用小纸箱。但箱中应有固定数量的厚隔,将每个蛋、每层蛋分隔开来。蛋在分隔内不能有移动空间,否则要用草屑、碎纸屑等填充。箱中无分隔也可用草屑、碎纸屑等填充物将蛋与蛋之间隔开,并填实箱内空间,使箱内蛋不互相碰撞或松动。装蛋时应大头向上竖放,因蛋的纵轴耐压力大,不易破碎。蛋托或小纸箱内装好蛋后,应装入大纸箱中,每个大纸箱要装满、装实,使装入的蛋托或小纸箱没有移动的空间;如装不满则用填充物充实,然后用打包带捆扎好。长途运输种蛋的最好交通工具是飞机或轮船,若用汽车运输,最好专车专用,要加强防震抗颠装置,最好使用空调车,使温度保持在13~18℃,相对湿度70%左右。运输途中切忌碰撞和剧烈震动,要防止日晒雨淋。冬天运送种蛋应特别注意防寒,用棉被和帆布将装箱的种蛋包裹严密,种蛋运到孵化场后,应小心放下,不要马上入孵,适当静置半天左右时间,让蛋黄复位,挑出破蛋后,再进行消毒并尽快入孵,不宜再保存。

四、引种注意事项

(一)不要盲目引种

引种应根据生产或育种工作的需要,确定品种类型,同时要考察所引品种的经济价值。尽量引进国内已扩大繁殖的优良品种,可避免从国外引种的某些弊端。引种前必须先了解引入品种的技术资料,对引入品种的生产性能、饲料营养要求要有足够的了解。如是纯种,应有外貌特征、育成历史、遗传稳定性以及饲养管理特点和抗病力,以便引种后查对。

(二)注意引进品种的适应性

选定的引进品种要能适应当地的气候及环境条件。每个品种都是在特定的环境条件下形成的,对原产地有特殊的适应能力。当被引进到新的地区后,如果新地区的环境条件与原产地差异过大时,引种就不易成功,所以引种时首先要考虑当地条件与原产地条件的差异状况;其次,要考虑能否为引入品种提供适宜的环境条件,考虑周到,引种才能成功。

(三)引种渠道要正规

从正规的种鸭场引种,才能确保鸭苗质量。

(四)必须严格检疫

绝不可以从发病区域引种,以防止引种时带进疾病。进场前应严格隔离饲养,经观察确认无病后才能入场。

(五)必须事先做好准备工作

如圈舍、饲养设备、饲料及用具等要准备好,饲养人员应做技术培训。

（六）注意引种方法

第一,应根据当地条件(如水面面积、场地等)决定养鸭的方式,是以放牧为主,还是以圈养为主。再根据当地市场对鸭蛋和肉鸭产品的消费习惯和需求量大小,决定饲养哪种经济类型的鸭品种。

第二,引种时不要一味地追求高生产性能品种。高生产性能的品种,要求的饲养管理条件也很高。假如饲养管理比较粗放,即使鸭具有高产的潜力,也不能充分发挥出来。

第三,首次引入品种数量不宜过多,引入后要先进行 1~2 个生产周期的性能观察,确认引种效果良好时,再适当增加引种数量,扩大繁殖。

第四,引种时应引进体质健康、发育正常、无遗传疾病、未成年的幼鸭,因为这样的个体可塑性强,容易适应环境。

第五,注意引种季节。引种最好选择在两地气候差别不大的季节进行,以便使引入个体逐渐适应气候的变化。从寒冷地带向热带地区引种,以秋季引种最好,而从热带地区向寒冷地区引种则以春末夏初引种最适宜。

第六,做好运输组织工作安排,避开疫区,尽量缩短运输时间。如运输时间过长,就要做好途中饮水、喂食的准备,以减少途中损失。

第二节　鸭的良种繁育体系

为了保证现代养鸭业具有高产、稳产、整齐、规格一致的优质鸭种,必须建立鸭种的繁育体系。主要分为纯种繁育和杂交繁育。

一、纯种繁育

纯种繁育又称本品种繁育,就是同一品种的公、母鸭进行交配,主要是使品种的优良性状能够继代保存下去,凡是不参加其他品种或变种,只在本品种内进行繁育选育的,都属于纯种繁育。纯种繁育是保持、扩大、提高一个品种的必要工作。如果纯种繁育做得好,生产性能就可以不断提高,现代许多品种的生产性能提高得很快,是和纯种繁育工作的进展息息相关的。但纯种繁育容易导致近亲繁殖,近亲繁殖的弊病在养鸭业生产上表现不明显,对此需进行血液更新,即将无血缘关系的鸭的同一品种公鸭引入作种用。没有经过选育的地方品种,在进行本品种选育提高工作时,也列入纯种繁育的范畴。我国的许多地方品种鸭有较强的环境适应能力、耐粗饲、早熟、繁殖力强等特性,但体型、外貌、生产性能尚不够一致,也应进行纯种繁育。外来优良鸭种,也要通过本品种选育迅速增加数量,解决耐粗饲和环境适应等问题。无论是本品种选育,还是引入的优良品种,或因饲养管理不善,或因选种选配不当,都能影响品种发生变异和退化。

做好纯种繁育工作,必须采取两项措施:一是提纯复壮,即在本品种繁育过程中不断的选优选纯,去劣去杂,防止良种退化。先要提纯,要选择体质外貌相对一致的个体,进行同质选配,经过几代的选择、提纯、去劣去杂,逐渐达到本品种的标准。提纯时由于忽视某些环节以致生活力衰退,因而纯化后的良种要进行复壮。复壮时,先要根据个体记录与外貌鉴别结合,选择体质好、生活力旺盛的个体。同时,以公鸭为核心的家系选择,建立若干家系进行品种内不同家系配种。二是品系繁育,每个品种应建立几个品系,可避免品种内发生近亲配种,防止生活力衰退,生产性能下降,而不断改进和提高该品种的优良体系。通过品系繁育可建立起专业化的品系,以适应现代养鸭业生产的需要。品系繁育既是纯种繁育中对现有高产品种进一步选育提高的重要手段,又是经济杂交中生产商品杂种鸭的基础。

二、杂交繁育

不同品种或品系间的鸭的交配,称为杂交,杂交能改变公、母鸭双方的某些遗传性,扩大杂种后代遗传变异的范围,杂交可将不同品种的不同优良性状结合在同一个体上,丰富后代的遗传性。杂交的后代在新的环境下加以培育,能改良老品种和创造新品种,提高生产性能,获得大量优质产品。

由于杂交的目的不同,杂交繁育的方法有下列几种:

(一)生产性杂交

这种杂交是杂交优势的利用,其目的是获得具有高度生产力的商品性肉鸭,用生产性杂交获得的杂种鸭群主要供商品生产用,不继续繁殖,不作种用,一般可分为经济杂交和轮回杂交两种。

经济杂交是生产杂交中最简单和广泛应用的一种杂交方法,就是只利用杂交后代作为商品生产。这种方法能充分利用杂交优势,为养肉鸭生产提供一些生产性能高、生活力强的杂种肉鸭群。

轮回杂交是轮流使用两个以上的品种或品系进行杂交以保持子代的杂种优势的方法,是在经济杂交的基础上进一步发展的一种生产性杂交,经济杂交的后代(如自群繁育),往往会出现性状分离,生产性能下降,轮回杂交时可利用杂种一代母鸭与第三品种公鸭交配,所产的后代仍能保持杂种优势。

（二）改良性杂交

这种杂交是为了改进某一品种性能，改良品种的缺陷，不使被改良的品种发生较大或根本性变化所采用的一种方法。通过杂交，适当改变原有品种的遗传保守性，获得可塑性和生活力强的后代，并利用引入品种的某些优良性状，获得某些品质的提高和改进，或纠正一些缺陷。根据不同需要可采用引入杂交和级进杂交两种方法。

引入杂交时要选择与改良品质的品种类型和生产力基本相似、遗传力强而没有原来品种缺点的一个优良品种进行杂交，以在保持原有品种优良性状的基础上，纠正原品种的某些缺点。在杂交后代中选择优良的母鸭与原品种公鸭回交，回交一次（含引入品种的血液 1/4）或回交二次（含引入品种的血液 1/8）时就进行自交，选育固定。

级进杂交，这种方法在保留原有的适应性强、耐劳、耐粗饲等优点的基础上，吸收改良品种的某些优良特性，以改良原有品种中不够满足当前生产要求的一些性能。级进的代数不宜过多，因为级进代数越多，含改良品种的血液就越多，越接近纯种改良品种，但往往失去被改良品种的优点。

在进行改良性杂交时，要注意必须以加强本品种选育为基础，必须选择最优秀的种公鸭，必须注重杂交种的培育和选择。

（三）育种性杂交

这种杂交是用两个以上品种进行杂交，创造和培育新品种，育成杂交的整个过程可分为 3 个阶段。首先改变原来品种的类型，改变原来品种的遗传性，并通过培育创造新的特性，从而创造出新的理想类型，并着手建立 5 ~ 9 个品系，以便更好地巩固遗传性和避免以后长期亲缘交配。其次是注意通过杂种互相交配来保持所获得的理想类型，并加以改变，建立较大的遗传稳定性。然后建立品种的整体结构，增加鸭群数量和扩大品种的分布区，继续进行选育提高，使新育成的品种具有较稳定的高生产性能、比较一致的体型外貌，并能将优良性状遗传给后代和适应当地的自然环境。

（四）远缘杂交

通过这种杂交可生产出生产性能好的杂交鸭。由于有较远的亲缘关系，体型外貌、生活习性、机能、遗传方面有较大的差异，所以不像品种那样容易杂交。例如：公番鸭和母麻鸭杂交而得出的泥鸭就有很好的经济性状。泥鸭主要以黑麻色为主，头、颈、背、胸、尾有蓝色羽毛，有光泽。喙如鸭，体型远比麻鸭大，超过番鸭，生产迅速，体重 3 ~ 4 千克，泥鸭行动迟缓，耐粗饲，常在屋前屋后水域内啄食,四五个月成熟。一般不会产蛋,偶有个别养到 1 年后开始产少量的蛋。泥公鸭与麻母鸭交配能受精,但孵化率极低,胚胎多中途死亡,孵出者也极难成活。

在进行鸭良种繁育同时,也要有效防止优良鸭种的退化,一个优良的鸭品种一旦放松了选育工作,人工自然选择繁殖发展会使鸭群逐渐导致品种退化,要保持优良品种的优良特性,防止品种退化,要做到坚持开展选种选配工作,开展家系选育和个体选育相结合的品系选育,不断进行血缘的更新,加强饲养管理。

第三节 鸭的生殖生理

一、鸭的生殖系统
(一)公鸭的生殖系统
公鸭的生殖系统是由睾丸、附睾、输精管和阴茎所组成的。

1. 睾丸

公鸭有两个睾丸,左右对称,似豆状,是产生精子的器官。睾丸位于肾前部的前腹侧,前接肺,后线接触髂总静脉。通常左侧的睾丸比右侧的略大,性活动期,鸭睾丸体积大为增加,最大者可长达 5 厘米、宽 3 厘米。睾丸精细管之间的间质细胞分泌雄性激素,刺激性器官发育和维持第二性征。由睾丸内精细管的上皮细胞分化成精细胞、次级精母细胞、精子细胞和精子。

2. 附睾

附睾没有哺乳动物那样明显的头、体、尾之分,鸭的附睾小而不明显,是由睾丸旁导管系统组成,不仅是精子进入输精管的通道,而且还具有分泌酸性磷酸酶、糖蛋白和脂类的功能。

3. 输精管

与附睾末梢相接的一对排出管,呈极端旋卷状。输精管在骨盆部伸直一短距离后,形成略为膨大的圆锥形体,称为脉管体,与精子储存有关。最后形成输精管乳头,突出于泄殖道腹外侧壁的输尿管开口的腹内侧,输精管是精子的主要存贮器官。

4. 阴茎

鸭与鸡不同,鸭的阴茎属伸出性的,阴茎发达,呈螺旋状扭曲,由大、小螺旋纤维淋巴体在阴茎上共同组成螺旋形射精沟。性兴奋时,阴茎基部紧缩,整个肛道及阴茎游离部从泄殖腔孔腹侧前方伸出,其长度达 5 厘米左右,充满淋巴液,使阴茎游离部膨大变硬。鸭有真正的阴茎插入过程,当射精时,精液通过射精乳头进入螺旋状的射精沟,当阴茎勃起时,射精沟闭合成管状,达到阴茎的顶端。射精结束,淋巴液回流而压力下降,整个阴茎游离部陷入阴茎基部,缩入泄殖腔内。

(二) 母鸭的生殖系统

母鸭生殖器官由卵巢和输卵管组成。在成体后,仅存在左侧的卵巢和输卵管,右侧生殖器官在早期个体发育过程中,停止发育并逐渐退化掉。

1. 卵巢

呈葡萄状,含成千上万个卵泡,每个卵泡内含有一个卵细胞。生殖腺由中胚层发育而来,孵化的前 3 天左右生殖腺同时发育,孵化第 3 天两侧腺内含有相同数量的原始生殖细胞,当进入第 4 天时,右侧性腺的许多原始生殖细胞向左侧性腺迁移,逐渐形成左侧性腺的原始生殖细胞,比右侧多约 5 倍,出壳之前右侧性腺完全退化,仅留下痕迹。鸭的左侧卵巢悬吊于腰椎椎体左侧,在肾内缘,腹腔内。接近性成熟时,卵巢的前后径可达 3 厘米,重量达 40~60 克。产蛋结束时,卵巢又恢复到静止期的形状和大小,产蛋期再次到来时,卵巢的体积和重量又大为增加。

卵巢由皮质部和髓质部构成,髓质部主要是结缔组织,髓质的间质细胞多单独分散存在,分泌雄激素,而卵泡外腺细胞常成群存在,分泌雌激素。皮质部位于卵巢外围,含有许多不同发育阶段的卵泡。未成熟卵泡包括初级卵泡和次级卵泡,内含卵母细胞。随着卵黄物质的不断积贮,卵泡愈益增大,并逐渐向卵巢表面突出,最后形成具有卵泡桶的成熟卵泡。

2. 输卵管

只有左侧输卵管。成体的左侧输卵管长而弯曲,起自卵巢正后方,长度和形态随年龄和不同生理阶段而异。未产蛋的仔母鸭,输卵管长度仅为 14~19 厘米,宽 1~7 厘米,重约 5 克,呈细长形管道;产蛋母鸭的输卵管弯曲伸长并迅速增大,可长达 42~46 厘米,宽 1~5 厘米,重约 76 克。到产蛋时,输卵管的长度比静止时增加 4 倍,重量增加 15~20 倍。它包括漏斗部、膨大部、峡部、子宫、阴道。

二、性成熟和初配年龄

(一) 鸭的适配月龄

公鸭的适配月龄鉴于品种不同有所差异,一般为 6~8 月龄。这期间公鸭精力旺盛,母鸭繁殖力也强。鸭配种月龄过早,不仅对其本身的生长发育有不良影响,而且受精率低。

(二)公、母鸭配比

如果采用本交方法,一般采用群配法。但要求公、母比例一定要适当,公鸭过多或过少,都会影响受精率。公、母配比大致为肉用型鸭 1:(5~8),兼用型鸭 1:(15~20)。

配种比例除了因品种类型而异之外,尚受以下因素的影响。

1. 季节

早春气候寒冷,性活动受影响,公鸭配种数应提高 2% 左右(按母鸭数计)。

2. 饲养管理条件

在良好的饲养条件下,特别是放牧鸭群能获得丰富的动物饲料时,公鸭的数量可以适当减少。

3. 公、母鸭合群时间的长短

在繁殖季节到来之前,适当提早合群对提高受精率是有利的。合群初期公鸭的比例可稍高些,如蛋用型鸭公母比可用 1:(14~16),20 天后可改为 1:25。大群配种时,常可见部分公鸭较长时期不分散于母鸭群中配种,需经十多天才合群。因此,在大群配种时将公鸭及早放入母鸭群中是很必要的。

4. 种鸭的年龄

1 岁的种鸭性欲旺盛,公鸭数量可适当减少。实践表明公鸭过多常常造成鸭群受精率低。

三、配种方法

鸭的配种方法可分为自然交配和人工授精。

(一)自然交配

自然交配是让公、母鸭进行自行交配的配种方法。鸭的交配要在有水的环境中进行。配种前半个月,将选好的公、母鸭按适当比例合群饲养,配种结束后,将公、母鸭分开。自然交配一般从初春开始,到夏至结束。有大群配种、小群配种和同雌异雄轮配三种方式。

1. 大群配种

一般应用于生产性的鸭场。在大规模商品养鸭场、良种繁殖场以及育种场普遍采用。将公、母鸭按一定比例合群饲养,群的大小视种鸭群规模和配种环境的面积而定,一般利用池塘、河湖等水面让鸭嬉戏交配。这种方法能使每只公鸭都有机会与母鸭自由组合交配,受精率较高,尤其是放牧的鸭群受精率更高,适用于繁殖生产群。但需注意,大群配种时,种公鸭的年龄和体质要相似,体质较差和年龄较大的种公鸭,没有竞配能力,不宜作大群配种用。缺点是不能辨认后代的血缘,不能做系谱工作。

2. 小群配种

多用于育种性的鸭场,方法是将每只公鸭及其所负责配种的母鸭单间饲养,使每只公鸭与规定的母鸭配种,每个饲养间设水栏,让鸭活动交配。公鸭和母鸭均编上脚号,每只母鸭晚上在固定的产蛋窝产蛋,种蛋记上公鸭和母鸭脚号。这种方法能确知雏鸭的父母。

3. 同雌异雄轮配

为了获得配种组合或父母家系,消除母鸭方对后代生产性能的影响,常采用同雌异雄轮配,在育种中使用。具体方法是配种开始后,第一个配种期放第一只公鸭,种蛋留足后,将第一只公鸭拿出,然后空1周不放公鸭,此期的种蛋孵出的小鸭,仍是第一只公鸭的后代;下一周再放入第二只公鸭,最好在放第二只公鸭前将第二只公鸭的精液给所配母鸭全部输一遍精,放入第二只公鸭后前5天的种蛋不用,以后所得的种蛋为第二只种鸭的后代。如需测定第三只公鸭,按上述方法进行轮配。

(二) 人工授精

鸭具有生长较快,风味独特,营养价值高等优点,深受广大消费者的青睐,其需求量逐渐增多。所以,研究鸭的人工授精技术有其现实意义和推广应用的价值。

1. 种公鸭的选择

鸭人工授精技术的成败,很大程度上取决于种公鸭的精液质量,要获得高质量的精液,就必须选择年轻、性活动旺盛的种公鸭。为了保持种公鸭的旺盛性欲和较长的利用时间,就必须加强种公鸭的饲养管理和保证每周至少有1~2天不采精。种公鸭一般采取笼养,并且最好每周2次放饲到运动场上让其运动、水浴等。种公鸭第一次选择一般在2月龄进行,第二次选择公鸭一般在6月龄左右进行。选留的种鸭应生长发育良好、阴茎发育正常(3厘米以上),性欲旺盛,按摩15~30秒就能勃起射精,并且精液品质达到标准。人工授精公、母比例为1:(20~40),种公鸭的利用年限一般为1~1.5年,不超过2年。

2. 采精前的准备

种公鸭在采精前 15 天应隔离饲养和进行采精训练。公鸭一般经过 10 ~ 15 天的按摩训练,才能建立条件反射。注意:公鸭开始训练之前,将泄殖腔外周 1 厘米左右的羽毛剪除。

采精前先准备数支 1 毫升注射器,若干套集精器和集精瓶,洗干净、消好毒,晾干备用。准备 75% 酒精瓶,75% 酒精棉花球及消毒好的镊子、剪子,放于消毒好的瓷盘内,并用消毒纱布盖上备用。

3. 公鸭采精

种公鸭一般在 200 日龄开始采精,一般 1 周采精 5 天,1 天 1 次。

（1）采精方法　精液的采集,常用的有按摩法和电刺激法两种,按摩法用得最普遍。

1）鸭按摩采精法　先要对公鸭进行采精训练,使公鸭建立起性条件反射。一般经过几天的训练,就有精液排出,在配种的季节内,最好把公鸭肛门附近的羽毛剪去,便于采精和减少精液的污染。采精时通常由两人配合进行,其中一人保定,另一人采精。保定员坐于采精员右前方,将公鸭放在自己膝上,用双手各握住公鸭的两脚,自然分开,拇指扣住鸭翅膀,使公鸭尾部向外,头部夹于左臂下,类似自然交配姿势。采精员先用一块灭菌的棉球蘸生理盐水,由中央向周围的擦拭方法清洗肛门,擦洗完后,左手掌心向下,拇指和其他手指自然分开并稍弯曲,手指和掌面紧贴公鸭的背部,从翅膀的基部（睾丸部位）向尾部方面有顺序、有规律地进行按摩,因为引起公鸭性兴奋的部位是在髋关节后上方的髂骨区。性反射快的公鸭,按摩 6 ~ 7 次就可以射精。同时,用右手大拇指和其他四指握住泄殖腔环按摩揉捏直到泄殖腔周围肌肉充血膨胀,待阴茎充分勃起时,手可感到泄殖腔内有一如核桃大小的硬块,同时阴茎基部的大小淋巴结开始外露于肛门外,此时固定公鸭的助手应迅速将手中的采精杯靠近泄殖腔,采精员右手固定阴茎基部的下面,用左手挤压泄殖腔的上方部位,阴茎遂外翻伸入集精杯内,精液沿着闭合的螺旋精沟,射到集精杯内。在用手指捏泄殖腔时,要注意不要压迫直肠,以防有粪便排出,为此,采精前可绝食 3 ~ 4 小时,使公鸭处于空腹状态。

2）电刺激采精法　即应用一种电刺激采精仪,用弱电流刺激公鸭射精,在对公鸭进行电刺激时,先将公鸭固定在采精台上,打开采精仪开关,把正电极导线末端上的探针（尖针）置于公鸭荐部皮下,另一负极插入直肠内约 4 厘米。通常用 20 伏的电压和 40 ~ 50 毫安的电流就可以了（一般开始给予较弱的电流,慢慢加强)。电刺激每隔5秒重复一次,共重复3~5次,每次的时间为2~3秒。当公鸭阴茎勃起时,用手揉捏泄殖腔,即可使阴茎伸出射精。

（2）采精时的注意事项　采精最好在室内进行,场地在采精前应打扫干净。捕捉公鸭不可硬追,以免公鸭受到过分刺激,造成采精时体力消耗过大,使射精不充分或采不出精来。采精前应把种公鸭腹部尘土及污物打扫干净,这样既可以避免污染精液,又可刺激公鸭提高性欲。采完精时,不可使精液受到阳光照射或造成精液污染,以免影响人工授精效果。采精后应把精液保持在38~39℃的环境中,以保证精液品质。采精场地应安静,以建立和维持公鸭的条件反射。采精手法要轻,不可过于粗暴,否则会造成公鸭生殖器官的损伤,影响今后采精操作,使血液进入精液而影响精液的品质。采精应尽量做到固定操作者和服装(白大衣),不宜变动太勤,以促使公鸭容易建立按摩排精的条件反射。

4. 精液性状检查

（1）外观检查　鸭精液为乳白色不透明的黏稠状液体,混有血液的为粉红色;被粪便污染的为黄褐色;尿酸盐混入时有粉白色絮状块;过量的透明液混入则见有水渍状。被污染的精液品质极差,不能使用。

（2）一次射精量的检查　公鸭一次射精量的多少与品种、个体、性欲、鸭群状况,采精频率和采精技术等有关。正常情况下肉公鸭精液量0.4~2.6毫升,平均1.1毫升,密度达16~25亿/毫升,平均18.5亿/毫升,精子活力7~9.8级,pH 6.9~7.4,输精前检查精子活力,250~500倍显微镜下80%以上精子做直线前进运动的才作输精用。北京鸭精液量0.38毫升,密度34.9亿/毫升,樱桃谷肉鸭精液量0.29毫升,密度27.23亿/毫升。

（3）活力检查　所谓精子的活力是指精液中做直线运动的精子的多少。只有活力大的精子才能通过长而曲折的母鸭输卵管,到达漏斗部与卵子结合。精子的活力对蛋的受精率的影响,比输精量和精子浓度更大。浓度大而精子活力差的精液不能用来输精,死精多的精液不能用来输精,只要精子活力高,所输精液的精子密度略低些也不会影响受精率。

进行精液质量的检查,可从根本上确保每次输入的有效精子数和保证参与配种的种公鸭都具有优良的精液品质,并对种公鸭的正确饲养管理提供科学依据。

5. 精液稀释

精液稀释的作用主要是扩大精液量,增加受精的只数,更重要的是供给精子养分及中和精子产生的乳酸等物质,给体外的精子创造适宜的环境,从而增强其生命力和延长其存活时间,以最大限度地提高优良种公鸭的利用率。鸭精液稀释液的研究至今尚没有一个较为理想的配方,由于目前生产中输精是现采现输,不是长时间保存,所以实际的生产应用中多采用生理盐水(或用时再加些抗生素如青霉素或链霉素 300 ~ 500 国际单位/毫升)稀释。混合精液与稀释液之间的比例可按 1:(1 ~ 2)调配,稀释时,稀释液应沿装有精液的集精杯壁缓慢加入,转动时要缓慢使其均匀混合;若在气温较低季节,应避免精液与稀释液的温差过大造成突然降温而影响精子的活力。

6. 母鸭的输精技术

(1)输精时间 许多试验证实,以同一剂量的精液在一天内不同时间给母鸭授精,蛋的受精率存在差异,但差异的程度,不同研究者的结果不相一致。不过有一点是肯定的:输精时子宫中有硬壳蛋,越接近临产越影响受精率,这可能是快产蛋时输精,一些精子还未进入储精腺,而被蛋带出,或由于产蛋时输卵管内环境暂时出现变化造成的。若鸭产蛋是在夜里,一般输精时间在上午,便于输精操作和精子在输卵管的上行运动;若鸭产蛋是在凌晨,以下午输精好。

(2)输精间隔时间 输精间隔时间取决于精子在输卵管内的存活时间,以及母鸭的持续受精率天数,母鸭一次受精后大约在 40 小时出现第一枚受精蛋,最长受精率持续时间可达 11 ~ 15 天,但高受精率的持续时间北京鸭与麻鸭人工授精为 4 ~ 5 天,以后受精率显著下降,故间隔 3 ~ 4 天输精一次,就可以维持良好受精率。如果是番鸭与麻鸭(或北京鸭)间人工授精,由于不同属,番鸭精子在母鸭输卵管内受精能力的维持时间较短,在 3 ~ 4 天内维持高受精率,因此,间隔 2 ~ 3 天输一次精液才能保持良好的受精率;而番鸭本品种人工授精高受精率持续时间可达 7 天之久,输精间隔以 6 天为佳。

(3)输精量 采用原精液授精时,一般用 0.05 毫升,用稀释的新鲜精液授精一般为 0.1 毫升,不管是原精液授精或是稀释精液授精,应授入有效精子数 5 000 万 ~ 9 000 万(有效精子数是指能直线前进运动的精子)。公番鸭与母麻鸭杂交有效精子数在 7 000 万 ~ 9 000 万时受精率最佳,超过 9 000 万时亦不能提高其受精率,造成精液浪费。北京鸭与麻鸭人工授精,有效精子数 5 000 万就能得到较高受精率,这可能是因为北京鸭与麻鸭是同属间杂交。另外,最好使用两三只公鸭的混合精液输精,比单只公鸭精液输精受精率高。第一次输精时,输精量可加大 1 倍或第二天重复输精一次。

（4）输精方法　用 1 毫升的结核菌素注射器作为受精器。在生产实践中常使用以下两种受精方法。

1）输卵管口外翻输精法　这种方法较适用于麻鸭和北京鸭等，生产中常用。将母鸭按在地上，输精者用一只脚轻轻踩住母鸭的颈部或把母鸭夹在两腿之间，母鸭的尾部对着输精者，用左、右手的三指（除拇指、食指）轻轻挤压泄殖腔的下缘，用食指轻轻拨开泄殖腔口，使泄殖腔张开，这时，能见到两个小孔，右边一个小孔为排粪尿的直肠口，左边一个小孔就是阴道口，腾出右手将输精器导管末端对准阴道插入输精。

2）直接插入阴道受精法　即在受精时把产蛋母鸭轻按压于地面或高约70 厘米的平台上，左手的大拇指紧靠着泄殖腔下缘，轻轻地向下方压迫，使泄殖腔口张开，右手将受精器轻轻地插入泄殖腔，向左下方插进 3~5 厘米深，稳住受精器，将精液缓慢注入。

7. 受精过程中的注意事项

要对种鸭进行精心选择，选择优良、健壮的后备种公鸭，及时淘汰老年的、不良的或阴茎有疾病的种鸭；并注意种公鸭的合理利用，不能没有休息连续采精，否则会造成种用鸭寿命缩短或精液品质下降，影响受精率。

采精与授精时所用的一切器械需进行高温高压灭菌消毒烘干备用。

从采精开始到授精结束所用的时间最好控制在 90 分，精液的采集过程中要求精液无污染。为避免粪便、脏物等污染，公鸭在采精训练时应把泄殖腔周围的羽毛剪去，并应保持笼圈清洁、干净，在采精前 3~6 小时应对种公鸭进行禁食、停水。在采精、稀释、授精的过程中要严禁吸烟，避免强烈光照和较大温差影响。

人工授精人员必须固定，因为每个人的力度不同，鸭体对人产生一种适应后，更换授精人员会引起鸭应激，导致受精率下降。

授精部位要求适中，不能过浅，防止精液外溢；但也不能太深，避免孵化效果受影响，死胚率增多；同时，也应注意不要将空气或气泡授入输卵管内，否则会使精液外溢，影响受精率。授精后，当拔出授精器时，应同时松手减轻压迫，阴道口即可慢慢地收缩回泄殖腔，然后将母鸭轻轻放在地面上。

在授精时，应用蘸有生理盐水的棉球擦洗肛门周围，每授完一只母鸭后应用棉球将授精器擦净，防止交叉感染，对部分生殖道发炎的母鸭，必须及时隔离或治疗，以免传染，造成受精率下降，死亡率、淘汰率增高。

8. 影响人工授精的因素

蛋的繁殖价值最重要的标志是受精率。受精率的高低反映了种鸭场的饲养管理水平,也对种鸭场的经济效益与信誉有重大影响。影响种蛋受精率的因素很多,这些因素都通过不同途径直接或间接地影响种蛋受精率。

(1)精液品质不合格　如精液浓度低,没有足够的有效精子,精子活力低,死精和畸形精子多,精液被污染致使精子死亡。其主要原因是在选留公鸭时未经严格挑选,结果使一些由于遗传因素造成的生殖器发育不良、性欲较低的公鸭被选留在种群中。还有个别种鸭场因公鸭日龄偏大,或因日粮配比不科学致使公鸭太肥,或因场地卫生条件差而使公鸭的健康状况欠佳,或因频繁使用如环丙沙星等损害鸭生殖系统功能的药造成公鸭精子活力下降,影响受精率。

(2)输精技术的影响　一些种鸭场由于配种的器具不严格消毒,有个别场甚至在清洗过后就直接用于采精和输配。也可能是在采精过程中操作不小心,使附在公鸭身上的粪便及其他污物掉到集精杯里,而受污染的精液继续用于配种。输精部位不准确也是存在的问题。应用输卵管外翻输精法配种,在迫使母鸭泄殖腔张开,暴露出阴道口后,多数输精员把精液滴在母鸭阴道口就松手放开了母鸭。这个部位太浅,还没达到要求。

(3)管理因素的影响　饲养方式不同,受精率的高低也有差别。饲养密度过大,垫料潮湿,光照管理混乱,可造成母鸭健康状况不佳,直接影响种鸭的受精率。有时配种过程中的用具消毒不彻底引起母鸭生殖道发炎,这种母鸭即使每天连续配种也很难受精。由于培育母鸭成本较高,有的种鸭场的母鸭超过2年还留作种用。试验证明,超过2年的母鸭利用人工授精配种,配种间隔要合理,一般隔2天配1次。

(4)季节、环境因素的影响　温度过高或过低,公鸭的精子质量降低,母鸭的产蛋量也下降,夏季鸭人工授精的效果较其他季节要差,因为高温可以抑制精子的活力。在夏季,相当一部分种鸭场都在早上9点前或下午5点后配种。实践证明,下午配种比早上配种的效果好,因为下午母鸭相对较安静,对产蛋的影响较小。

9. 提高种鸭受精率的措施

种鸭的配种年龄、利用年限、配种比例和方法要适宜。在后备肉用种公鸭的选择时,公、母比例为1:3或1:4。

对留种公鸭进行严格的选择,选择体质健壮、体型符合品种特征的公鸭留种,在产蛋前应对公鸭的性反射强弱进行选择。

通过人工采取公鸭精液,进行品质鉴定,把精液品质不好的公鸭淘汰,将精液品质优良、性欲旺盛的公鸭留作种用。甚至还可以扩大公母的配种比例,提高优良公鸭的利用率。

种母鸭一般是每2～3年更换1次,因为第一年产蛋量最高,翌年下降10%～15%,第三年再下降15%～25%,3年以上鸭所产的蛋,受精率和孵化率显著降低,雏鸭发育不好,死亡率也高,所以,到第四年母鸭应予淘汰。肉用种公鸭一般为1～2年。

第四节　种蛋的人工孵化技术

种鸭产的蛋并不是全部都能作为种蛋进行孵化,即使是优良种鸭群的蛋也是如此。种蛋质量好,胚胎发育良好,生存力强,孵化率高,雏鸭质量好;反之,种蛋品质低劣,孵化率低,雏鸭生长发育不良,难以饲养。如果种鸭场规模较小,种蛋需要存放一些时间才能进行孵化。因此,种蛋质量的管理包括种蛋产出、捡蛋、挑选、消毒、保存、运输等一系列工作。

一、种蛋的管理

(一)蛋产出前后的工作

第一,检查种鸭的体重是否合适。如果种鸭体重太小,就不要增加光照刺激,避免种鸭开产早、产小蛋。如果体重达标,则给予光照刺激,使种鸭及时产蛋。蛋重和种鸭的体重成正比,体重越大,蛋重越大。

种鸭的管理要良好,营养全面,尽量减少应激,应激容易使种鸭产窝外蛋和软皮蛋。开产前为种鸭准备好产蛋箱,产蛋箱一般每4～5只母鸭一个,训练母鸭在产蛋箱中产蛋,避免或减少窝外蛋。产蛋箱应干净,铺设柔软的垫草,不要有坚硬的伤及蛋壳的物体。

第二,当种鸭开产以后,每天在同一时间饲喂和更换垫草,垫草保持新鲜、干燥、松软。定期监测体重和监测蛋重大小,以确定饲喂量。体重太大蛋重就大,蛋重太大孵化效果不良。种鸭的体重应保持在3.2～3.5千克。初产母鸭产蛋时间集中在后半夜1～6点,随着产蛋日龄的延长,产蛋时间往后推迟,产蛋后期的母鸭也大多在上午10点以前产蛋。

第三,捡蛋。产蛋箱中的蛋和窝外蛋要分别捡,对于被粪污轻微污染的窝外蛋要用干净的布擦干净,窝内蛋一般比较干净,不用擦拭。污染严重的窝外蛋,只能作为食用蛋,否则在孵化过程中容易爆炸,污染整个孵化器。种鸭产蛋一般集中在凌晨,蛋产出后要尽快捡蛋,收集起鸭蛋后经过大致挑选,去掉破损蛋和严重污染蛋,将种蛋运到蛋库保存或运到孵化厂。尤其是夏季,气温较高,细菌繁殖很快,应将种蛋尽快从鸭舍中运到蛋库。冬季鸭舍内的气温较低,种蛋在鸭舍内放的时间太长会冻坏。

(二)种蛋选择

种蛋质量高低与能否孵出高质量的雏鸭密切相关,也是孵化厂经营成败的关键环节之一。因此,种蛋应按要求予以严格的选择。

1. 根据来源与受精率选择

种蛋应来自遗传性能稳定、饲养管理正常、健康而高产的鸭群,种母鸭必须具有良好的鸭舍条件、合理的全价配合料和科学的饲养管理,凡患白痢、鸭副伤寒、传染性支气管炎等病的母鸭所产的蛋都不能用作种蛋。受精率是影响孵化率的主要因素。在正常饲养管理条件下,若鸭群的公、母配偶比例适宜,则鸭种蛋的受精率较高,一般在90%以上。

2. 种蛋保存时间

实践证明种蛋保存时间越短,蛋越新鲜,胚胎生活力越强,孵化率越高。种蛋一般在产出7天后入孵孵化率逐渐下降,故孵化以产后1周内的蛋为宜,3~5天最佳。否则,孵化率降低,雏鸭体质衰弱。新鲜蛋蛋壳干净,附有石灰质的微粒,好似覆有一薄层霜状粉末,没有光泽。陈蛋则蛋壳发亮,壳上有斑点,气室大,不宜用于孵化。对于蛋库尚无空调装置的,夏季宜视具体情况采用恒温分批入孵,能取得较好的孵化效果。

3. 清洁度选择

鸭是水禽,产蛋多在夜间,蛋受到粪便、污水等污物的污染严重。种蛋蛋壳要保持清洁,如有粪便或脏物污染,容易被细菌入侵,引起腐败,同时堵塞气孔,影响气体交换,使胚胎得不到应有的氧气和排出二氧化碳,造成死胎,降低孵化率。防止种蛋污染,在种蛋收集时应注意两个问题:一是在产蛋箱内铺足干净的垫料;二是种蛋的收集时间应放在凌晨4点和上午6~7点分两次进行。轻度污染的蛋用40℃左右的温水稀释成0.1%新洁尔灭溶液擦拭并抹干后可以作为种蛋入孵。提高种蛋的清洁度应从减少窝外蛋的发生、减少巢的污染、勤收种蛋等几方面着手加以解决。

4. 蛋重与蛋形选择

一般说来,各种鸭所产的蛋形状大小不完全一致,种蛋的形状与大小要符合本品种特征要求,以达到本品种的平均水平或略高水平为宜。种蛋蛋形应正常,呈卵圆形。过长或过圆、两头尖均不能作种用。一般蛋形指数要求1.28左右(蛋形指数指蛋长轴和短轴的比值)。蛋重应符合品种要求,过大过小对孵化及雏鸭体重是有影响的,蛋重的要求一般为85~100克,产蛋后期蛋重可能超过100克,最大不要超过110克,遇到种蛋严重短缺时可以使用80克的种蛋,只要是健康的种鸭,蛋重大小不是要求非常严的。对于留种用的种蛋,蛋重大小要控制严一些,一般在90克±5克。

5. 蛋壳厚度与颜色选择

任何品种的种蛋,其蛋壳必须厚薄适当,蛋壳结构致密均匀、厚薄适度者,表面平整,鸭蛋壳厚度一般是0.35~0.37毫米。蛋壳粗糙或过薄,水分蒸发快,也易破裂,孵化率低。蛋壳过厚,气体交换和水分散发不良,胚胎破壳困难,孵化率也低。蛋壳颜色要选本品种的标准颜色,鸭蛋的蛋壳有青、白两种颜色,如北京鸭蛋为白色,番鸭蛋为玉白色。

6. 照蛋剔除选择

肉眼选蛋只观察到蛋的形状大小、蛋壳颜色。通过照蛋可以看见蛋壳结构、蛋的内容物和气室大小等情况,砂壳蛋、钢壳蛋、气室大的陈蛋、气室不正常蛋、血块异物蛋、双黄蛋、散黄蛋等都要剔除。

(三)种蛋的保存

蛋产出后会储存一段时间,再进行入孵。即使来源于优秀的种鸭群,又经过严格挑选的品质优良的种蛋,如果保存条件较差,保存方法不当,对孵化效果均有不良影响。尤其在冬、夏两季尤为突出,因此,应给种蛋创造一个适宜的保存条件,并采用正确的保存方法。

1. 保存环境

种蛋保存需要有专门的种蛋库,种蛋库可以设置在种鸭场,也可以设置在孵化厅。种蛋库必须具有良好的隔热性能,夏季高温季节有空调,保持适当的温度和适度的通风。种蛋库内的卫生条件要保持良好,防止老鼠和蚊蝇进入,以免消毒过的种蛋被二次污染。要将种蛋放在蛋盘内置于蛋架上,定时翻蛋,每天起码翻一次,翻蛋角度一般为90°。保存7天内的种蛋,存放时的蛋位对孵化率只有较小的影响。为了使气室保持适当位置,种蛋应当大头向上。如果种蛋保存超过7天,有必要每天翻动种蛋,防止粘连。

2. 保存温度

鸭胚胎发育的临界温度是23.9℃,蛋白的冰点是0.5℃,当保存温度高于

23℃时,胚胎开始缓慢发育,尽管发育程度有限,但细胞的代谢会逐渐导致胚胎的衰老和死亡,相反温度过低,也会造成胚胎的死亡,影响孵化率,低于0℃种蛋会受冻而失去孵化能力,因此,种蛋保存的理想温度为10~15℃。保存温度不同时间有差异,2~4天保存温度一般要求18.3~20℃,保存7天以内,温度控制在13~15℃较适宜,7天以上11℃为宜。在储存前,如果种蛋的温度高于保存温度,应逐步降温,使蛋温接近储存室温度然后放入储存室。但即使是再适宜的保存温度,也会使种蛋的孵化率降低,因此,最好是新鲜蛋直接入孵。如有特殊情况不能及时入孵,需保存较长的时间时,可采用塑料包装法。用聚乙烯薄膜做包装材料,厚度5微米±1.5微米,透气性强,袋内其他环境由二氧化碳自然聚集和氧气的消耗而成。也可以将种蛋放入塑料袋中,填充氮气,然后密封,使种蛋处于隔绝的环境里,减少蛋内水分蒸发,抑制细菌繁殖。存放以后出雏率大小依次为平放的大于尖端向上、大于尖端向下。要注意缓慢降温,刚产出的种蛋到保存温度是一个逐渐降温的过程,一般降温需要1天左右。

3. 保存湿度

保存种蛋的环境湿度,对孵化率有一定的影响。种蛋保存期间,蛋内水分通过气孔不断蒸发,其速度与储存室里的湿度成反比。湿度过高,蛋表面回潮,种蛋容易发霉变质。湿度过低,蛋内水分大量蒸发,影响孵化效果。为了减少蛋内水分的蒸发,种蛋保存的相对湿度要求为75%~80%。

(四)种蛋的消毒

蛋产出母体时会被泄殖腔排泄物污染,接触到产蛋箱垫料和粪便时,蛋进一步被污染,过脏的蛋很容易被淘汰出去,而轻度污染的就容易被忽视。蛋壳上附着很多细菌,随着时间的推移,细菌数量迅速增加。据研究,新生的蛋蛋壳表面细菌数为100~300个,15分后为500~600个,1小时后达到4 000~5 000个,并有些细菌通过蛋壳上的气孔进入蛋内。种蛋的污染不仅影响孵化率,更为严重的是污染孵化机和用具,传播各种疾病。病菌繁殖速度随蛋的清洁程度、气温高低和湿度大小而异,虽然种蛋有胶质层、蛋壳和内外壳膜等几道自然屏障,但它们都不具备抗菌功能,所以细菌仍可进入蛋内,这对孵化率与雏鸭质量都构成严重威胁。因此,必须对种蛋进行认真消毒。

1. 种蛋消毒时间

从理论上讲,最好在蛋产出后立刻消毒。这样可以消灭附在蛋壳上的绝大部分细菌,防止其侵入蛋内,但在生产实践中无法做到。比较切实可行的办法是每次捡蛋完毕,立刻在鸭舍里的消毒室或送到孵化场消毒。种蛋入孵后,应在入孵器里进行第二次消毒。

2. 常用的消毒方法

种蛋的消毒方法很多,但迄今为止,仍以福尔马林熏蒸法和过氧乙酸熏蒸法较为普遍。其他消毒方法,如新洁尔灭浸泡消毒法、碘液浸泡消毒法、高锰酸钾消毒法、百毒杀喷雾消毒法,在实践中可参考使用。传统孵化法采用热水浸泡种蛋,如果水中不放消毒液,则其作用仅仅是入孵前的"预热"作用,不能以此代替种蛋消毒。

(1)福尔马林熏蒸法 40%的福尔马林熏蒸消毒效果好,操作简便。将装有种蛋的蛋托放入一密封良好的消毒柜中,对清洁度较差或外购的种蛋、按每立方米40毫升的福尔马林加20克高锰酸钾计算用量。先把种蛋放在孵化器内,关闭进、出气孔,把高锰酸钾称好,放入搪瓷或陶瓷容器内,再放需要量的福尔马林,关闭机门熏蒸20~30分。这种方法简便,同时连孵化器也进行了消毒。消毒时须注意:种蛋在孵化器里消毒时,应避开24~96小时胚龄的胚蛋。

(2)过氧乙酸熏蒸消毒法 过氧乙酸是一种高效、快速、广谱消毒剂。消毒时间短,使用浓度低。具体方法是消毒种蛋时,每立方米用含20%的过氧乙酸溶液80~100毫升,加高锰酸钾8~10克,熏蒸15分,然后进行通风排气。但须注意过氧乙酸遇热不稳定,须低温保持;腐蚀性强,不要接触皮肤、衣服;现配现用,稀释液保存不超过3天。

(3)新洁尔灭浸泡消毒法 新洁尔灭原液为5%的溶液,使用时加50倍水配成0.1%的溶液,对种蛋进行喷雾消毒。使用时切忌与肥皂、碘、高锰酸钾和碱并用,以免药液失效。

(4)碘液浸泡消毒法 取碘片10克和碘化钾15克,溶于1 000毫升水中,再加入9 000毫升水,配成0.1%的碘溶液。将种蛋浸入1分,取出沥干。消毒液浸泡种蛋10次后,碘浓度减少,可延长浸泡时间到1.5分,或添加部分碘溶液。需要注意的是:随着浸泡次数的增加,碘液浓度下降,此时应延长种蛋浸泡时间,一般浸泡10次后,浸泡时间由原来的1分延长到1.5分,或重新更换碘液。

(5)高锰酸钾消毒法 配制0.2%高锰酸钾溶液,将种蛋浸泡1分捞出沥干即可。

二、鸭蛋的胚胎发育

鸭的胚胎发育分为蛋形成过程中胚胎的发育和孵化期中胚胎的发育两个阶段。

(一)蛋形成过程中胚胎的发育

卵黄自卵巢上排出后,被输卵管的漏斗部接纳,与精子相遇受精,成为受精卵,并在蛋形成过程中开始发育。当受精卵到达峡部时发生卵裂,进入子宫部4～5小时后已达256个细胞期,到蛋产出时,胚胎发育已进入囊胚期或原肠早期。蛋产出后,由于外界气温低于胚胎发育所需要的温度,胚胎发育处于停滞状态,随着时间的延长,胚胎逐渐死亡,降低孵化率。

(二)孵化期中胚胎的发育

当给予种蛋适当的孵化条件,胚胎从休眠状态中苏醒过来,继续发育形成雏鸭。现将鸭胚不同日龄的发育情况简述如下。

第1天:胚胎以渗透方式进行原始代谢,原线、脊索突和血管区等器官原基出现。胚盘暗区显著扩大。照蛋时,胚盘呈现明亮的圆点状,俗称"白光珠"。

第2天:胚盘增大。脊索突扩展,形成5个脑泡,脑部和脊索开始形成神经管。眼泡向外突出。心脏形成并开始搏动,卵黄血液循环开始。照蛋时可见圆点较前1天为大,俗称"鱼眼珠"。

第3天:血管区为圆形,头部明显地向左侧方向弯曲与身体垂直,羊膜发展到卵黄动脉的位置。有三对鳃裂出现,尾芽形成。胚胎直径为5.0～6.0毫米,血管区横径为20～22毫米。

第4天:前脑泡向侧面突出,开始形成大脑半球。胚体进一步弯曲,喙、四肢、内脏和尿囊原基出现。照蛋时,可见胚胎与卵黄囊血管分叉似蚊子,俗称"蚊虫珠"。

第5天:胚胎头部明显增大,并与卵黄分离,前脑开始分成两个半球,第五对三叉神经发达。口开始形成,额突生长,眼有明显的色素沉着。脾脏和生殖细胞奠基。原囊迅速增大形成一个有柄的囊状,其直径可达5.5～6毫米。照蛋时卵黄囊血管形似一只小蜘蛛,又称"小蜘蛛"。

第6天:胚胎极度弯曲,中脑迅速发育,出现脑沟、视叶。眼皮原基形成,口腔部分形成,额突增大,四肢开始发育,性腺原基出现,各器官已初具特征,尿囊迅速生长,覆盖于胚体后部,尿囊血液循环开始,照蛋时,可见到黑色的眼点,俗称"起珠"。

第 7 天:胚胎腮裂愈合,喙原基增大,肢芽分成各部。胚胎开始活动,尿囊体积增大,直径达到 12～17 毫米,并且完全覆盖胚胎。照蛋时可见到头部和弯曲增大的躯干部分,俗称"双珠"。

第 8 天:喙原基已成一定形状,翅和脚明显分成几部,趾原基出现。雌雄性腺已可区分,尿囊体积急剧增大,直径达到 22～25 毫米。照蛋时可见半个蛋面布满血管。

第 9 天:舌原基形成,肝具有叶状特征,肺已有发育良好的支气管系统,后肢出现蹼。尿囊继续增大,胚胎重 0.69～1.28 克。照蛋时,正面易看到在羊水中浮游的胚胎。

第 10 天:除头、额、翼部外,全部覆盖绒羽原基,腹腔愈合。尿囊迅速向小头伸展。

第 11 天:眼裂呈椭圆形,眼睑变小。绒羽原基扩展到头部、颈及翅部,脚趾出现爪。

第 12 天:喙具有一定的形状,开始角质化,眼睑已达瞳孔。胚胎背部开始覆盖绒羽。胚胎仍自由地浮于羊水中,尿囊开始在小头合拢。照蛋时,可见到尿囊血管合拢,但还未完全接合。

第 13 天:胚胎头部转向气室外,胚体长轴由垂直蛋的横轴变成倾斜。尿囊在小头完全合拢,包围胚胎全部。眼裂缩小,爪角质化。照蛋时除气室外整个蛋表面都有血管分布,俗称"合拢"。

第 14 天:眼裂更为缩小,下眼睑把瞳孔的下半部遮住。肢的原基继续发育,体腹侧绒羽开始发育,全身除颈部外皆覆盖绒羽。胚胎重 3.5～4.5 克。

第 15 天:胚胎完成 90°角的转动,身体长轴和蛋的长细一致。眼睑继续生长发育,眼裂缩小,下眼睑向上举达到瞳孔中部,绒羽已覆盖胚胎全部,并继续增长。尿囊血管加粗,颜色加深。

第 16 天:胚胎头部弯曲达于两脚之间,脚的鳞片明显。蛋白在尖端由一管道输入羊膜囊中。尿囊血管继续加粗,血管颜色加深。胚胎重 6.6～12 克。

第 17 天:头部向下弯曲,位于两足之间,两足也急剧弯曲,眼裂继续减小。开始大量吞食蛋白,蛋白迅速减少,胚胎生长迅速,骨化作用加强。

第 18 天:胚胎头部移于右翼之下,足部的鳞片继续发育。蛋白水分大量蒸发,气室逐渐加大。可见大头黑影继续扩大,小头透亮区继续缩小。

第 19 天:眼睛全部合上,未利用完的蛋白继续减少,变得浓稠。大头黑影进一步扩大。

第20天:蛋白基本利用完,开始利用卵黄营养物质,小头逐亮区差不多消失。

第21天:蛋白利用完。羊膜和尿囊膜中液体减少,尿囊与蛋壳易于剥离。背面全部黑影覆盖,看不到亮区,俗称"关门"。

第22天:胚胎转身,气室明显增大,开始转向气室端。少量卵黄进入腹腔。照蛋时可见气室向一方倾斜,俗称"斜口"。

第23天:喙朝向气室端,卵黄利用明显增加。胚重28.4~32.6克。气室倾斜增大。

第24天:卵黄囊开始吸入腹腔,内容物收缩,可见气室附近黑影"闪动"。

第25天:胚胎大转身,喙、颈和翅部穿破内壳膜突入气室,卵黄囊大部分被吸入腹腔,胚胎体积明显增大。胚胎重35.9克。可见气室内黑影明显闪动,俗称"大闪毛"。

第26天:卵黄囊全部吸入腹腔。开始啄壳,并转为肺呼吸,易听到叫声,俗称"见嘴"。

第27天:绝大多数胚胎"见双嘴",俗称"双嘴""齐嘴"。大批啄壳,发育快的雏鸭破壳而出。

第28天:出壳高峰时间,出壳体重一般为蛋重的65%,胚胎腹中存有少量卵黄。

三、鸭蛋孵化技术

鸭为卵生动物,繁育后代包括两个阶段,即体内的成蛋阶段和体外的成雏阶段,所谓孵化就是指体外的成雏阶段。人工养殖肉鸭,孵化方式有两种,即自然孵化和人工孵化。自然孵化是指受精蛋在亲鸭抱孵或其他鸟类代孵下,使胚胎得到正常发育的方法。小规模饲养或产蛋初期蛋量较少,不适合采用,人工孵化时可采用此方法。一般可采用抱性强的家鸡作代理母亲。人工孵化是人为地控制合适的温度、湿度、通气、翻晾蛋等孵化条件,为鸭胚胎发育创造良好环境。

(一)传统孵化法

在我国,传统的孵化方法有摊床孵化、炕孵、平箱孵化、缸孵、桶孵等。传统孵化方法具有设备简单、就地取材、所用能源广泛、成本低廉等优点。但花费劳力多,种蛋破损率高,消毒困难,孵化条件不易控制,且劳动强度大,工作时间长,孵化率与健雏率不稳定。下面主要介绍摊床孵化法、火炕孵化法。

1. 摊床孵化法

是指将孵化到一定阶段的胚蛋放在摊床上,利用胚胎代谢产生的生理热,用棉絮、毯子等覆盖物来调节孵化温度,直到出雏的孵化方法。这种方法完全是利用自温,不需燃料、电力,从而节约能源。摊床可安放在孵化器上部,充分利用空间,也可在单独的房间内设置。由于摊床孵化的环境好,胚胎有机会直接与空气接触,有利于鸭胚的生长发育。

(1)摊床的构造 摊床一般设在孵化器(包括土缸、土炕、电孵机等)的上方,以充分利用空间和孵化器的余热。它是由 1~3 层床式木制的长架组成,分为"上摊""中摊""下摊",各摊之间的距离是 80 厘米,长与房屋的长度相等,宽度不能超过两人手伸出的总长(翻蛋是两人对面而站)。摊床骨架上可因地制宜地铺用芦苇(或竹篾条、麦秸等)编成的长席,然后放一层 6~10 厘米厚的垫草(或锯末、刨花等)铺平,最后再放一张席子。摊上的设备简单,只需放一些隔条(用粗布条做成长条圆袋,内装稻壳或锯末)在摊的边缘或蛋的周围,既有利于保温,又能防止蛋与摊边直接接触。另外,还需具备白布、棉被、毯子等覆盖物保温,注意棉被等不同覆盖物的厚薄规格应均匀一致。

(2)上摊床的时间 一般种鸭蛋 14 天后就可上摊,但最终要根据胚胎发育状况来定,可提前或推迟 1~2 天上摊床。在冬季和早春,因为外界的气温低,并且这时胚胎的自温能力还不是很强,所以不宜早上摊床。

(3)摊床管理关键技术 摊床的管理主要是调节适宜的蛋温以满足胚胎发育的需要。在摊床上放满胚蛋时,边上的蛋易于散热,蛋温较低;处于中间部位的蛋温度较高,因此需要通过覆盖物、翻蛋和交换蛋的位置以及蛋的排列层次等方法来调节孵化温度。胚蛋上摊床的第 1 天,由于温度变化大,需要特别细心管理,因为此时胚胎代谢产生的热量有限,并且没有加温设施,温度下降后不易升上去。在冬季和早春上摊前 1 天可适当提高摊床室内的温度,以免上摊后温度一时上不去。管理摊床,主要应勤看、勤掀、勤盖。根据胚蛋发温的特点,确定每天检查次数。上摊头 3 天,胚蛋自温能力不强,可以每 3 小时检查 1 次温度;以后随着温度的升高,可每 2 小时检查 1 次;将要出壳时,要随时检查。

翻蛋(轮摊)。通过翻蛋不仅可帮助胚胎活动,还主要起到调节摊上中心蛋和边蛋温差的作用。翻蛋时两人站在摊床两边,对立操作,两手伸向中间部位的蛋,将其往边上赶,再将手臂靠着席子,两手呈直角将边蛋往中心方向推,与边蛋对调,直到全批调完,最后盖上覆盖物。根据温差情况来确定翻蛋次数,温差大则多翻,温差小则少翻,一般每昼夜翻蛋4~6次。

摆蛋的密度。胚蛋密度大,易升温;密度小,易散热。初上摊时,胚蛋代谢热较弱,叠放两层;随着胚龄的增加,代谢产热增加,自温能力增强,上层胚蛋可降低密度或将边蛋放两层,心蛋放一层。到17天后胚蛋全部放成单层,并且边蛋放密一些,心蛋放稀一些,有利于缩小温差。当然,胚蛋堆放的密度要根据当时的气温、室温来定。

用覆盖物调节温度是调节蛋温的主要方法。为使胚蛋获得适宜的温度,需要用"盖"来保温;当胚蛋温度过高时,需要用"掀"来散发多余的热量。要注意的是在观察胚蛋温度时,不能直接掀开覆盖物,而是应把手伸入覆盖物内取出温度计。适宜的"盖"和"掀"是调节孵化温度的关键。根据边蛋的蛋温高低等不同情况,增减覆盖物,冬季和早春,气温和室温较低,要适当多盖,盖的时间长些;夏季外界温度高,适当少盖,盖的时间短些。

总之,摊床孵化不应仅凭经验,还应结合照检,根据胚胎的实际发育状况来确定胚蛋温度的具体调节措施。

2. 火炕孵化法

火炕孵化是我国传统的孵化方法之一,历史悠久,流行于我国西北、华北、东北的部分地区。该法具有用人少、循环入孵、孵化量大、可采用多种燃料、成本低、设备简单、劳动强度小、受精蛋出雏率高于80%等优点,是一种多、快、好、省的孵化法。不需要设备投资,为了增加孵化量,提高房间的利用率,在一般住房内两侧砌造火炕,中间留有走道,炕上设两层出雏层。在房外设炉灶,火烟通过火炕底道由另一端烟筒排出,使炕面温度达到均匀平衡。炕上放麦秸,铺苇席,将麦秸平摊,上面铺棉絮,四面不靠墙。孵化时,将种蛋平摆于木制的蛋盘内,盘底由纱布做成。每盘装50~100枚蛋,按次序一盘一盘地平放在炕面上,用棉被盖好。每次可孵化5 000~10 000枚蛋。装蛋之前,先用铁丝筛盛蛋,放入42~45℃的热水、0.1%新洁尔灭的水溶液中浸3分,杀灭蛋壳上的有害微生物;再将种蛋在36~38℃的条件下预温6~8小时。每天烧火2~3次,使炕面温床温度达42℃,蛋面温度最初1周左右38~39℃,以后下降到37℃,室内温度用炉火控制在32℃左右。若两个炕流水作业,按先后时间,分别控制不同温床,先批入孵的炕温为38~39℃,转移到另一炕上,温度保持在37.5℃。初学孵化时,要靠温度表掌握温度,温度表分别放在炕面和种蛋上,有经验以后,可以不用温度计,靠感觉或把蛋置于眼皮上的感觉估量,可以相当准确。室内的湿度靠炉火上的水壶溢气调节。

整个孵期验蛋3次，入孵后第6~7天验蛋一次，可以准确地拣出无精蛋，入孵后第13~16天，进行第二次验蛋，拣出死胎蛋，并把正常发育的种蛋移到出雏摊上去准备出雏，第三次照蛋可结合出雏进行，拣出死胚蛋。正常情况下28天出雏，出雏时每2小时拣一次雏，放在事先准备好的雏鸭筐或雏鸭盒内。在整个孵化期间，每天要揭开棉被翻蛋6~8次，随翻随调换蛋盘的位置，由于手工翻蛋时间较长，也就等于晾蛋了。如果有条件，最好在把孵化房和孵化所有用具(包括雏筐和雏盒)备齐后，一起用福尔马林熏蒸20分(按每立方米28毫升)进行消毒。

(二)机器孵化

机器孵化又称电气孵化，它具有适应集约化、工厂化生产，孵化量大、质量好等优点，可以满足市场各方面需要，可大大提高劳动生产率，降低生产成本。孵化机类型可分为平面孵化器和立体孵化器两种。平面孵化器是较早使用的一种孵化器，容量很小，通常放100~600枚蛋。机内只能容纳一层蛋盘，适于小型试验和专业户自繁自养时使用。热源为电热，也可用水管热。立体孵化器容量有大有小，内部结构和性能差异甚大。近几年来，国内许多地方都致力于改进孵化机的结构，提高孵化率，节约劳动力，已取得很大进展。在自动控温、控湿、通风、翻蛋等方面，有良好的控温系统，误差更小。

1. 孵化前准备

(1)制订孵化计划　在孵化前应根据设备条件、种蛋来源、雏鸭销售等具体情况进行制定。在安排孵化计划时，尽量把费力费时的工作错开，如入孵、照蛋、落盘、出雏等，不能集中在一天进行。

(2)孵化室的准备　孵化室内必须保持良好的通风和适宜的温度，室内温度在22℃左右(20~24℃)，相对湿度在55%~60%，二氧化碳含量不大于0.1%，每立方米含尘量在10毫克以下。检查孵化室通气孔和风机，并要在使用前先清扫、消毒(通常与孵化机的消毒同时进行)。

(3)检修孵化机　为避免在孵化中发生机械、电气、仪表等故障，孵化人员应熟悉和掌握孵化机的各种性能，使用前要全面检查，包括电热丝、风扇、电动机、密闭性能、控制调节系统和温度计等。无论是新孵化机还是用过的孵化机，都应检查。

1)校正门表温度　可将各式温度计放在温水中，用标准温度计与之校正。

2)易损件及其他用品的准备　主要有门表温度计、水银导电表、照蛋器灯泡、指示灯泡、行程开关、微动开关、可控硅、浮球阀、减速箱、同步电机等。必须备好一套控制系统的线路板,以便及时更换。每台机要配备一台自动稳压器。塑料孵化盘与出雏盘应多备一些。

3)试机 检查温度、湿度系统。检查水银导电表的水银柱有无断裂,磁钢调节后铂金丝与水银柱应随磁钢的顺反旋转而分离或接触,一旦到达预定温度应扭紧磁钢固定螺丝。另开启加热装置,根据电流表所示电流大小则知是否处于加热状态,或观察指示灯或数据显示装置。加水盘装置应检查浮球阀是否灵敏,能否控制一定水位高度,开启加湿装置,指示灯是否明亮,数显是否明显。开机入孵一段时间后,应检查温、湿度能否稳定在设定值附近。有两套控温、控湿装置时,应予统一调整。

4)检查风扇、风门系统 应检查风扇转向,有些孵化机的风扇是按特定方向(单向或能定时正反转)旋转时,应予测定转向。定期检查(据风速指示灯)风扇皮带的松紧度,以防影响风量。还应注意扇叶的变形度,扇叶与轴间的紧固螺丝是否松动,风扇电机运转声音如何,机壳有无过热现象。另将风门旋钮按从小到大的顺序逐一扭动,然后上机箱检查风门大小是否与旋钮所处的位置相符。

5)检查翻蛋系统 摆动梁(动杆)销轴上的开口有无脱落;具有翻蛋减速箱的孵化机要检查箱内油面高低,并检查减速涡杆轴与涡轮之间以及涡杆轴与月牙盘之间的咬合度;涡轮各齿面要保持良好的润滑状态,应定期用油清洗并涂加黄油。手按翻蛋正常后,将选择钮转到自动翻蛋,检查翻蛋间隔时间及角度是否正常。

6)检查冷却报警系统 人为调低温度定值,使孵化温度超出定值一定范围,或人为断接超温报警用导电表检查能否自动报警并启动冷却系统(如风冷电机、电磁阀等)。

7)检查蛋车 检查蛋车上每一销轴,丢失一个销轴会造成孵化盘压蛋;销钢及蛋车轮轴要定期加注机油。还要检查车轮、翻蛋角度。

检查完毕后,即可接通电源,进行试运转。首次使用前的试运转时间不少于1小时,以后每次使用前的试运转时间不少于半小时。

(4)种蛋的预热 种蛋要在入孵前1天选好,一般都要5天内的新鲜蛋入孵,最长不要超过7天。冬季或早春时节,入孵前应将种蛋在孵化室停放数小时进行种蛋预温,使蛋逐渐达到室温后再入孵,这样可防止因种蛋直接从储蛋室(15℃左右)直接进入孵化机中(37.8℃左右)而造成结露现象,影响孵化效果。夏季一般预热6~8小时,冬季可预热24小时。预热种蛋,能使胚胎从静止状态中逐渐"苏醒"过来,有利于胚胎发育,并可减少孵化器里温度下降的幅度,不至于影响其他批次胚蛋的发育。

(5)码盘入孵　将消毒后的种蛋大头向上或平放装入蛋盘内,按顺序放进蛋车,蛋盘一定要装到位置。全车装好后,将蛋车缓缓推入孵化器内,注意让蛋架车的转轴销和摆杆销与翻蛋机构连接好,并防止蛋车自动退出。如果采用分批孵化时,各批次的蛋盘应交错放置;并在孵化盘上标明种蛋的批次、入孵时间,以防混淆。

2. 上机

将装满种蛋的蛋车缓缓(或沿轨道)推入孵化机,应将蛋车长轴(销轴)完全插入动杆圆孔,再将机底锁销卡在蛋车导向轮下的轮槽内,以防翻蛋时蛋车自行退出。无自锁销的蛋车,要拔出蛋车上的锁定销轴,以免酿成重大事故,再用手按翻蛋钮,检查有无卡壳现象,如发现异常立即关机检查。对八角式翻蛋装置的孵化机,其孵化盘规格不一,上蛋架要对号入架,保持前后平衡,并检查孵化盘卡牙是否卡在蛋架的卡缝内。

鸭蛋有分批入孵和整批入孵两种方式。小型养殖厂多采用分批入孵,即每隔3天、5天、7天入孵一批种蛋,出一批雏鸭;大型孵化厂多采用整批入孵,即一次把孵化机装满。机器孵化机内温度应保持恒温37.8℃,排气孔和进气孔全部打开。每3小时翻蛋一次,根据胚胎发育不同,分3期进行晾蛋喷水。另外,分批入孵时,各批次的蛋盘应交错放置,这样有利于各批蛋受热均匀。入孵的时间以下午4点以后为好,可使大批出雏的时间集中在白天,有利于工作的进行。

3. 孵化期管理

(1)温度的检查与控制　温度是孵化条件中最重要的条件,只有在适宜的温度条件下(孵化器内温度为37.5~38.2℃),才能保证鸭胚胎正常的物质代谢和生长发育。温度过高或过低都会影响胚胎的发育,严重时可造成胚胎死亡。如果孵化温度超过42℃,2~3小时后胚胎就会死亡;反之,孵化温度低,胚胎发育迟缓,孵化期延长,死亡率增加,如果温度低至24℃时,经30小时胚胎便全部死亡。具体温度应视品种、蛋重、胚龄、生长情况以及实践经验而定。

依照各孵化机最高孵化成绩的用温方案,不断进行细致调整,即可筛选出一定条件下的最佳施温方案。初学者根据他人的施温方案,结合本场孵化条件与看胎施温实践，经数批孵化后，再制订出合理施温方案。成熟的基本施温方案最好张贴在各台孵化机门上。凡发现数显测量温度超出规定范围 ± 0.3℃，要立即寻找原因，及时调整。

遇到停电时，须立即启动后备发电机组。此外，应根据室温、胚龄、孵化设备功能不同而采取相应措施。

（2）湿度的检查与控制　湿度对胚胎的发育也有很大的影响，它与蛋内水分蒸发和胚胎物质代谢有密切的关系。在孵化过程中若湿度不足，蛋内水分会加速向外蒸发，若湿度过高又会阻碍蛋内水分蒸发，湿度过高过低都会破坏胚胎正常的物质代谢。在整个孵化过程中，胚胎对湿度的要求是前后期高、中期低。一般在孵化 1~8 天相对湿度以 70% 为宜，9~16 天降低为 60%~65%，17~24 天为 50%~55%，25~28 天又提高到 70%。如长期分批入孵，则相对湿度宜控制在 60%~65%。出雏时，足够的湿度能促进空气中二氧化碳和碳酸钙作用，使蛋壳变为碳酸氢钙，蛋壳变脆，有利于雏鸭啄孔破壳，还能防止雏鸭绒毛与蛋壳粘连。相对湿度通常用干湿表测定。干湿表有两根温度表，一根为干表，一根为湿表，湿表的水银球（或酒精球）上包裹纱布，纱布的下端浸入清水中，使水银球经常保持关闭状态。查表时，先查出相对湿表的读数，再查出干湿差度（干表温度 - 湿表温度 = 干湿差度），行列相交处的数字，即为相对湿度的百分数。

自动孵化器可以按照设定的湿度进行自动调整，老式孵化器靠向水盘中加水调节孵化器湿度。孵化厅内的湿度也应保持在一个合适的水平，否则也影响孵化效果和孵化器的运转，一般保持在 55% 左右。

（3）通风的检查与控制　胚胎在发育的过程中，不断地吸入氧气，排出二氧化碳，进行气体交换。为了保持胚胎正常的气体代谢，孵化时必须通风以保证新鲜空气的供给。种蛋周围空气中的二氧化碳含量一般不得超过 0.5%；若二氧化碳含量达到 1%，胚胎发育迟缓，死亡率增高，会出现胎位不正和畸形等现象。

胚胎发育的各个时期对通风量的要求有所不同。孵化初期，物质代谢很低，需氧量很少，胚胎只通过卵黄囊血液循环系统利用蛋黄内的氧气。孵化中期，胚胎代谢作用逐渐加强，需氧量也随之增加。尿囊形成后，通过气室、气孔利用空气中的氧气。孵化后期，胚胎从尿囊呼吸转为利用肺呼吸，每昼夜需氧量为初期的 110 倍以上。因此，孵化后期，通风量要逐渐加大，尤其是出雏期间，否则由于通风换气不良，会导致出雏前死胚增多。

（4）翻蛋　孵化过程中必须定时翻蛋，翻蛋的目的是防止胚胎粘连。在孵化的早期，蛋黄上浮，如果不翻蛋，就容易发生胚盘与壳膜粘连；孵化中期不翻蛋会使尿囊与卵黄囊粘连而引起胚胎死亡，降低孵化率。另外，翻蛋有利于胚胎均匀受热，发育整齐，出雏一致。

全自动孵化器有自动翻蛋装置，可以设定翻蛋时间（鸭蛋为第 26 天止），一般每 1~2 小时翻蛋 1 次就可以了。需要人工翻蛋的机器必须每 2 小时由人工进行翻蛋。孵化前期应多翻，后期宜少翻，新型孵化机已可做到每 0.5 小时、1 小时、2 小时或 3 小时翻蛋一次，可手动或自动，直翻到落盘为止。启用自动翻蛋系统后，要注意每隔一段时间检查所显示的翻蛋次数和角度是否正常。在超温时，应先调节至正常温度后才予翻蛋，以减少死胚数。自动翻蛋的角度一般均为 90°，有人采用 120°，效果更佳。翻蛋时，尤其是人工翻蛋时要注意慢而稳，严禁动作剧烈。

（5）入孵位置的检查与控制　鸭蛋的孵化位置与孵化率有关。经孵化实践，鸭蛋平放孵化的受精蛋孵化率为 83.9%，而大头朝上孵化的孵化率为 73.9%。鸭蛋严禁小头朝上放置孵化，因为将导致 60% 的胚胎的头部在蛋的小头附近发育，而在雏鸭即将出壳时，仅有部分雏鸭能将其头部转向蛋的大头气室，但那些未能转身的鸭胚因其喙不能在开始肺呼吸时进入气室而死亡。即使侥幸能破壳而出，但时间延长，初生体重较小，孵化率也相当低。建议鸭蛋平放入孵。

（6）晾蛋　晾蛋是我国孵化鸭蛋的传统工艺，多在孵化的中后期进行。它是通过除去覆盖物或打开机门，抽出孵化盘或出雏盘、蛋架车，必要时用喷水来迅速降低蛋温的一种操作程序，以期协助散热，为胚胎提供充足的新鲜空气。晾蛋与否取决于蛋温的高低。蛋温受胚龄、气温、孵化机性能、蛋型大小等因素影响。凡后期胚胎眼皮测温感到"烫眼"时就应立即晾蛋，晾蛋的时间及次数以眼皮感觉温而不凉时为宜。

需要晾蛋的几种可能情况：孵化机无自动冷却系统或工作时不能有效降温而致蛋温偏高时；停电时间过长，室温较高，当胚蛋处于孵化中后期时，常致超温。因此，不仅要定时打开机门调盘，必要时应抽出孵化盘、出雏盘、蛋架车晾蛋。

（7）鸭孵化效果的检查　在整个孵化过程中，要经常检查胚胎发育情况，以便及时发现问题，不断改善种鸭营养和管理条件及种蛋孵化条件，从而提高孵化率和雏鸭的品质。孵化效果检查的方法主要有照蛋检查、胚蛋剖检、胚蛋失重、出雏情况检查四项。

1)照蛋检查　照蛋是利用胚蛋内各部分对光的不同通透和折射特征来判别胚胎发育情况的生物学检查方法,照蛋应在黑暗的环境中进行。此方法简单,效果好,生产中最为常用。照蛋的目的是了解胚胎发育情况,了解所采取的孵化条件是否合适,如不合适即行调整,使胚胎发育正常,以利提高孵化效果。每批蛋在整个孵化过程中共进行 3 次照蛋。

照蛋应注意的问题:鸭胚在 1 ~ 10 日龄内,照蛋主要观察正面,即有胚盘的这一面,以后重点观察背面。照蛋的动作应迅速,以免胚蛋温度下降太多,影响胚胎的生长发育。如果进行大批照蛋,要注意室内加温。照蛋时应注意重点观察和一般检查相结合。

2)胚蛋失重检查　在孵化过程中,由于蛋内水分蒸发,胚蛋逐渐减轻,其失重多少与孵化器中的相对湿度大小有关,同时也受其他因素的影响。蛋的失重一般在孵化开始时较慢,以后迅速增加。

3)出壳检查　出壳时间在 28 天左右,出壳持续时间(从开始出壳到全部出壳为止)约 40 小时,死胎蛋的比例在 10% 左右,说明温度掌握得当或基本正确。死胎蛋超过 15% ,二照胚胎发育正常,出壳时间提前,弱雏中有明显胶毛现象,说明二照后温度太高。如果死胎蛋集中在某一胚龄时,说明某天温度太高。出壳时间推迟,雏鸭体软肚大,死胎比例明显增加,二照时发育正常,说明二照后温度偏低。出雏后蛋壳内胚胎残留物(主要是废弃的尿囊、胎粪、内壳膜)如有红色血样物,说明温度不够。

死胎蛋的解剖和诊断:如果在孵化过程中没有照蛋,当出雏时发现孵化成绩下降,或者在照蛋中发现死胎蛋,但原因不清,可以通过解剖进行诊断。随意取出一些死胎蛋,煮熟后剥壳观察。如果部分蛋壳被蛋白黏住,表明尿囊没有"合拢",是 16 日龄前的毛病;如果整个蛋壳都能剥落,表明尿囊"合拢"良好,是后期出的毛病。如果死胎浑身裹蛋白,则是在 18 ~ 22 日龄温度掌握失当,特别是偏高出的问题,因为 25 天左右的胚龄时,其蛋白应全部吞完;如死胚身上已无蛋白,那是 25 天到出壳期间温度掌握不当,特别是偏高产生的毛病。如果出雏时温度偏高,常出现"血嘌"(即啄壳部位淤血,是由于鸭受热而啄破尚未完全枯萎的尿囊血管出血所致)或出现"钉脐"(即肚脐上有黑白块,是因鸭受热而提前出壳,尚未枯萎的尿囊血管的血淤在肚脐处),也可能出现"穿嗉"(因挣扎呼吸,嗉部突出)、"拖黄"(肚脐处拖有尚未完全进入腹中的卵黄)、"吐黄"(喙壳部位没吸收完的蛋白往外淌)、"胶毛"(出壳鸭的绒毛被蛋白粘连)的现象。如果头照出现"三代珠"(即"起珠"快慢不一,弱胚蛋多),要从 1~7 日温度上找原因。种蛋不新鲜,也会出现"三代珠",尿囊不"合拢"比例也大。尿囊不"合拢"部位较大的胚蛋,出壳鸭"胶毛"严重,死胎蛋中"吐清""裹白"的也多。

4. 出雏期操作

(1)出雏机准备　出雏机装胚蛋前和每次出雏后,应及时彻底冲洗、消毒。于落盘前 12 小时开机升温、加湿,正常运转,待温度、湿度稳定后,进行落盘。温度较低时,出雏机的温度一般均比孵化机低 0.3~0.5℃,具体实施时要考虑到胚蛋发育情况、气温、出雏机内胚蛋等因素。如落盘时,75% 以上胚蛋的气室已发育到"斜口"状态,属发育正常;如达不到"斜口",属发育迟缓,可维持原来的温度到 27 天再进行降温。湿度较高时,出雏机湿度要比孵化机高 15% 以上,有利于出雏及防止雏鸭脱水。

(2)落盘　鸭蛋的整个孵化期是 28 天 ±(4~6)小时,平均为(672 ±6)小时(番鸭蛋 32 天)。根据入孵器类型,一般种蛋在第 25 天或第 26 天转移到出雏器中同时进行最后一次照检、将死胚蛋剔除后,把发育正常的蛋转入出雏机继续孵化,称之为落盘。落盘时,如发现胚胎发育延缓,应推迟落盘时间。落盘后应注意提高出雏机内的湿度和增大通风量。

落盘前出雏器和出雏盘必须经过彻底清洗消毒,无污染而且要晾干。接通出雏器电源,使之在落盘前升温。

出雏盘底部铺上干净、吸水性好的纸张,这有助于保持雏鸭干净,减少"八"字腿的发生率,使出雏盘容易冲洗。

从入孵器中依次取出每组胚蛋,放到出雏盘中。拿放胚蛋要小心,防止破坏胚胎。每个出雏盘要放置足够数量的胚蛋,确保出雏盘相对较满,但是也不能过分拥挤。落盘工作一定要由熟练的人员操作,尽量缩短胚蛋在机器外的时间。同时,把污染的蛋挑出,并记录数量。

出雏盘装满胚蛋要立刻放到出雏器中,以减少胚蛋的热量散失。

(3)转到出雏器　出雏器和孵化器的区别主要是无翻蛋装置。种蛋孵化后期(25 天以后)不需要翻蛋,胚胎可自动调整位置。胚蛋在孵化的第 25~26 天(根据孵化器类型)由孵化器转到出雏器,以提供最佳的环境,从而孵化出更多、质量更好的雏鸭。

在落盘前对出雏器要进行检查,并对出雏器进行清洗消毒。检查风扇间距和风扇状态,电机安装须牢固并直立,喷嘴应成直线;检查储水器和纱布条的状态,以正确观察湿球温度;检查加热器和出雏架的位置。出雏期间有三个重要的影响因素需要进行控制,即温度、湿度和通风换气。

1)温度　根据机器类型不同,出雏器的适宜温度范围在 36.4 ~ 37.3℃。由于胚胎在出雏期产生大量的热量,因此机器的制冷系统显得很重要。稍微降低出雏温度低于设定标准温度,通常会使孵化效果得到提高。

2)相对湿度　从落盘开始,保持75%的相对湿度(湿球温度30℃),有雏鸭开始出壳时把相对湿度提高到85%(湿球温度34℃)。由机器增加湿度十分重要,这样机器就会把潮湿的空气排到空气中去,而不是雏鸭把多余的潮气排到空气中去,因此就会减缓雏鸭干燥的速度。所以,要保证湿度的设定值足够高,出雏器的加湿器工作正常,能够把湿度提高到34℃的湿球温度。保持出雏器内高湿的目的是确保雏鸭干毛慢,这样一日龄雏鸭才会健康、质量高。如果出雏器设备较陈旧,无喷雾装备,湿度不能达到要求的高度,需要用喷雾器向出雏器内喷热水,以增加湿度。水温以 35 ~ 37℃ 为宜,喷水次数每天 6 次。

3)通风换气　开始时通风系统开到低挡,如果通风量增加过早,过快的空气交换就会使出雏器内干燥,不利于保持较高的湿度。在 1 日龄雏鸭绒毛干燥的后期,逐渐打开通风系统,到拣雏前 8 小时全部打开。如此严格的通风控制,出雏器内二氧化碳的浓度可以达到1%。

5. 出雏

(1)雏鸭破壳　适当降低出雏器的温度会提高孵化率和雏鸭质量。如果雏鸭绒毛颜色太浅,表明过去24小时温度太高。适当控制通风量和湿度对提高孵化率和雏鸭质量也很重要。通风量和相对湿度应当相对低一些。开始破壳时,出雏器的湿度设定值应提高,目的是保持出雏器内部尽量潮湿,降低刚出壳雏鸭绒毛干燥的速度。绒毛干燥的速度越慢,雏鸭质量越好。和其他家禽相比,一般认为鸭出雏时的湿度要高很多,只有在大部分的雏鸭绒毛快干燥时才可增大通风量。

为了确保出雏的各项措施得到正确控制,应当经常检查出雏器。必要时加以调整。但是只有懂技术的孵化人员才能对出雏器进行设定,以确保有最好的孵化效果。

(2)拣雏　从出雏器拣雏的时间很重要,关系到雏鸭的质量和以后的商品鸭的生产性能。如果拣雏太早,脐带吸收不良,雏鸭潮湿和软弱,容易传染疾病、受寒,不能开食。如果雏鸭在出雏器中待的时间太长,就会脱水,也会增加不开食雏鸭的数量。因此,适时拣雏很重要。

一般在孵化的第 27 天又 12 小时时开始第一次拣雏。当然拣雏时间受孵化温度、种鸭年龄、蛋重、种蛋保存时间的一些影响。拣雏分 3 次进行:第一次在出雏 30%～40% 时进行,第二次在出雏 60%～70% 时进行,第三次在全部出雏完时进行。出雏末期,对少数难以出壳的雏鸭,如尿囊血管已经枯萎者,可人工助产破壳。正常情况下,种蛋孵满 28 天,出雏即全部结束。

拣雏时,必须对初生雏鉴别选择,及时淘汰残次雏,并将强雏与弱雏分开装运和饲养,弱雏应单独装箱,以便分开养育。

从出雏器拣雏时,抓雏鸭的颈部,每次 5 只,或者抓雏鸭的身体,每次 2 只。边数边放到结实、干净、干燥、通风良好的箱子中,把残弱的挑出单独放置。

盛放 1 日龄雏鸭的箱子底部应铺上干净、干燥的纸张,以吸收多余的水分,保持雏鸭运输过程中干净。避免箱中的雏鸭过分拥挤。二等品也可以饲养,但是必须送到单独的商品饲养场,给予特殊的照顾。

(3)人工助产　在出雏后期,有的胚蛋已啄破一个洞,但绒毛干燥,甚至与壳膜粘连,而壳膜已发黄的蛋,需要人工助产。如尿囊、血管尚有血液则不得助产,否则易引起死亡。

6. 清理

雏鸭大批出雏以后,留下的胚蛋可进行一次照蛋,取出死胚,把剩下的活胚蛋合并盘子,适当提高机内温度和湿度,以利弱胚出雏,同时将孵化废品及时处理。

7. 孵化成绩统计

孵化记录对孵化效果的检查、改善孵化条件和提高孵化率有好处。

孵化记录主要包括以下几方面:种蛋的保存时间;种鸭群号,入孵的机器号,种蛋孵化天数,入孵数量;照蛋结果包括受精蛋数、无精蛋数、污染蛋数、早期死亡;入孵器温度、湿度;落盘时间;出雏器温度、湿度;孵化出雏数、一级雏数、二级雏数;出售雏鸭数。

根据以上记录项目,结合本厂实际情况,可以制定一个记录表格。这样会一目了然。由上述记录数字还可以计算一些孵化指标,评价孵化效果。常用的孵化指标有如下几种:

(1)受精率(%)　受精蛋数(包括死精蛋和活胚蛋)占入孵蛋的比例。

(2)早期死亡率(%)　通常统计头照时的死精蛋数占受精蛋的百分比。

（3）受精蛋孵化率（％）　出壳雏数（包括健雏、弱雏、残雏和死雏）占受精蛋比例。此项是衡量孵化场孵化效果的主要指标。

（4）入孵蛋孵化率（％）　出壳雏数占入孵蛋的比例。该项反映种鸭场和孵化厂的综合水平。

（5）健雏率（％）　健雏占总出雏数的百分比。有时需要计算一级雏百分率和二级雏百分率。

（6）死胎率（％）　死胎蛋占受精蛋的百分比。死胎蛋一般指出雏结束后扫盘时未出壳的种蛋，如果孵化效果不理想时，还可以对这些蛋进行剖检，以确定胚胎死亡的具体时间和原因。

（三）初出雏鸭的雌雄鉴别

性别鉴定是我国广大养鸭师傅的传统技艺。经雌雄鉴别的肉用型白鸭可以公、母分群饲养，可按公、母的不同生理特点进行不同的饲养管理，为其提供适宜的饲料，使发育整齐。公鸭可按营养要求供料，促进快速发育，缩短饲养期，提高经济效益。肉用型种鸭经雌雄鉴别后可按性别比例配套饲养，减少因饲养过多种鸭而造成饲料的浪费，而鉴别后剩余的公鸭可以快速育肥出售。因此，在现代的养鸭生产中鉴别雌雄具有很重要的意义。

雏鸭的雌雄鉴别有鸣管鉴别和肛门鉴别两种方法，使用最普遍、准确率最高的是肛门鉴别法。肛门鉴别法有可分为捏肛法和翻肛法。

1. 捏肛法

我国孵化场多采用此法。用左手拖住出生雏鸭，使鸭头向上，腹部朝下，背靠手心，鉴定者右手拇指和食指轻轻平捏肛门两侧，先向前按，随即向后退缩，轻轻揉搓。鉴定者必须手指皮肤感觉灵敏，并勤学苦练才能掌握。如手指皮肤感觉到肛门内有像芝麻粒似的小突起，上端可以滑动，下端相对固定，这便是阴茎，即可判断为公鸭，如无此突起物即是母鸭。熟练的鉴别员用该法判断的准确率可达到99％以上。

2. 翻肛法

将出生雏鸭握在左手掌中，用中指和无名指夹住其颈部，使头向外，腹朝下，再用右手大拇指和食指挤出胎粪，轻轻翻开肛门。初生的公雏鸭在肛门下方有一长0.2~0.3毫米的小阴茎，状似芝麻，翻开肛门时肉眼可以看到，而母雏鸭则无。

另外，也可以从外观上对初生雏鸭进行鉴别。方法是把雏鸭托在手上观看，一般来说，公雏头较大，身体圆，尾巴尖，鼻小，鼻基粗硬，而母雏则头小，身扁,尾巴散开,鼻孔较大,鼻孔略呈圆形,鼻柔软。但使用这种方法进行鉴别时需要鉴定者有丰富的经验,鉴别不同品种的鸭所要掌握的标准也不尽相同,应因品种而异。

注意在鉴别前应准备好排粪缸和高脚坐式反光手术灯或台灯,灯杆高度不超过80厘米,最好用40瓦的乳白灯泡,还要准备好专用的雏鸭箱,中间放待鉴别混合雏鸭,左右两边粪缸放鉴别好的公雏鸭和母雏鸭。鉴别的最适宜时间是出雏后2～12小时。

(四)雏鸭存放和运输

雏鸭存放室的温度较温暖,一般要求24～28℃,通风良好并且无穿堂风。雏鸭盒的码放高度不能太高,一般不超过10个,并且盒之间有缝隙,以利于空气流通。不要把雏鸭盒放在靠暖气、窗户处,更不能日晒、风吹、雨淋。

移动雏鸭要小心。雏鸭运输最好用空调车,以保证有舒适的环境。车内有足够的空间,保证运输箱周围空气流通良好。必须注意,1日龄雏鸭在高温、通风不良的情况下,比低温时更容易死亡。

雏鸭应当尽快运到肉鸭场,越早运到饲养场,饲养效果越好。

四、孵化过程中应注意的问题

(一)停电

孵化时,为了预防停电,必须采取一系列应急措施。

1. 要有两套供热设备

一是自备发电机,遇上停电,马上发电。孵化场应和当地供电部门保持联系,在得知要发生停电时,事前做好启用备用发电机的工作;二是孵化室内设火炉和火墙,遇到停电,立即提高室温,保持在18.5～37.8℃的范围内,并关闭机门和机上的通气孔,定时对调上、下蛋盘等措施,同时地面洒温水调节湿度,以保证胚胎的正常发育。

2. 对孵化机内温度的掌握

如果是孵化前期的胚蛋,要注意保温,孵化后期的胚蛋要注意散热。但也要根据季节和室温具体掌握。

第一,保住室温。将孵化室内泄温的门窗关闭,尽可能使室温保持在27～30℃,不低于25℃。

第二,切断电源。停电时将所有孵化机(器)的电源切断,以防来电时全部孵化机启动,电流过大使保险丝熔断。通电时,应根据各台孵化机的具体情况分别逐台启动。

第三,定期翻蛋与调盘。停电后匀温装置不起作用,机内蛋盘间的温差加大,故要每隔半小时人工翻蛋1次,必要时上、下调盘调温。测温一般用眼皮测温法,温度计仅作参考。

第四,如果是计划内的短时间停电,应在停电前稍加温;如果是经常性的短时间停电,则要根据积温适当调整施温方案。

第五,孵化前期的胚蛋,遇不超过12小时的停电,只需将电孵机的门、气孔关闭即可;孵化中期的胚蛋,遇停电应每隔3小时检查蛋温1次,必要时进行调盘、晾蛋;孵化后期的胚蛋,遇停电,除个别情况外,都应先打开前后机门放温,因为这时胚蛋代谢热过剩,同时每隔2小时检温1次,防止热死或闷死胚蛋。

(二)其他故障的排除

1. 风扇转速低

风扇皮带老化松弛,致使转速减慢,机内气流搅拌不匀,出现高温和低温死角。有时皮带会断裂,风扇停止工作。故对皮带要经常检查,发现松弛或老化及时更换。

2. 风扇摩擦机壁

原因是风扇固定不牢,左右摇摆,发出噪声,应及时固定。

3. 机内温度失控

主要是电子继电器性能差,灵敏度低,不能及时准确控温。有时会出现机内温度只升不降的现象,主要是水银温度计失灵,水银柱出现断柱、动点、定点不能准确接触所致,必须及时更换水银导电温度计。

电动机运转不良或机壳烫手,应立即进行维修或更换。

(三)孵化过程中臭蛋的处理

在孵化过程中,很容易产生臭蛋。臭蛋的危害很大,处理不当将严重影响孵化效益。下面就臭蛋的危害、形成、处理及预防四个方面做一简述。

1. 臭蛋的危害

臭蛋不仅污染环境影响孵化率,而且危害雏鸭健康。其危害机制主要是:臭蛋内容物含大量绿脓杆菌,臭蛋一旦爆裂,绿脓杆菌就会侵入正常种蛋内部繁殖,引起这些正常发育种蛋胚胎死亡、发臭,变成另一臭蛋污染源,再污染其他种蛋,形成恶性循环。另外,臭蛋内含有高浓度的硫化氢气体,散发在孵化室内,影响胚胎的呼吸代谢。如果室内硫化氢达到较高浓度,将造成胚胎窒息死亡,从而影响出雏率。

2. 臭蛋的形成

臭蛋的形成是细菌感染种蛋的结果。这些细菌多属假单孢菌属,主要是绿脓杆菌。臭蛋形成的原因主要有以下几个方面:①母鸭羽毛、脚、粪便、垫料及鸡舍设备污染了蛋壳,随着蛋产出后的迅速冷却,内容物收缩,附着在蛋壳上的细菌随之侵入蛋内繁殖。②破蛋、裂纹蛋及薄壳蛋,细菌很容易侵入蛋内。③由于臭蛋的爆炸,污染同机孵化的种蛋。④孵化用具消毒不严,污染孵化的种蛋。

3. 臭蛋的处理

孵化过程中,若发现臭蛋及被污染的种蛋,应轻轻移出该孵化盘,取下没被污染的种蛋,码入另一消毒过的清洁盘中,插入孵化器内。臭蛋及被污染的种蛋装入密封容器内,清出孵化室。孵化盘用5%次氯酸钠浸泡24小时,彻底清洗后再用。

4. 臭蛋的预防

主要措施包括:①严格挑选种蛋。脏蛋、破蛋、裂纹蛋、薄壳蛋不能入孵,禁止用湿抹布擦拭种蛋。②搞好种蛋消毒。种蛋从鸡舍内拣出后,立即用高锰酸钾、福尔马林熏蒸20分后送入蛋库,上蛋后在孵化室内再熏蒸20分。③照蛋、落盘时应及时发现并除去臭蛋、裂纹蛋。④搞好孵化用具及孵化室的清洗消毒。孵化用具如蛋盘、出雏盘要用药液浸泡,冲掉蛋皮、蛋液和胎粪等污垢。出雏机出雏完要彻底消毒一次。孵化室地面每2天坚持用5%次氯酸钠或10%来苏儿消毒一次。

第四章　鸭标准化养殖的营养与饲料

　　合理地配制饲料是满足鸭各种营养物质需要,保证正常饲养的关键,只有喂饲营养完善的饲料才能保持鸭的健康和高产。配合饲料是根据鸭不同生长阶段和生产目的,对不同营养物质的需要,而配制的含有各种营养成分的饲料。有资料表明,饲喂配合饲料一般可提高鸭的生长性能 10% ~ 30%,降低饲料成本 8% ~ 25%,并能减少疾病,提高综合养殖效益。

第一节　鸭的营养需要

鸭与其他家禽一样,为了维持生命、生长和繁殖,需要不断地从饲料中摄取能量、蛋白质、无机盐、维生素、水等营养物质。

一、能量

鸭的一切生理活动过程,包括呼吸、循环、消化、吸收、排泄、体温调节、繁殖、生产等,都需要能量。能量主要来源于日粮中的碳水化合物、脂肪和蛋白质。其中,碳水化合物是最主要的能量来源。饲料中脂肪和脂肪酸是高能营养物质,在代谢中提供的能量约为碳水化合物的 2.25 倍。蛋白质和氨基酸在动物体内不能完全氧化,用作能量不够经济,不仅造成对营养物质的浪费,并且产生过多的胺,对动物机体有害。

日粮中的碳水化合物包括淀粉、糖类和粗纤维,日粮中用淀粉作能量来源价格最便宜,因此在肉鸭后期,必须饲喂含能量多的饲料。粗纤维消化能力较低,所以,日粮中粗纤维的含量不宜过高,一般为 2.5% ~5%。

鸭对能量的需要是有限的,多余的能量可转化为脂肪储存在体内。鸭能量不足时,体重减轻,消瘦,繁殖机能降低,抗病力下降;能量过高,容易肥胖,早熟,对繁殖不利。因此,饲喂鸭要注意种鸭育雏期和商品鸭日粮能量水平要高,种鸭育成期要低,其他阶段居中。

二、蛋白质和氨基酸

蛋白质是生命的基础。鸭的羽毛、皮肤、神经、血液和肌肉等,都是以蛋白质为基本成分。鸭体内的酶、激素、抗体、色素等也是蛋白质的组成部分。

蛋白质包括真蛋白和非蛋白氮两部分,总称为粗蛋白。配合饲料中往往以粗蛋白来表示蛋白质的含量。饲料中的粗蛋白在消化道内被降解,最后分离成游离氨基酸被肠道吸收后进入血液,用以合成鸭所需要的蛋白质。因此,鸭对蛋白质的需要实际上是对各种氨基酸的需要。常见的组成蛋白质的氨基酸有 20 多种,且为 L 型(除甘氨酸外)。组成蛋白质的氨基酸的通式可表示为一个短链羧酸的 α-碳原子上结合一个氨基,即:

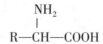

$$\underset{\substack{| \\ R-CH-COOH}}{NH_2}$$

氨基酸又可分为必需氨基酸和非必需氨基酸,必需氨基酸是指鸭体内不能合成,或合成的速度慢、数量少,不能满足其营养需要,必须从饲料中供给的氨基酸。鸭的必需氨基酸有 11 种,即蛋氨酸、赖氨酸、色氨酸、组氨酸、精氨酸、亮氨酸、异亮氨酸、苯丙氨酸、苏氨酸、缬氨酸和甘氨酸。其中,前 9 种为成年鸭所必需的,后 2 种为生长鸭所必需的。非必需氨基酸是指在鸭体内能够合成或由其他氨基酸转化而成,不必从饲料中专门供给的氨基酸,如丙氨酸、谷氨酸等。非必需氨基酸绝大部分仍由日粮提供,不足部分才由体内合成。必需氨基酸与非必需氨基酸是针对是否需要从饲料提供而言的,对于动物的生命活动是必需的。

在保证蛋白质供应量的同时,还应注意蛋白质的品质,即要求蛋白质中氨基酸平衡,以保证充分吸收。不同饲料中蛋白质的氨基酸组成是不同的,生产中应注意合理搭配饲料,必要时补充部分氨基酸。饲喂玉米—豆粕型日粮,易缺乏蛋氨酸,应补充蛋氨酸;饲喂玉米—花生粕型日粮,易缺乏赖氨酸,应主要补充赖氨酸。日粮中组成蛋白质的氨基酸不平衡时,会造成幼鸭生长缓慢,成年鸭生产性能下降。

鸭蛋白质的来源主要是蛋白质饲料,常用的有豆饼(粕)、花生仁饼(粕)、菜籽饼(粕)、棉仁饼(粕)、鱼粉、肉粉、小杂鱼等。一般日粮中有 3% ~10% 的动物性蛋白质饲料对鸭的生长和繁殖非常有利,尤其是具有鱼腥味的动物性蛋白饲料。

三、脂肪

脂肪是鸭体组织和产品的组成部分,如神经、血液、肌肉和骨骼中都含有脂肪。脂肪也是能源储备的重要来源。动物体内的脂肪在脂肪酶的作用下彻底氧化分解,产生大量的能量供机体利用,同时,脂肪还可以转变为糖类和蛋白质。脂肪还是脂溶性维生素的溶剂。

饲料中脂肪含量过多和过少对鸭都不利。脂肪过多,会引起鸭食欲不振,消化不良,腹泻,并影响其他养分的消化吸收。但如果脂肪不足,则阻碍脂溶性维生素的吸收利用,鸭生长受阻,生殖机能衰退等。饲料中一般都含有一定量的脂肪,能满足鸭的营养需要。在鸭的生长后期,对能量的需要量大,适当添加脂肪,可明显提高肉鸭的生长性能,并改善肉质,且能增加免疫机能。

四、矿物质

矿物质是饲料或组织中的无机部分,在鸭体内占 3% ~5%。按需要量通常分为常量元素和微量元素。常量元素需要量大,以占日粮的百分比计算,微量元素需要量小,以毫克/千克饲料计算。常量元素包括钙、镁、钾、钠、磷、氯、硫,微量元素主要是铁、铜、钴、锰、锌、碘、硒等。

(一)常量矿物元素

1. 钙与磷

钙与磷是鸭体内含量最多的矿物质。99%的钙存在于骨骼中,而骨骼中磷占全身总磷的80%左右。钙是构成骨骼和蛋壳的主要成分,参与维持肌肉和神经的正常生理功能,还与血液凝固及细胞渗透压有关。磷不仅参与骨骼形成,还是细胞膜、磷脂和一些酶的组成物质,在碳水化合物和脂肪代谢以及维持酸、碱平衡方面也起着重要作用。

鸭很容易发生钙、磷缺乏症。雏鸭缺钙时患软骨病,产蛋鸭缺钙易骨质疏松,产软壳蛋、薄壳蛋,产蛋率及孵化率下降。缺磷时,鸭食欲不振,生长慢,严重时关节硬化,骨质松脆。日粮中钙、磷过多也对生长不利,钙过多,饲料适口性差,影响采食量,阻碍磷、锌、锰、铁等元素的吸收;磷过多会降低钙、镁利用率。在生产中钙、磷比例对其吸收有很大影响,一般以(1.2~1.5):1为宜。

2. 氯和钠

氯和钠是鸭的血液、体液的主要成分,它们的主要作用是维持机体渗透压和酸碱平衡,同时,与调节心脏肌肉的活动、蛋白质的代谢也有密切关系。饲料中缺乏钠时,鸭生长缓慢,产蛋下降;缺氯时,鸭食欲下降,生长迟缓。一般植物性饲料缺乏钠和氯,因此,必须在日粮中添加食盐,添加量一般为0.25%~0.5%,禁止添加过多,以免出现食盐中毒。

3. 钾

钾是维持机体渗透压的主要离子。植物性饲料中富含钾,可满足鸭的需要。

4. 镁和硫

镁和硫也是鸭所必需的。镁的主要作用是构成骨骼和牙齿;参与某些酶的组成,如磷酸酶、肽酶等;参与遗传物质DNA、RNA和蛋白质的合成;调节神经、肌肉兴奋性,保证神经、肌肉的正常功能。硫是含硫氨基酸的组成部分,参与蛋白质合成、能量代谢和激素、羽毛形成。植物性饲料中含镁较多,动物性饲料中含硫较多,且动物体对镁、硫的需要量又较少,一般情况下不必补充。

(二)微量矿物元素

1. 铁

铁是合成血红蛋白的重要原料,是组成肌红蛋白、细胞色素和多种氧化酶的重要成分,在体内是血氧的输送者。缺铁时引起贫血,但饲料中的铁一般可满足需要。

2. 铜

铜参与铁代谢,与铁共同参与血红蛋白形成。缺铜时铁吸收不良,可引起贫血症,还会影响骨骼发育,引起骨质疏松。鸭一般不会缺铜。

3. 锌

锌在鸭体内含量甚微,但分布很广,是许多酶类的组成成分,对繁殖有重要作用,能影响性腺活动和提高性激素活性。鸭缺锌时,食欲不振,生长迟缓,羽毛生长不好,腿骨变粗短,产蛋率下降,孵化率降低。鸭对锌的需要量为60毫克/千克,肉骨粉和鱼粉是锌的良好来源。

4. 锰

锰与骨骼生长和繁殖有关。锰不足时,雏鸭骨骼发育不良,生长受阻,骨骼短粗,严重时出现滑腱症;成年鸭产蛋量下降,孵化率低,蛋壳薄,脆性增强,破损率增加;种公鸭性欲降低,精液品质下降。鸭常用饲料中,除米糠、麸皮、苜蓿外,大多数含锰量不高,必须添加。日粮中钙、磷含量过多,会影响锰的吸收,加重锰的缺乏。

5. 碘

碘与甲状腺机能活动有关。缺碘时,甲状腺素合成不足,甲状腺肿大,生长受阻,繁殖力下降,孵化率降低。一般饲料和饮水中能满足鸭对碘的需要,在缺碘地区应补饲碘盐。

6. 硒

硒与维生素 E 存在协同作用。硒缺乏时,食欲减退,生长受阻,肌肉萎缩,发生白肌病和渗出性疾病。鸭对硒需要量极微,日粮中添加量一般为0.15 毫克/千克。

7. 钴

钴是维生素 B_{12} 的组成成分,参与机体造血,并促进生长。钴在一般饲料中都不缺乏,缺乏时表现为贫血,生长缓慢,产蛋量下降。

五、维生素

维生素是维持鸭的生命和生长所必需的一类特殊的营养物质。维生素在生理功能上也不是构成组织的主要成分,更不是体内的能量来源,但是对蛋白质、脂肪、碳水化合物的代谢起着十分重要的作用。现已知许多维生素参与辅酶的形成,是营养代谢中不可缺少的物质。鸭需要 13 种维生素,缺少任何一种都会造成代谢紊乱、生长迟缓、生产力下降、抗病力减弱直至死亡。但用量过多也会引起疾病的发生。

维生素的种类很多,已发现在动物体内有30多种。在畜牧业生产中具有重要作用的有十多种,按其溶解性分为脂溶性维生素和水溶性维生素两大类。脂溶性维生素包括维生素 A、维生素 D、维生素 E 和维生素 K。水溶性维生素包括维生素 B_1(硫胺素)、维生素 B_2(核黄素)、泛酸(维生素 B_5)、烟酸(维生素 PP,维生素 B_3)、吡哆醇(维生素 B_6)、生物素(维生素 H,维生素 B_7)、叶酸(维生素 B_{11})、维生素 B_{12}、胆碱和维生素 C(抗坏血酸)。

(一)脂溶性维生素

1. 维生素 A

能维持鸭的视觉、神经的正常生理功能,维护上皮组织的健康,促进骨骼的正常发育,还能增强鸭的免疫力和抗病力。缺乏时,鸭生长缓慢或停止,精神不振、瘦弱、羽毛蓬松、运动失调、干眼病。鸭群抗病力减弱,发病率、死亡率增高。

动物性产品,如鱼肝油、肝、乳、蛋黄及鱼粉等含有大量的维生素 A;植物体中不含维生素 A,而含有维生素 A 原,即胡萝卜素。胡萝卜素在体内可转变成具有生理活性的维生素 A。青绿多汁饲料富含维生素 A 原,如胡萝卜、甘薯、南瓜、黄玉米等。

2. 维生素 D

维生素 D 能促进钙、磷在肠道中的吸收,调控钙、磷代谢。缺乏时,鸭骨化不良,腿脚无力,脚和胸骨软而易弯曲。成年鸭产蛋率、孵化率减低,易产软壳蛋、破壳蛋。维生素 D 有维生素 D_2 和维生素 D_3 两种形式,鸭对维生素 D_3 的利用能力比维生素 D_2 高30倍。植物性饲料和动物性饲料(鱼粉和乳汁除外)中均含有较多的维生素 D。其中,以鱼肝油、肝粉、血粉、酵母含维生素 D 丰富。

3. 维生素 E

维生素 E 具有很强的抗氧化作用,与硒协同维持生物膜的正常结构和功能,促进合成前列腺素,调节 DNA 的合成等。能维持鸭正常的生殖机能、肌肉和外周血管正常的生理状态。缺乏时,雏鸭可患脑软化症,头向下或向后退缩,有时伴有侧方扭转。还可发生渗出性素质病和肌肉营养不良。谷类粮食特别是种子的胚芽含有丰富的维生素 E,绿色饲料、叶和优质干草也是维生素 E 很好的来源,维生素 E 含量一般较禾谷类籽实高出10倍之多。

4. 维生素 K

维生素 K 能促进肝脏合成凝血酶原,在机体中的作用主要是参与凝血过程,加速血液的凝固。缺乏维生素 K 时,凝血时间延长,可发生皮下、肌肉及胃肠道出血。维生素 K 不足症多见于家禽,所以笼养肉鸭要注意维生素 K 的补给。

(二)水溶性维生素

1. 维生素 B_1(硫胺素)

是鸭体内碳水化合物代谢所必需的物质,缺乏时雏鸭神经系统失常,抽搐痉挛,头向后弯,严重时衰竭死亡。种蛋缺乏维生素 B_1 时,受精卵及孵化率降低。糠麸及优质干草粉含维生素 B_1 较多。

2. 维生素 B_2(核黄素)

是细胞内黄酶的成分,直接参与蛋白质、脂肪和核酸的代谢。对鸭来说,维生素 B_2 也是最易缺乏的一种。缺乏时,雏鸭发生卷爪症,足跟关节肿胀,趾向内弯曲成拳状,腿部麻痹。种鸭产蛋率、种蛋受精卵和孵化率下降。饲料酵母、鱼粉、糠麸、优质干草及青绿饲料含维生素 B_2 较多。

3. 烟酸

在鸭体内主要以辅酶的形式参与机体代谢,参与糖类、脂类和蛋白质的代谢。若烟酸和烟酰胺合成不足会影响生物氧化反应,使新陈代谢发生障碍,即出现癞皮病、角膜炎、神经和消化系统的障碍等。烟酸广泛地存在于动植物饲料中,但鸭对天然饲料中烟酸的利用率很低。日粮中添加烟酸不仅有预防腿病的作用,而且对鸭的羽毛光泽和脂肪代谢有很重要的作用。

4. 胆碱

胆碱主要参与脂肪代谢,防止脂肪变性。胆碱和蛋氨酸中的甲基可以相互转换,因此,饲料中添加胆碱可以节约蛋氨酸的用量。缺乏时,雏鸭生长缓慢,发生曲腱病、关节肿大等。鱼粉、豆粕、糠麸、酵母等含胆碱较多。

5. 维生素 B_6

维生素 B_6 在氨基酸代谢中可形成转氨酶、脱羧酸的辅酶,也可直接参与含硫氨基酸和色氨酸的正常代谢。雏鸭缺乏维生素 B_6 时发生眼睑水肿鼓起,使眼闭和,羽毛粗糙、脱落。

6. 维生素 C

维生素 C 有解毒作用,大剂量的维生素 C 可以缓解铅、砷、苯及某些细菌毒素进入人体造成的毒害。若在日粮中添加维生素 C,可显著提高鸭的抗应激能力,促进生产性能的发挥。

如果机体缺乏维生素 C,则会出现坏血病。此时,毛细血管细胞间质减少、变脆,通透性增大,皮下、肌肉、胃肠黏膜出血,骨和牙齿容易折断或脱落,创口溃疡不易愈合。因此,日粮中提供足够的维生素 C 是很有必要的。

生产上常用到的水溶性维生素还有生物素、泛酸等。

六、水

水是动物机体组成和体内代谢的重要组成成分,水对保护细胞的正常形态、维持渗透压和体内酸碱平衡起重要作用。鸭口腔内唾液腺不发达,每采食一口料就饮一次水,以保证食物顺利下咽,若供水不足,将会影响正常采食。缺水和长期饮水不足,会使机体健康受损,生长发育不良或体重下降,产蛋量迅速下降,蛋壳变薄,蛋重减轻。当体内水分损失 10% 时导致代谢紊乱,损失20% 就可能造成死亡。因此,必须持续不断地给鸭提供清洁新鲜的饮水,尤其在环境温度较高时,更不能断水。

第二节　鸭常用饲料及营养

工厂化养鸭使用的是配合全价饲料,是由多种饲料原料按一定比例混合而成。饲料原料按其营养特性可分能量饲料、蛋白质饲料、青绿饲料及其干草粉、矿物质饲料和饲料添加剂等。

一、能量饲料

凡是饲料干物质粗蛋白含量低于 20%、粗纤维含量高于 18% 的饲料都属于能量饲料。

如玉米、小麦、大麦、稻谷、高粱、小米、麸皮、米糠等都是鸭常用的能量饲料。

(一)玉米(图 4 - 1)

玉米号称饲料之王,含能量高,纤维少,适口性好,消化率高,是养鸭生产中用得最多的一种饲料,在配合饲料中占的比重很大,达到 40% ~ 70%。并且玉米中含有大量色素,如胡萝卜素、叶黄素和玉米黄素,可提供大量的维生素 A,并对皮肤和蛋黄的着色有良好的效果。但玉米的蛋白质含量低,只有7% ~ 9%,必需氨基酸不平衡,矿物质元素和维生素缺乏,在配合饲料中要注意补充氨基酸和其他饲料和添加剂。另外,应注意控制玉米中的水分含量,防止黄曲霉菌污染。

图4-1　玉米粒和玉米穗

(二)小麦(图4-2)、大麦

小麦能值高,粗纤维少,能量与玉米相近,粗蛋白质含量10%~13%,氨基酸组成也较其他谷类饲料平衡,B族维生素丰富,是良好的能量饲料。在饲粮中用量可占10%~20%。大麦含能量比小麦低,B族维生素含量丰富。粗蛋白质含量较高,皮壳粗硬,不易消化,应破碎或发芽后使用。产蛋鸭饲粮中含量不宜超过15%,雏鸭应控制在饲料量的5%以下。要注意小麦和大麦中含有抗营养因子β-葡聚糖和阿拉伯木聚糖等非淀粉多糖,使鸭的消化道食糜黏度增加,降低养分消化率,因此,在小麦和大麦型日粮中要注意添加非淀粉多糖酶。

图4-2　小麦

(三)稻谷、碎米

稻谷是我国南方水稻生产区的主要能量饲料,但稻谷外壳粗纤维含量高,喂量不宜过多,以占饲料的10%~20%为宜。碎米含能量、粗蛋白质、蛋氨酸、赖氨酸等,适口性好,也是良好的能量饲料,一般在饲粮中用量可占30%~50%或更多一些。

(四)高粱

高粱蛋白质含量与玉米相当,但品质较差,其他成分与玉米相似。由于高粱含单宁较多,味苦,适口性差,并影响蛋白质、矿物质的利用率,因此,在鸭日粮中应限量使用,不宜超过15%。

(五)麦麸

包括小麦、大麦等的麸皮。蛋白质含量较高,可达12%~17%,磷、镁和B族维生素也较丰富,适口性好,质地蓬松,具有轻泻作用,是养鸭的常用饲料。但粗纤维含量高,应控制用量。一般雏鸭和产蛋期鸭麦麸用量占日粮的5%~15%,育成期占10%~25%。

(六)米糠

米糠是糙米加工成白米时分离出的麸皮、糊粉层、胚及少量胚乳的混合物,其营养价值与加工程度有关。含粗蛋白质12%左右,钙少磷多,B族维生素丰富,粗脂肪含量高,易酸败变质,天热不宜长久储存。由于米糠中粗纤维也多,影响消化率,同样应限量使用。一般雏鸭米糠用量占日粮的5%~10%,育成期占10%~20%。

(七)油脂类饲料

油脂类饲料能值高,是碳水化合物的2.25倍。因此,日粮中添加油脂是提高饲料能量水平的有效途径,油脂(图4-3)分为植物油脂和动物油脂,生产中常用到的油脂有豆油、玉米油、猪油、牛油等。常在雏鸭和肉鸭后期饲料中添加1%~3%的油脂,以达到促进生长、提高饲料转化率的目的。但要防止使用氧化酸败的油脂。

图4-3 油脂

二、蛋白质饲料

干物质中粗蛋白质含量高于20%,粗纤维含量低于18%的饲料均属蛋白质饲料,根据饲料来源不同又分为植物性蛋白质饲料、动物性蛋白质饲料和单细胞蛋白质饲料等。

(一)植物性蛋白质饲料

植物性蛋白质饲料主要包括豆类籽实及其加工副产物。大豆饼(粕)、棉籽饼(粕)、菜籽饼(粕)、花生饼(粕)等是肉鸭生产中最常用的植物性蛋白质饲料。

1. 大豆饼粕(图4-4)

大豆粕(饼)是大豆榨油后的副产物,由于制油工艺不同,通常将压榨法取油后的产品称为大豆饼,而将浸提法取油后的产品称为大豆粕。浸提法比压榨法可多取油4% ~5%,且粕中残脂少易保存,为目前生产上主要采用的工艺。

图4-4 豆粕

大豆粕饼粗蛋白含量高,达40% ~50%,必需氨基酸含量高,组成合理。赖氨酸含量在饼粕类中最高,为2.4% ~2.8%。代谢能达10 ~11兆焦/千克,B族维生素及钙、磷含量高,味道芳香,适口性好,是鸭最理想的植物蛋白质饲料。用量可占配合饲料的10% ~30%。但使用时要注意:一是大豆粕(饼)含赖氨酸较高,但蛋氨酸含量不足,在玉米 + 大豆饼粕为主的饲料中,一般要额外添加蛋氨酸才能满足鸭的营养需求。二是生大豆粕(饼)中含有抗胰蛋白酶因子,会影响鸭对蛋白质的消化吸收,甚至造成鸭拉稀,因此,用作饲料的大豆粕(饼)必须经熟化处理。

2. 菜籽饼粕(图4-5)

是油菜籽榨油后的副产物。菜籽饼粕均含有较高的粗蛋白质,为34%~38%。与豆粕相比,富含蛋氨酸和含硫氨基酸,但赖氨酸和精氨酸含量低,精氨酸与赖氨酸的比例适宜,是一种氨基酸平衡良好的饲料。粗纤维含量较高,为12%~13%,有效能值较低。矿物质中钙、磷含量均高,但多为植酸磷,富含铁、锰、锌、硒,尤其是硒含量远高于豆饼。菜籽饼粕含有硫葡萄糖苷、芥子碱、植酸、单宁等抗营养因子,饲喂价值明显低于大豆饼粕,并可引起甲状腺肿大,采食量下降,生产性能下降。在肉鸭配合饲料中,菜籽饼粕应限量使用,一般雏鸭、产蛋鸭饲料的用量可占3%~5%,生长鸭为5%~8%。

图4-5 菜籽粕

3. 棉籽饼粕

棉籽饼粕是棉籽经脱壳取油后的副产品,完全去壳的叫作棉仁饼粕。通常粗蛋白质含量达34%以上,棉仁饼粕粗蛋白质可达41%~44%。氨基酸中赖氨酸较低,仅相当于大豆饼粕的50%~60%,蛋氨酸亦低,精氨酸含量较高,赖氨酸与精氨酸之比在100:270以上。矿物质中钙少磷多,其中71%左右为植酸磷,含硒少。维生素B_1含量较多,维生素A、维生素D含量少。

棉籽饼粕中的抗营养因子主要为棉酚、环丙烯脂肪酸、单宁和植酸。其中,游离棉酚是有毒物质,可引起鸭的心肺肿大,公鸭不育。一般雏鸭饲料的用量可占3%~5%,生长鸭占5%~8%,种鸭最好不用。

4. 花生饼粕(图4-6)

是花生脱壳后榨油的副产物。营养价值仅次于大豆饼,粗蛋白质含量高达45%~48%,精氨酸含量相当高,但蛋氨酸和赖氨酸含量较少。花生饼粕适口性好,鸭都爱吃,和大豆饼配合使用可节省部分动物性蛋白质。使用时要注意花生饼粕也含抗胰蛋白酶,不宜生喂。且在高温季节极易感染黄曲霉而产生黄曲霉素,引起肝脏损害,雏鸭特别敏感。一般用量不超过日粮的9%,雏鸭最好不用。

图4-6 花生饼

除了上述饼粕类饲料外,肉鸭生产中还可以利用芝麻饼粕、向日葵饼粕、亚麻仁饼粕、棕榈仁饼等作为蛋白质饲料。另外,玉米蛋白粉因其蛋白质含量高(40%~60%),着色效果明显(富含叶黄素和玉米黄素,是玉米含量的15~20倍),也可用在肉鸭饲料中。

(二)动物性蛋白质饲料

动物性蛋白质饲料主要指水产、畜禽加工及乳品业等加工副产品,包括鱼粉、肉骨粉、血粉、羽毛粉等。

1. 鱼粉(图4-7)

鱼粉为鸭生产中最佳的蛋白性饲料,其粗蛋白含量高达60%以上。氨基酸组成齐全、平衡,尤其是蛋氨酸和赖氨酸含量高。钙、磷含量高,比例适宜。微量元素中碘、硒含量高。富含维生素 B_{12} 及脂溶性维生素 A、维生素 D、维生素 E。此外,鱼粉还含有未知生长因子,可促进肉鸭的生长。所以,鱼粉不仅是一种优质蛋白源,而且是一种不易被其他蛋白质饲料完全取代的动物性蛋白质饲料。

肉鸭生产中,考虑到饲料成本的因素,鱼粉在饲料中的用量一般不超过5%。使用鱼粉时要注意掺假的问题,常用国产的低蛋白鱼粉来代替优质进口鱼粉,以次充好,或者是在鱼粉掺入石粉、食盐、血粉、棉粕、皮革粉、羽毛粉等,以假乱真。另外,鱼粉使用前要化验沙门菌、尿素和食盐含量,以防其引起鸭中毒和感染疾病,鱼粉内沙土含量不应超过2%。要使用新鲜鱼粉,防止鱼粉存放过久引起氧化酸败、发霉变质等问题。

图4-7　鱼粉

2. 肉骨粉、肉粉

肉骨粉和肉粉均是屠宰场的副产物,蛋白质含量随肉、内脏和血等所占比例而不同,一般为40%～50%,但蛋白质品质低于鱼粉和豆粕,适口性也差,最好与植物蛋白混合使用。因肉骨粉和肉粉脂肪含量较高,达8%～15%,极易氧化酸败,且易感染沙门菌,所以要用新鲜的肉骨粉和肉粉,用量一般占日粮的3%～5%,雏鸭最好不用。

3. 血粉

是以畜、禽血液为原料,经脱水加工而成的粉状动物性蛋白质补充饲料。血粉干物质中粗蛋白质含量一般在80%以上,赖氨酸含量居天然饲料之首,达6%～9%。色氨酸、亮氨酸、缬氨酸含量也高于其他动物性蛋白,但缺乏异亮氨酸、蛋氨酸。总的氨基酸组成非常不平衡。血粉含钙、磷少,含铁多,约为2 800毫克/千克。

血粉蛋白质分子量大,细胞壁不易破碎,消化率低,又带有特殊腥味,适口性差。用量一般不超过5%。

4. 水解羽毛粉

是将家禽羽毛经过蒸煮、酶水解、粉碎或膨化成粉状,作为一种动物性蛋白质补充饲料。羽毛粉中含粗蛋白质80%～85%,其中85%～90%为角蛋白质,具有很大的稳定性,不利于鸭消化吸收。水解羽毛粉常因蛋白质生物学价值低,适口性差,氨基酸组成不平衡,而被限量使用。在肉鸭饲料中的添加量以2%～4%为宜。在生产实际中使用羽毛粉要注意生的羽毛粉不能被肉鸭食用,常用高压水解或膨化的羽毛粉;肉鸭饲料中添加适量水解羽毛粉可以提供含硫氨基酸,有利于羽毛的生长发育。

其他还可开发利用的动物性蛋白质饲料还有蚕蛹粉、蚯蚓粉、蝇蛆、黄粉虫等。

(三)单细胞蛋白质饲料

是单细胞或具有简单构造的多细胞生物的菌体蛋白的统称,又称为微生物蛋白质饲料。在生产上具有生产周期短、原料来源广、前景诱人等特点。目前,可供作饲料用的微生物蛋白质饲料主要有酵母、真菌、藻类及非病原性细菌四大类。生产上用得最多的是酵母饲料。

三、青绿饲料及其干草粉

青绿饲料种类繁多,包括天然牧草和栽培牧草,青绿饲料是指含水蔬菜类饲料、作物的茎叶、树叶及水生饲料等。青绿饲料水分含量高达75%～90%,因此能值较低。但青绿饲料富含胡萝卜素和B族维生素,并含有一些微量元素,适口性好,对鸭的生长、产蛋及维持健康均有良好作用。常用的青绿饲料如白菜、甘蓝、苜蓿草、洋槐叶、胡萝卜、牧草等可直接切碎后生喂。冬、春季没有青绿饲料,可喂经青绿饲料晒干的苜蓿草粉、洋槐叶粉、秋针粉或芽类饲料,同样会收到良好效果。

四、矿物质饲料

矿物质饲料主要为鸭提供钙、磷、钾、钠、氯等常量矿物质元素以及某些应用于特殊目的的矿物质。常用的矿物质饲料有食盐、石粉、磷酸氢钙、骨粉等。

(一)食盐

主要成分是氯化钠。在植物性饲料中大多缺少钠和氯,一般日粮中可添加食盐0.15%～0.30%,既可满足鸭对钠、氯的需要,又有调味、增进食欲的作用。在与鱼粉共用时,使用前注意鱼粉的含盐量,如鱼粉含盐量高(咸鱼粉),就不必再添加食盐,以防食盐中毒。

(二)石粉

主要成分为碳酸钙,是最常用的补充钙的饲料,且价格最低廉,含钙量一般在35%以上。

(三)贝壳粉和蛋壳粉

贝壳粉为牡蛎等去肉后的外壳经粉碎而成的产品,含钙36%,常作为蛋鸡、蛋鸭的钙补充料。蛋壳粉含钙34%,蛋白质7%,也是作为蛋鸡、蛋鸭的钙补充料,有增加蛋壳硬度的效果。

(四)磷酸氢钙

含钙不低于23%,磷不低于18%,磷酸氢钙的钙、磷利用率高,是优质也是最常用的钙、磷补充料。但要注意铅和氟含量不要超标。

(五)骨粉

是家畜的骨骼在炉中加热,经高温、高压、脱胶、脱脂、碾碎而成,骨粉含钙24%～30%,磷10%～15%,蛋白质10%～13%,是良好的钙、磷来源,并且还可补充适量的蛋白质,日粮中可添入1%～3%。

五、饲料添加剂

饲料添加剂是指为了某种目的而添加到饲料中的少量或微量的物质。这些添加剂添加到日粮中,可起到不同的作用,如增加营养,防治疾病,促进生长,增进食欲,防止饲料变质,改善饲料及畜产品品质,进一步提高鸭的生产性能。饲料添加剂的种类繁多,性质各异,用量较少,按其作用可分为营养性饲料添加剂和非营养性饲料添加剂。

(一)营养性饲料添加剂

营养性饲料添加剂是指添加到配合饲料中,直接对动物发挥营养作用的少量和微量物质,主要包括氨基酸、维生素、微量元素,还有一些特殊生理功能的其他营养性添加剂。

1. 氨基酸添加剂

添加于日粮中的氨基酸主要是植物性饲料中最缺乏的必需氨基酸——蛋氨酸与赖氨酸。一般在肉鸭日粮中需要补加蛋氨酸和赖氨酸。

2. 微量元素添加剂

微量元素添加剂常用的有硫酸铜、硫酸钴、硫酸锰、硫酸锌、硫酸亚铁、碘化钾和亚硒酸钠等。微量元素添加剂在日粮中添加量很少,每1 000千克饲料添加1～9克。因此,要特别注意混合均匀,否则日粮中某一部分含量过多或过少均会给鸭生长发育造成不良影响。使用的微量元素添加剂必须干燥。

3. 维生素添加剂

目前,已列入饲料添加剂的有维生素 A、维生素 D、维生素 E、维生素 K_3、硫胺素、核黄素、吡哆醇、维生素 B_{12}、氯化胆碱、烟酸、泛酸、叶酸、生物素及维生素 C 等。通常制成复合维生素添加剂按0.03%的比例添加到饲料中。

(二)非营养性饲料添加剂

非营养性饲料添加剂是指加入饲料中用于改善饲料利用效率、保持饲料质量和品质、有利于动物健康或代谢的一些非营养性物质,主要包括饲料药物添加剂、益生素、酶制剂、中草药、防腐剂、饲料调制和调质添加剂等。

1. 药物添加剂

主要包括抗生素和抗球虫药。抗生素抑制有害细菌的生长,同时对鸭的生长有促进作用。常用的促生长剂有对氨基苯胂酸、杆菌肽锌、金霉素、红霉素、呋喃唑酮、土霉素、青霉素、泰乐菌素等。

抗球虫药:主要用于地面平养的鸭群。由于地面平养鸭接触粪便,易感染球虫。常见的球虫药有氨丙啉、丁喹酸酯、克球多、莫能霉素、呋喃西林等。

2. 益生素

益生素又称 EM,即有益微生物。在饲料中添加 EM 可以抑制家禽体内的有害菌,提高鸭的抗病力,同时对提高饲料利用率也有一定作用。另外,还可减少氮和其他有害气体的产生,对改善环境有一定作用。

3. 酶制剂

日粮中的碳水化合物、蛋白质、脂肪等都需要经过内源酶分解再被鸭吸收,因此,在饲料中添加一些从细菌、真菌和其他微生物中提取制成的复合酶制剂,可以有效地提高鸭对各种营养成分的吸收和利用。复合酶常包括淀粉酶、蛋白酶、脂肪酶以及纤维素酶等。

在植物性饲料中,虽然含有大量的磷,但是 2/3 左右是以植酸磷的形式存在,鸭缺乏分解植酸磷的植酸酶,因而不能消化吸收利用,而且植酸磷会被鸭排出体外对环境造成危害,使土壤硬化。植酸酶能分解饲料中的植酸磷为鸭可以吸收的游离磷,因而饲料中不必添加无机磷。饲料中添加植酸酶,可以避免添加磷酸氢钙造成的磷中毒,或添加骨粉造成的沙门菌感染,同时也避免了环境污染。

4. 中草药

中草药作为畜禽饲料添加剂,具有成本低、无残留药害等优点。现介绍一些原料好找、价格低廉的中草药添加剂,供养殖户在饲养肉鸭中参照使用。

(1)橘皮　饲料中添加 3%～5% 的橘皮,可促进鸭生长,增强抗病力。

(2)大蒜　将大蒜去皮切碎,按 3%～5% 的量,拌入饲料中喂给。

(3)马齿苋　具有清热解毒、止血止痢的作用,在饲料中添加 2%～8%,能增加营养,预防疾病。

(4)仙人掌　将仙人掌去刺捣烂直接饲喂,对治疗禽霍乱、痢疾、伤寒等病均有良效。

(5)蒲公英　在饲料中添加 2%～3% 的蒲公英粉,既有健胃、增进食欲的作用,又能促进鸭生长,还能预防消化及呼吸系统疾病。

(6)麦芽 一般添加量为2%~5%,有补充营养、促进鸭生长发育的作用。

(7)车前草 既可鲜喂,也可制成干粉添加在饲料中饲喂,添加量为3%~5%。对鸭呼吸道感染有良好的预防和治疗作用,且具有清热祛湿、强心利尿的作用。

(8)艾叶 加工去净艾叶上的茸毛,即可除去苦味,晒干、粉碎后作为添加剂。雏鸭添加15%,育成鸭添加25%,种鸭添加2%~3%,可提高产蛋率10%~20%。

(9)松针粉 将松针叶加工成粉末,在种鸭饲料中添加5%,产蛋率可提高14%。

(10)苍术 如在鸭饲料中添加2%苍术干粉并加入足量的钙粉,对传染性鸭支气管炎、喉气管炎、鼻炎及眼炎等具有良好的预防作用。

5. 抗氧化剂

防止脂肪和脂溶性维生素(维生素 A、维生素 D、维生素 E、维生素 K)的氧化变质。抗氧化剂有乙氧喹啉、丁基化羟基甲苯(BHT)、丁基化羟基苯甲醚(BHA),抗氧化剂的用量一般为115克/吨饲料。

6. 防腐剂

抑制霉菌生长,防止饲料发霉。常用的有丙酸钠、丙酸钙等,添加剂量分别是2.5克/吨和5克/吨。

第三节　鸭饲养标准

工厂化养鸭,可以购买商品配合饲料直接饲喂,或自己进行加工混合后饲喂。自己加工饲料必须按照各类鸭营养标准的需要,选定饲养标准,将多种饲料进行合理的搭配,配制成全价日粮。

一、鸭营养需要与饲养标准

所谓营养需要的指标,就是说动物需要哪些养分,或者需要些什么。

营养需要系指动物在最适宜环境条件下,正常、健康生长或达到理想生产成绩对各种营养物质种类和数量的最低要求。营养需要量是一个群体平均值,不包括一切可能增加需要量而设定的保险系数。因此,肉鸭的营养需要量往往指的是最低需要量。

饲养标准是根据肉鸭的不同种类、性别、体重、生产目的和水平,进行大量的能量代谢与物质代谢试验以及饲养试验的结果,综合生产实践中积累的经验,科学地规定鸭所需要的各种营养物质的定额。这种系统的营养定额及有关资料统称为饲养标准。简言之,即肉鸭成套的营养定额就是饲养标准。

饲养标准包括鸭的营养需要供给量及鸭的常用饲料营养价值表两部分,我国迄今未公布肉鸭的饲养标准。表4-1为美国NRC(1994)规定的北京肉鸭的饲养标准,可作为我国北京鸭营养需要量的参考。表4-2为英国樱桃谷肉鸭饲养标准。

需要注意的是,饲养标准中规定的营养需要量是肉鸭在理想状态下的最低需要量,在生产实际中,要考虑到存在各种应激,往往要加上一定的保险系数。

表4-1　北京肉鸭营养需要(美国 NRC,1994)

营养成分	0~2周龄	3~7周龄	种鸭
代谢能(兆焦/千克)	12.13	12.55	12.13
粗蛋白质(%)	22	16	15
钙(%)	0.65	0.60	2.75
有效磷(%)	0.40	0.36	0.40
氯(%)	0.12	0.12	0.12
钠(%)	0.15	0.15	0.15
镁(毫克/千克)	500	500	500
蛋氨酸(%)	0.40	0.30	0.27
赖氨酸(%)	0.90	0.65	0.60
蛋氨酸+胱氨酸(%)	0.70	0.55	0.50
精氨酸(%)	1.1	1.0	1.0
亮氨酸(%)	1.26	0.91	0.76
异亮氨酸(%)	0.60	0.46	0.38
色氨酸(%)	0.23	0.17	0.14
缬氨酸(%)	0.78	0.56	0.47
铜(毫克/千克)	8	6	6
铁(毫克/千克)	80	80	60

营养成分	0~2周龄	3~7周龄	种鸭
锌(毫克/千克)	60	60	40
锰(毫克/千克)	50	40	40
碘(毫克/千克)	0.40	0.40	0.40
硒(毫克/千克)	0.20	0.15	0.15
维生素 A(国际单位/千克)	2 500	2 500	4 000
维生素 D_3(国际单位/千克)	400	400	900
维生素 E(国际单位/千克)	10	10	10
维生素 K(国际单位/千克)	0.3	0.5	0.5
烟酸(毫克/千克)	55	55	55
泛酸(毫克/千克)	11	11	11
吡哆醇(毫克/千克)	2.5	2.5	3.0
核黄素(毫克/千克)	4.0	4.0	4.0
维生素 B_{12}(毫克/千克)	0.01	0.005	0.01
生物素(毫克/千克)	0.15	0.10	0.15
胆碱(毫克/千克)	1 300	1 000	1 000
叶酸(毫克/千克)	0.5	0.25	0.5
硫胺素(毫克/千克)	2	2	2

表4-2 英国樱桃谷肉鸭营养需要量

营养成分	种鸭			商品鸭	
	雏期	生长期	产蛋期	雏期	育肥期
代谢能(兆焦/千克)	12.13	11.92	11.29	12.13	12.13
粗蛋白(%)	22	15.5	19.5	22	17.5
钙(%)	1	0.9	3.5	1	0.9
有效磷(%)	0.5	0.4	0.45	0.5	0.42
钠(%)	0.18	0.18	0.18	0.18	0.18
蛋氨酸+胱氨酸(%)	0.8	0.55	0.68	0.8	0.7

营养成分	种鸭			商品鸭	
	雏期	生长期	产蛋期	雏期	育肥期
赖氨酸（％）	1.2	0.7	1.1	1.2	0.85
铜（毫克/千克）	10	10	10	10	10
铁（毫克/千克）	80	80	80	80	80
锌（毫克/千克）	100	100	100	100	100
锰（毫克/千克）	100	100	100	100	100
碘（毫克/千克）	0.40	0.40	0.4	0.40	0.4
硒（毫克/千克）	0.25	0.25	0.25	0.25	0.25
维生素 A（国际单位/千克）	10 000	10 000	10 000	10 000	10 000
维生素 D_3（国际单位/千克）	2 500	2 500	2 500	2 500	2 500
维生素 E（毫克/千克）	50	50	50	50	50
维生素 K（毫克/千克）	2	2	2	2	2
烟酸（毫克/千克）	75	50	50	75	50
泛酸（毫克/千克）	15	5	15	15	10
吡哆醇（毫克/千克）	2	1	2	2	1
核黄素（毫克/千克）	2	2	2	2	2
维生素 B_{12}（毫克/千克）	0.01	0.005	0.01	0.01	0.005
生物素（毫克/千克）	50	25	100	50	25
胆碱（毫克/千克）	1 500	1 500	1 500	1 500	1 500
叶酸（毫克/千克）	2	2	2	2	2
硫胺素（毫克/千克）	10	10	10	10	10
亚油酸（％）	0.75	0.75	1.1	0.75	0.75

二、日粮配合技术

（一）配合饲料的概念

配合饲料是指根据动物的不同生长阶段、不同生理要求、不同生产用途的营养需要以及饲料的营养价值评定的试验和研究，按科学配方把不同来源的饲料，依一定比例均匀混合，并按规定的工艺流程生产以满足各种实际需要的饲料。根据营养成分和用途，鸭饲料又可分为全价配合饲料、浓缩饲料和添加剂预混合饲料。

1. 全价配合饲料

根据饲养标准将多种饲料原料(包括添加剂),按一定饲料配方,经一定的加工工艺生产,混合均匀的商品性饲料。

其特点是营养全面、使用方便、安全有效,可直接饲喂给动物。

构成:能量饲料 + 蛋白质饲料 + 常量矿物质饲料 + 添加剂预混合饲料。

2. 浓缩饲料

全价料中除去能量饲料后剩下的部分。主要由蛋白质饲料、矿物质饲料、添加剂组成,是饲料生产过程的中间产品,不能直接饲喂动物。随养殖业集约化程度提高,此产品会逐渐消失。

构成:蛋白质饲料 + 常量矿物质饲料 + 添加剂预混合饲料。

一般占全价配合饲料的20% ~40%,超级浓缩料占的比例更小。

3. 添加剂预混合饲料

是由一种或多种添加剂加上载体或稀释剂按配方生产的均匀混合物,主要解决添加剂微量成分不易混合均匀的问题。

特点:不能直接饲喂动物,是配合饲料的核心部分。又分为单一预混合添加剂和复合添加剂。

(1)单一预混合添加剂　主要是指单一维生素、单一微量元素、单一药物、多种维生素、多种微量元素等。

(2)复合添加剂　常常叫作添加剂预混合饲料,指微量元素、维生素及其他成分混合在一起。

(二)日粮配合的一般原则

第一,要因地制宜选配饲料。尽量利用当地饲料资源,既要考虑营养价值,也要注意价格低廉,以降低成本。

第二,配合的日粮要与饲养标准接近,以免引起营养缺乏或过多,造成某些营养缺乏症的发生或经济损失。所有家禽都是"依能而食",饲料的能量水平高时,采食量就少;饲料的能量水平低时,采食量就多。所以,鸭饲料中的蛋白质与能量比例要平衡,否则会使饲料消耗增加。

第三,注意日粮的品质和适口性,忌用霉变或含有有害物质的原料配制日粮。每次配制饲料量不宜过多,以7 ~10天吃完为宜,保持饲料新鲜。

第四,各种饲料必须充分拌匀,特别是多种维生素、微量元素等各种添加剂,因为量少,应先与另一种饲料充分预混扩散,然后再拌入全部饲料中。如不先预混扩散,就不易拌匀,造成鸭子采食时,某种营养物质过多,而另一种营养物质缺乏,造成浪费。

第五,日粮应有相对的稳定性,必须改变时,最好有1周的过渡期。特别是在产蛋高峰期更应注意。

第六,日粮中粗纤维含量不能过高,一般不超过5%,最好在3%左右。

(三)肉鸭全价配合饲料的配方设计

饲料配方的计算分为手工计算和电脑计算。手工计算又分为对角线法、联立方程法、试差法。手工法计算配方有它的局限性,即计算复杂,工作量大,需要丰富的实践经验与较强的专业知识。由于是手工计算,结果常常不十分准确,选用的原料数量十分有限,无法进行筛选,得到的往往不是成本最低的配方。

电脑计算配方可解决上述问题,目前已开发出很多程序。电脑计算配方技术与传统配方技术相比具有很多优点,它不但能够提高配方的精确度,进行营养限制因素的研究,而且可迅速进行成本的重新估算和再次配方。同样,它能考虑更为广泛的饲料原料和更好地反映世界市场状况。

尽管电脑计算配方有很多优点,但手工计算是进行配方计算的基本方法,理解与掌握手工计算对我们进行电脑计算配方十分必要。现主要介绍用试差法配制肉鸭全价配合饲料的具体步骤。

用试差法制定饲料配方的步骤如下:

第一,查出饲喂对象的饲养标准。

第二,选出可能使用的饲料原料,并查出或化验分析出其养分含量。

第三,草拟配方。先确定出能量和蛋白饲料的大致比例,对商品肉鸭占到97%～98%,对肉种鸭可设计90%～92%。一般谷物饲料占45%～70%,糠麸类饲料占5%～20%,植物蛋白饲料占15%～30%,动物蛋白质饲料可占到1%～10%。

第四,按要求补充矿物质饲料。盐0.25%～0.35%,一般为0.3%,先补磷后补钙。

第五,按要求补充添加剂预混合饲料。

第六,调整配方,列出饲料配比和营养水平。

举例:用玉米、麦麸、豆粕、棉籽粕、石粉、磷酸氢钙、食盐、豆油、添加剂预混合饲料,给3～7周龄肉鸭配制全价饲料。

第一步,确定饲养标准。从蛋鸡饲养标准中查表得出3～7周龄北京肉鸭营养指标:代谢能12.55兆焦/千克、粗蛋白质16%、钙0.6%、有效磷0.36%、蛋氨酸0.30%、赖氨酸0.65%。

第二步,根据饲料成分表查出或化验分析所用各种饲料的养分含量(表4-3)。

第三步,按能量和蛋白质的需求量草拟配方。根据实践经验,初步拟定饲粮中各种饲料的比例。肉鸭饲粮中各类饲料的比例一般为:能量饲料65%~70%、蛋白质饲料20%~30%,矿物质饲料等3%左右。据此先拟定蛋白质饲料用量23%;其中,豆粕占20%,棉籽粕适口性差并含有毒物质,饲料中用量有一定限制,可设定为3%。能量饲料中麦麸暂设为4%,玉米则为68%,计算初拟配方结果,如表4-4。

表4-3 所选饲料的养分含量

	ME 兆焦/千克	粗蛋白质 (%)	钙 (%)	有效磷 (%)	赖氨酸 (%)	蛋氨酸 (%)	胱氨酸 (%)
玉米	13.47	7.8	0.02	0.1	0.23	0.15	0.15
麦麸	6.82	15.7	0.11	0.3	0.58	0.13	0.26
豆粕	9.83	44.0	0.33	0.2	2.66	0.62	0.68
棉籽粕	8.49	43.5	0.28	0.25	1.97	0.58	0.68
豆油	38						
磷酸氢钙			23.30	18.00			
石粉			36.00				

表4-4 草拟配方

	饲粮配比 (%) ①	ME(兆焦/千克)		CP(%)	
		饲料原料中 ②	饲料中 ①×②	饲料原料中 ③	饲料中 ①×③
玉米	68	13.47	9.024 9	7.8	5.226
麦麸	4	6.82	0.272 8	15.7	0.628
豆粕	20	9.83	2.064 3	44.0	9.24
棉籽粕	3	8.49	0.254 7		1.305
豆油	2	38	0.76		
合计	97		12.376 7		16.399
标准			12.55		16
与标准比			-0.173 3		+0.399

第四步,调整配方,确定能量和蛋白质饲料配比,使能量和粗蛋白质符合饲养标准规定量。上述配方经计算可知,饲料中代谢能为 12.376 7 兆焦/千克,比饲养标准低 0.173 3 兆焦/千克,粗蛋白质为 16.399%,比标准高近 0.4%,也就是能量偏低,蛋白质含量偏高。因此,将玉米提高 1%,同时将豆粕含量降低 1%,重新计算饲料能量和粗蛋白质含量,结果为代谢能 12.413 1 兆焦/千克,粗蛋白质为 16.037%,与饲养标准较为接近。

第五步,计算矿物质饲料。调整配方后钙、磷含量计算结果见表 4-5。

根据配方计算结果知,饲料中钙比标准低 0.507 6%,有效磷低 0.232 5%。因磷酸氢钙中含有钙和磷,所以先用磷酸氢钙来满足磷,需磷酸氢钙 0.232 5% ÷ 18% = 1.3%。1.3% 磷酸氢钙可为饲料提供钙 23.3% × 1.3% = 0.302 9,余下的钙可用含钙 36% 的石粉补充,约需 0.29% ÷ 36% = 0.6%。

食盐用量可设定为 0.30%。

表 4-5　调整后的配方

原料	饲料配比 (%)	钙 (%)	有效磷 (%)	赖氨酸 (%)	蛋氨酸 (%)
玉米	68	0.013 6	0.068	0.156 4	0.102
麦麸	4	0.004 4	0.012	0.023 2	0.005 2
豆粕	20	0.066	0.04	0.532	0.124
棉籽粕	3	0.008 4	0.007 5	0.059 1	0.017 4
豆油	2	0	0		
合计		0.092 4	0.127 5	0.770 7	0.248 6
标准		0.6	0.36	0.65	0.30
与标准比		-0.507 6	-0.232 5	+0.120 7	-0.052 4

第六步,补充添加剂预混料。添加剂预混料中应包括氨基酸、维生素、微量元素和其他非营养性的饲料添加剂。氨基酸添加剂中,赖氨酸含量超过标准 0.120 7%,说明不需另加赖氨酸。蛋氨酸比标准低 0.051 4%,可用蛋氨酸添加剂来补充。一般维生素添加剂加量为 0.03%,微量元素为 0.5%,还要添加酶、药物、抗氧化剂等,总比例按 1% 添加。

第七步,调整配方,列出配方及主要营养指标。以上能量、蛋白饲料加量为 97%,矿物质饲料为 1.3% + 0.6% + 0.3% = 2.2%,添加剂预混料为 1%,总量为 97% + 1.3% + 0.6% + 0.3% + 1% = 100.2%,超过 0.2%,可将玉米减少 0.2%。一般情况下,在能量饲料调整不大于 1% 时,对饲粮中能量、粗蛋白质等指标引起的变化不大,可忽略不计。3~7 周龄肉鸭饲粮配方及其营养指标如表 4-6。

表 4-6　饲料配方及营养水平

原料	配比(%)	成分	含量
玉米	67.8	代谢能(兆焦/千克)	12.39
麸皮	4	粗蛋白(%)	16.02
豆粕	20	钙(%)	0.61
棉籽粕	3	有效磷(%)	0.36
豆油	2	赖氨酸(%)	0.77
石粉	0.6	蛋氨酸(%)	0.36
磷酸氢钙	1.3		
食盐	0.30		
添加剂预混料	1		
合计	100		

三、日粮配方实例

(一)雏鸭饲料配方

配方一:玉米 30%,大麦 27%,米粉 15%,麸皮 5.5%,大豆饼 15%,鱼粉 6%,骨粉 0.55%,磷酸氢钙 0.5%,添加剂 0.2%,食盐 0.25%。

配方二:玉米 57.5%,麸皮 12%,豆饼 20.7%,进口鱼粉 5%,槐叶粉 2%,骨粉 2.5%,食盐 0.3%。

配方三:玉米 28%,小麦 22%,碎米 10%,麸皮 2%,米糠饼 6%,蚕豆 8%,菜籽饼 5%,花生饼 2%,蚕蛹 12%,血粉 2%,磷酸氢钙 2%,添加剂 0.6%,食盐 0.37%。

配方四:碎米 70%,米糠 4%,菜籽饼 5%,花生饼 7%,鱼粉 3%,蚕蛹 9%,骨粉 1.8%,食盐 0.2%。

(二)育成鸭饲料配方

配方一:玉米 35%,麸皮 13%,大麦 13%,高粱 15%,豆饼 10%,鱼粉 7%,食盐 0.3%,矿物质添加剂 4.7%,沙砾 2%,每 50 千克饲料中添加禽用多种维生素 5 克。

配方二:玉米 73.3%,豆饼 18.6%,肉骨粉 5%,油脂 2.5%,碳酸钙

0.2%,食盐0.25%,DL-蛋氨酸0.05%,微量元素预混合饲料0.05%,维生素预混合饲料0.05%。

配方三:玉米55.2%,高粱8%,大麦10%,麸皮11%,豆饼7.5%,鱼粉5.5%,骨粉1.5%,石粉1%,食盐0.3%。

配方四:玉米65.5%,大豆饼3%,鱼粉3%,其他饼粕类(菜籽饼、葵花仁饼、芝麻饼)25%,添加剂3.5%。

配方五:玉米54.2%,高粱8%,大麦10%,麸皮11%,豆饼7.5%,进口鱼粉5.5%,骨粉1.5%,石粉1%,复合添加剂1%,食盐0.3%。

配方六:玉米67%,麸皮7.8%,豆饼11%,亚麻籽饼10%,苜蓿草粉2%,骨粉1%,石粉1%,食盐0.2%。

配方七:玉米55.4%,麸皮16%,米糠7%,豆饼15%,鱼粉3%,血粉1%,骨粉1%,贝粉1%,无机盐添加剂0.2%,食盐0.4%。

配方八:玉米66%,豆饼18.3%,葵花仁饼10.9%,鱼粉3%,骨粉1.5%,食盐0.3%。

(三)育肥鸭饲料配方

配方一:玉米68.3%,麸皮16%,豆饼2.5%,苜蓿干草粉8%,鱼粉3%,骨粉1%,石粉1%,食盐0.2%。

配方二:豆饼粉7%,玉米粉40%,高粱粉15%,小麦麸10%,大麦23.5%,骨粉1.5%,牡蛎粉2.5%,食盐0.5%。

配方三:玉米55%,米糠饼30.1%,豆饼5%,菜籽饼5%,骨粉1.6%,石粉1%,DL-蛋氨酸0.05%,其他添加剂1.95%,食盐0.3%。

配方四:玉米69.2%,麸皮14.9%,豆饼2%,苜蓿干草粉8%,鱼粉3.8%,骨粉1%,石粉1%,食盐0.1%。

配方五:玉米67%,麸皮15%,豆饼13%,苜蓿干草粉11.8%,鱼粉2.6%,骨粉2%,食盐0.3%。

配方六:玉米64.1%,麸皮16%,豆饼5%,苜蓿干草粉9.6%,鱼粉3%,无机盐2%,食盐0.3%。

第四节　鸭饲料加工与保存

一、饲料加工方法

(一)青绿饲料的加工

1. 切碎法

切碎法是青绿饲料最简单的加工方法,常用于少量养鸭。青绿饲料切碎后,有利于鸭吞咽和消化。

2. 干燥法(制成青干草)

干燥的牧草及树叶经粉碎加工后,可作配合鸭饲粮的原料,以补充饲料中的粗纤维、维生素等营养。

青绿饲料主要是高产优质的豆科牧草,如苜蓿、沙打旺、草木樨、三叶草、红豆草、野豌豆以及豆科和禾本科牧草等。调制青干草的饲料收割要适时,豆科牧草在始花期到盛花期收割,禾本科牧草在抽穗期到开花期收割,饲料玉米与大豆在籽实接近饱满时收割。

青绿饲料干燥方法:

(1)自然快速干燥　将收割后的牧草在原地暴晒 5～7 小时,当水分含量降至 30%～40% 时,再移至避光处风干,待水分降至 16%～17% 时,就可以上垛或打包储存备用。自然晾晒或阴干调制是目前最简单、最普通的青干草制作方法,但营养物质损失较多。

(2)高温干燥　刚刈割收获的原料水分含量为 80%～85%,当天气晴朗时,可就地翻晒风干 3～4 小时,使原料水分含量降低到 65% 左右。将切碎的牧草置于牧草烘干机中,通过高温空气,使牧草迅速干燥,含水量下降到 15%以下。

(3)常温鼓风干燥　将刈割后的牧草在田间预干到含水量为 50% 左右时,置于设有通风道的草棚下,用普通鼓风机或风扇等吹风装置,进行常温吹风干燥。

(二)能量饲料的加工

常用方法是粉碎,但粉碎不能太细,一般加工成直径 2～3 毫米的小颗粒。

(三)鱼粉的加工

鱼粉加工有干法、湿法、土法 3 种。

1. 干法

原料经过蒸干、压榨、粉碎、成品包装,适用于大规模生产。

2. 湿法

原料经过蒸煮、压榨、干燥、粉碎包装,适用于大规模生产。

3. 土法

有晒干法、烘干法、水煮法 3 种。

(1)晒干法 原料经盐渍、晒干、磨粉。生产的是咸鱼粉,未经高温消毒,不卫生。含盐量一般在 25% 左右。

(2)烘干法 原料经烘干、磨碎而成。原料里可不加盐,成品鱼粉含盐量较低,质量比前一种略好。

(3)水煮法 原料经水煮、晒干或烘干、磨粉。此法因原料经过高温消毒,质量较好。

(四)饼类饲料去毒

1. 棉籽饼去毒法

(1)硫酸亚铁石灰水混合液去毒 100 千克清水中放入新鲜生石灰 2 千克,充分搅匀,去除石灰残渣,在石灰浸出液中加入硫酸亚铁(绿矾)200 克,然后投入经粉碎的棉籽饼 100 千克,浸泡 3~4 小时。

(2)硫酸亚铁去毒 可在粉碎的棉籽饼中直接混入硫酸亚铁干粉,也可配成硫酸亚铁水溶液浸泡棉籽饼。硫酸亚铁加入量可按棉籽饼中游离棉酚含量的 5 倍计算,一般为机榨饼重的 0.2%~0.4%,浸出粕的 0.15%~0.35%,土榨饼的 1%~2%。

(3)尿素或碳酸氢铵去毒 以 1% 尿素水溶液或 2% 的碳酸氢铵水溶液与棉籽饼混拌后堆沤。一般是将粉碎过的 100 千克棉籽饼与 100 千克尿素溶液或碳酸氢铵溶液放在大缸内充分拌匀,然后倒在地上摊成 20~30 厘米厚的堆。地面应先铺好薄膜,堆周用塑料膜严密覆盖。堆放 24 小时后,扒堆摊晒,晒干即可。

(4)加热去毒 将粉碎过的棉籽饼放火锅内加水煮沸 2~3 小时,可部分去毒。此法去毒不彻底,故在畜禽日粮中混入量不宜太多,以占日粮的 5%~8% 为佳。

(5)乙醇与轻汽油混合去毒 将 85%~90% 的乙醇与轻汽油以 1:5 的体积比混合,拌入等重量的粉碎棉籽饼中,经过蒸脱机处理后,脱毒效果显著,可使游离棉酚降至 0.02% 左右。

（6）碱法去毒　将2.5%的氢氧化钠水溶液,与粉碎的棉籽饼按1:1重量混合,加热至70~75℃,搅拌30分,再按湿料重的15%加入浓度为30%的盐酸,继续控温在75~80℃,30分后取出干燥。此法去毒彻底,一般不含棉酚。

（7）小苏打去毒　以2%的小苏打水溶液在缸内浸泡粉碎后的棉籽饼24小时,取出后用清水冲洗两次,即可达到无毒目的。

鸭棉籽饼中毒时,精神沉郁,食欲减退,消瘦,拉黑褐色带黏液、血液和肠黏膜的稀粪。开产延迟,蛋重、产蛋率和孵化率均降低。鸭蛋品质降低,蛋黄和蛋白出现粉红色异常颜色,煮熟的蛋黄较坚韧有弹性,称为"橡皮蛋"。严重时,呼吸困难,并有抽搐等神经症状。鸭出现中毒时,应立即更换饲料,或用0.01%高锰酸钾溶液,连续饮水4~5天;1.5%葡萄糖溶液,速补14天或维康安保强等,饮水4~5天。

2. 菜籽饼去毒法

主要有土埋法、硫酸亚铁法、硫酸钠法、浸泡煮沸法。

（1）土理法　挖1米³容积的坑(地势要求干燥、向阳),铺上草席,把粉碎的菜籽饼加水(饼水比为1:1)浸泡后装入坑内,2个月后即可饲用。

（2）硫酸亚铁法　按粉碎饼重的1%称取硫酸亚铁,加水拌入菜籽饼中,然后在100℃下蒸30分,再放至鼓风干燥箱内烘干或晒干后饲用。

（3）硫酸钠法　将菜籽饼掰成小块,放入0.5%的硫酸钠水溶液中煮沸2小时左右,并不时翻动,熄火后添加清水冷却,滤去处理液,再用清水冲洗几遍即可。

（4）浸泡煮沸法　将菜籽饼粉碎,把粉碎后的菜籽饼放入温水中浸泡10~14小时,倒掉浸泡液,添水煮沸1~2小时即可。

3. 豆饼(豆粕)去毒法

一般采用加热法。将豆饼(粕)在温度110℃下热处理3分即可。

4. 花生饼粕去毒法

一般采用加热法。在120℃左右,热处理3分即可。

5. 亚麻仁饼去毒法

一般采用加热法。将亚麻仁饼用凉水浸泡后高温蒸煮1~2小时即可。

二、饲料保存

（一）青干草储藏方法

1. 露天堆垛

堆垛有长方形、圆形等。堆垛时,应尽量压紧,加大密度,缩小与外界环境的接触面,垛顶用薄膜覆盖。

2. 草棚堆藏

气候湿润或条件较好的牧场,应建造简易的干草棚储藏干草。草棚储藏干草时,应使棚顶与干草保持一定的距离,以便通风散热。

3. 压捆储藏

把青干草压缩成长方形或圆形的草捆,然后储藏。草捆垛长 20 米、宽 5～6 米、高 18～20 层干草捆,每层布设通风道,数目根据青干草含水量与草捆垛的大小而定。

(二)配合饲料的保存

1. 全价颗粒饲料

全价颗粒饲料经蒸汽或水加压处理,已杀死绝大部分微生物和害虫,而且孔隙度较大,含水较低。因此,其储藏性能较好,只要防潮储藏,1 个月内不易霉变,也不容易因受光的影响而使维生素受到破坏。

2. 全价粉状饲料

全价粉状饲料大部分以谷物类为原料,表面积大,孔隙度小,导热性差,且容易吸湿发霉。其中的维生素随温度升高而损失加大,另外,光照也能引起维生素损失。因此,这类饲料不宜久放,最好不要超过 2 周。

3. 浓缩饲料

浓缩饲料导热性差,易吸潮,因而易繁殖微生物和害虫,其中的维生素易受热、氧化而失效。因此,可以在其中加入适量的抗氧化剂,不宜久储。

4. 添加剂预混合饲料

添加剂预混合饲料主要由维生素和微量矿物质元素组成,有的还添加了一些氨基酸和药品及一些载体。这些成分极易受光、热、水汽影响。存放时要放在低温、遮光、干燥的地方,最好加一些抗氧化剂,不宜久储。维生素可用小袋遮光密闭包装,使用时再与微量矿物质部分混合。

(三)防止饲料发霉

1. 饲料发霉的因素

饲料发霉主要是由霉菌引起的,原因有:①饲料堆积储存时间过久。②周围环境湿度大。③原料本身未晒干使饲料含水量过高。④湿料饲喂鸭时,若每次加料太多而不及时清除,时间长也会引起饲料发霉。

2. 预防方法

主要方法有:①加强饲料保存。仓库要干燥清洁。饲料下面有垫底,周围及上方要有空隙,保证空气畅通。②多雨季节,用塑料袋密封储存饲料,缺氧防霉,抑制霉菌繁殖。③将醋酸和醋酸钠按2∶1混合,再加入1%的山梨醇搅拌均匀,干燥后按1%的比例混入饲料中,储存100天不会发霉。④每100千克饲料加入100克丙酸钙或50克丙酸钠,搅拌均匀,储存于水泥池或塑料袋中,也可保存100天以上。每100千克混合饲料中加入50克净霉,可保存60天不霉变。⑤饲喂时要少给勤添,饲槽要及时清除干净。饲料要常翻动晾晒。

3. 轻微霉变饲料的去毒

若饲料已经出现轻微霉变现象,要及时去毒。有以下几种方法:

(1)水洗去毒 将发霉的饲料放入缸中,加开水泡开,搅拌数次,连续清洗6~7次,然后晾晒干燥即可饲用。

(2)蒸煮去毒 将发霉饲料放在锅中,加水煮0.5~1小时,然后晾晒干燥即可。

(3)石灰水去毒 在发霉饲料中加入10%的石灰水浸泡3~4天,再用清水洗净,晒干备用。

(4)氨水去毒 将发霉饲料的水分含量调至15%~20%,装入缸中,通入氨气,密封15天左右,晒干后即可饲用。

(5)蔗糖去毒 将发霉饲料用10%的蔗糖水浸泡12小时左右,去掉浸泡液,用清水冲洗,晒干即可。

(6)发酵中和 将发霉饲料用清水湿润,拌匀,使之含水量达50%~60%,然后加2%草木灰拌匀,中和2小时,装入网袋中,冲洗,滤去草木灰,再加适量糖。室温下发酵7小时后,去毒效果可达90%以上。

第五章　鸭标准化养殖的饲养管理

　　鸭标准化安全生产的饲养管理主要包括:根据蛋鸭生理特点,实行分阶段饲养;抓好环境控制,确保鸭群生产性能的发挥;根据不同阶段蛋鸭特点,为鸭群提供合适的饲料;制定严格的卫生防疫措施并认真落实;做好隔离工作;严格消毒管理;搞好饮水、卫生等方面。

第一节 肉用鸭的饲养管理

一、雏鸭的饲养管理

雏鸭阶段是肉鸭生产的关键阶段,雏鸭刚从鸭蛋孵化出来,来到一个全新的环境,需要尽快适应这个环境。由于雏鸭相对比较娇嫩,对环境比较敏感,尤其对环境温度的要求较高,抗病力较差,稍有管理不当,就可能引起生长不良,甚至导致成活率下降,对育肥期的增重和经济效益造成很大影响。因此,一定要抓好育雏期的饲养管理。

(一)雏鸭的特性

雏鸭是指从孵化出壳到 30 日龄的小鸭,要培育好雏鸭,首先必须了解其生理特点,然后根据其特点进行饲养管理。因此,需要精心饲养和管理,才能提高育雏率。

1. 温度调节机能不完善

刚出壳的雏鸭个体小,绒毛短稀,体温较低,神经和体液系统功能发育尚不健全,体温调节机能较弱,难以适应外界温度的变化,既怕冷,又怕热。因此,在育雏期间必须进行保温,使雏鸭生活在既不感到冷又不觉得热的环境中。当外界温度低于 25℃时,雏鸭会冷得发抖,堆叠成堆,互靠体温取暖,俗称"烧堆",易引起感冒或低层雏鸭受压窒息死亡,故对雏鸭保温十分重要。15~20 日龄后,雏鸭体内温度调节机能日趋完善,体温开始处于恒定状态。

2. 雏鸭的嗉囊和肌胃容积小

储存食物很少,消化机能差,消化系统需要逐渐发育完善。但雏鸭生长极为迅速,4 周龄时比出生时体重增加 24 倍,7 周龄时增加 60 倍,单位体重的新陈代谢及营养需要量较大,因此,在管理上应做到给予营养成分高,且易于消化的饲料;少量多次饲喂,不断供水,满足其生理需要以助消化。若饲养管理不当,则雏鸭会因消化不良引起肠道疾病。

3. 雏鸭对外界环境非常敏感

外界的任何刺激都会导致雏鸭情绪紧张而四处乱窜,影响采食,甚至引起死亡。因此,育雏期间甚至以后各饲养阶段,要注意保持周围环境安静,有规律而细心地进行操作、管理。如果饲养环境较复杂、条件差,最好的措施是把会引起鸭应激的条件(如各种响声、黑暗、强光、各种颜色等),在出壳后的 30 小时内让雏鸭适应,使其习惯于接受这种刺激,以后就不会因这种刺激引起情绪紧张而四处乱窜。

4. 生长速度快

鸭的日龄越小,生长速度越快。雏鸭阶段是鸭一生中相对生长速度最快的时期。又因雏鸭生长速度快,所需的营养物质多,故育雏期应给予营养全面的全价饲料,喂饲的数量也要足够,保证其生长发育的需要。

5. 雏鸭对外界环境的抵抗力差

易感染疾病,因此,育雏时要特别重视防疫卫生工作。

6. 雏鸭自卫能力差

易受鼠、猫、狗、蛇、野兽和天敌野鸟等的侵害,所以,育雏舍要有防护设施。

(二)育雏方式

1. 自温育雏

自温育雏法即利用鸭群自身产生的热能取暖。一般采用鸭篮、箩筐、纸板箱、稻草囤等容器,其上加盖保温物品,通过增减盖物、垫料厚薄,或适时起身(用手投散扎堆鸭群)等措施来调节温度。此法简便,但极其劳累,稍有不慎便使雏鸭因冷而挤堆,造成压死或压伤。鸭体绒毛受潮(起身时脚掌有水),会造成"僵鸭";常因受热,致使生长发育受阻,同样形成"僵鸭"。仅适合于小群育雏或气候暖和的季节。

2. 温室育雏

温室育雏可以给雏鸭提供稳定的气温环境,受热均匀。其中,网上育雏为最佳,能使雏鸭不接触粪便,干净卫生,减少疾病传染机会,便于管理,成活率高,省垫草,饲养密度可适当提高,从而节省场地使用面积。育雏保温期的时间长短,可根据气候环境并结合雏鸭对温度的需求而灵活掌握,但不可使育雏温度忽高忽低,若差异短时间太大,雏鸭易发生疾病。养殖户用什么方式育雏,应根据自身条件量力而行,以经济实用为佳。

(1)地面平养(图5-1) 地面平养就是在铺有垫料的地面上饲养雏鸭,这种育雏方式最为经济,简单易行,无须特殊设备。缺点是雏鸭直接与垫料和粪便接触,卫生条件差,易感染疫病,并且要占用较大的房舍面积。另外,为保持垫草干燥,需要经常翻动和更换垫草,劳动量较大。

地面平养的育雏房要根据房舍不同,在水泥地面、砖地面、土地面上铺设垫料。垫料可采用锯末、刨花、稻壳、稻草和麦秸等,但必须是新鲜、没有发霉、清洁而干燥的。麦秸、稻草需铡成6~10厘米长短。垫料厚度根据育雏期垫料管理的特点而定。

地面半养一般采用更换垫料育雏和加厚垫料育雏两种方法。更换垫料育雏是将雏鸭养育在铺有 5~6 厘米厚的清洁而干燥的垫料上,当垫料被粪尿污染时,要及时用新垫料予以更换。不及时更换垫料,幼雏易患球虫等寄生虫病、肠胃病,易造成鸭间生长不一致及饲料浪费。加厚垫料育雏是在地面上先铺一层熟石灰后,铺上 8~10 厘米厚的垫料层,当垫料被粪尿污染后,及时加铺一层 4~5 厘米厚的新垫料,直到厚度增至 20 厘米为止。此法不更换垫料,垫料在育雏结束时一次清除,可省去经常更换垫料的繁重劳动,同时减少鸭的应激,垫料发酵产生的热可供雏鸭取暖。

地面平养要用育雏围栏(材料用竹围栏、木板、纸板或铁皮均可)在育雏室内围成若干小区。育雏围栏的作用是将雏鸭限定在一个较小的范围内栖息、活动,这样雏鸭不会因离保温器太远而受寒,又容易找到饮水和饲料。以后随着雏鸭日龄的增长、自我调节温度能力的增强而逐渐扩大围栏的范围,既扩大了雏鸭的活动空间,又不致受热。如果育雏室内温度较低,应将育雏围栏围在保温器伞盖下方,可以护热,不使热量很快散去。育雏围栏的高度以雏鸭跳跃不出为宜,一般 50 厘米即可。育雏围栏围成的小区的长与宽取决于所采用的保温设备及每群育雏数量的多少等。用于形成伞形保温器保温(保温伞直径 100 厘米左右),一般情况下小区的长与宽 1.5~2 米;如果室温较低,可直接将育雏围栏围在保温器伞盖下方以护热,则小区的大小与保温器伞盖的覆盖范围相当。直接用红外线灯泡供热保湿,则可将育雏围栏围在灯泡下的较小范围内。育雏围栏围成的小区大小在开始育雏时可小些,以后逐渐扩大。具体围多少个小区,要根据育雏规模确定。

图 5-1　地面平养育雏

（2）地下烟道式　其优点为保温结构简单,建造方便,成本低廉,适合各种房舍结构,燃料可就地取材,可使用煤和柴草。温度相当稳定,保温时间长,成本低廉。使用地下烟道保温应注意以下问题:①烟道升温缓慢,故应在接雏前3天起火升温,同时第一周室温保持在21℃左右。②1周龄后因地面干燥,室内灰尘大,应补充空气中湿度。可洒水或引入水蒸气。③地面垫料不宜太厚,2~3厘米即可。④注意室内空气流通,可在天花板上开出气孔,也可在墙沿开百叶窗。⑤墙角砌成半圆形,防止挤压。⑥注意清洁卫生,定期消毒。

（3）网上平养（图5－2）　网上育雏即在离地面50~60厘米高处,架上丝网,网眼一般为1.12~1.25厘米,把雏鸭饲养在网上。网上平养是鸭育雏最成功的方式。这种方法一次性投资大,成本高。优点是可以节省垫料,鸭的排泄物可以直接落入网下,雏鸭基本不同粪便接触,从而减少与病原接触,减少再感染的机会,尤其是对防止球虫病和肠胃病有明显的效果。网上平养不用垫料,减轻了劳动量,减少了对雏鸭的干扰,从而减少雏鸭发生应激的可能。

图5－2　网上平养育雏

工厂化鸭场常用大群全舍网上平养幼雏或大群围栏网上平养幼雏,但小型鸭场及农村专业户,一般可采用小床网育。网床由底网、围网和床架组成。网床的大小可以根据育雏舍的面积及网床的安排来设计,一般长为1.5~2米,宽0.5~0.8米,床距地面的高度为50厘米。床架可用三角铁、木、竹等制成,床底网可根据日龄不同,而采用不同的网目规格,0~21日龄用0.5厘米×0.5厘米网目,21日龄后用1厘米×1厘米网目。也可采用1厘米×1厘米网目规格作床底网,育0~21日龄的幼雏时在底网上铺一层0.5厘米×0.5厘米网目的塑料网即可。床底网由铁丝编织而成,要求网面平整、无突出的铁丝头,最好采用包裹塑料的铁丝编织,这样在育雏时可避免雏鸭的足踝受伤。在育刚出壳的幼雏时,网上铺麻袋片或塑料网,这是防止幼雏足踝受伤的必要措施。网床的四周应加围网,既防雏鸭掉下网床,又防雏鸭爬、跳出来,因此,围网的高度为 40～50 厘米(底网以上的高度)。围网最好选用价格最便宜的丝网,或因地制宜选用竹片、纸板、木条等材料,以节约成本钻不出雏鸭为原则。

采用网上平养,要求育雏室内温度能满足雏鸭的需要。育雏室内温度可通过地下烟道、暖气、煤炉、电炉及红外灯等取暖设备供热来实现。

(4)笼养 目前,笼养方式主要用于鸭的育雏阶段,饲养密度为每平方米60～65 只。笼养可减少鸭舍和设备的投资,提高劳动效率。笼养鸭生长快,成活率高,并且整齐。笼养育雏一般采用人工加温,因育雏密度加大,雏鸭散发的体温蓄积也多,因而可节省燃料。

目前,有单层笼养、两层重叠式或半阶梯式笼养。选用哪一种类型,应视建筑情况,并考虑饲养密度、除粪和通风换气等因素。

鸭笼的布局以操作方便为原则。笼子可用金属或竹木制成,长 2 米,宽0.8～1 米,高 20～25 厘米。底板采用竹条或铁丝网,网眼 1.5 厘米×1.5 厘米。叠层式笼的上层底板离地面 120 厘米,下层底板离地面 60 厘米,两层间设一承粪板。单层式的底板离地面 1 米,粪便直接落到地面。食槽、水槽置于笼外,一侧为食槽,另一侧为水槽。

(三)进雏前的准备

1. 育雏时期的选择

育雏计划是合理安排生产,提高生产效益的保证。育雏计划的制订主要包括育雏时间的确立和育雏数量的确定等。育雏时间要根据种蛋的来源、当地的环境气候条件、青绿饲料生长情况和农作物的收割季节、饲养者的技术水平、鸭舍与设施的条件以及市场的供求状况等因素综合确定。饲养条件较好、育雏设施比较完善的大型种鸭场和商品鸭场,可根据生产计划和鸭舍的周转情况全年育雏。

2. 育雏场地、设施的准备、维修

进雏前要清洗鸭舍和对各种工具进行彻底消毒。还要备足垫料(网上育雏不用垫料),充分晒干,如以稻草作垫料,还需切成 3～5 厘米长的段。按肉用型鸭的营养标准,配置好雏鸭饲料。

(1)清舍

1)育雏舍的维修 无论改造旧房舍或新建育雏舍,在进雏前要进行全面的检查和维修。检查房顶是否漏雨、门窗是否严密、墙壁尤其与门窗之间有无裂缝、墙角有无鼠洞,如有问题应加以维修。

2)清洗 将食槽和饮水器具浸泡在加入清洁剂的消毒水池中,清洗干净后用消毒剂溶液浸泡,最后用清水冲洗干净,晾干备用。网上饲养要用高压水枪冲洗笼网,尤其是底网片连接处。墙壁和地面先用高压水枪喷湿,可在水中加入清洁剂,以便于清洗干净。数小时后用高压水枪冲洗,基本冲洗干净以后,在水中加入广谱消毒剂喷洒消毒一遍。

3)周围环境 清除雏鸭舍周围环境的杂物,然后用氢氧化钠溶液喷洒地面,或者用白石灰撒在鸭舍周围。

4)熏蒸消毒 清洗消毒完成以后,将饲槽、饮水器以及育雏所用的各种工具放入舍内,然后关闭门窗,用福尔马林熏蒸消毒。熏蒸时要求鸭舍的相对湿度70%以上,温度10℃以上。消毒剂量为每立方米体积用福尔马林42毫升加42毫升水,再加入21克高锰酸钾。1~2天后打开门窗,通风晾干鸭舍。如果距进雏还有一段时间,可以一直封闭鸭舍到进鸭前3天左右。空舍2~3周后在进雏前约3天再进行一次熏蒸消毒。

(2)调试加温设备并提前预热 由于雏鸭的生理调节机能还不完善,还没有生长出羽毛,而仅靠绒毛来保温,故保温效果还很差,对外界温度的变化比较敏感,尤其是受低温的影响更大。1周龄内的雏鸭在温度低于28℃的温度下表现为扎堆、厌食等症状,不仅影响雏鸭的生长发育,而且引起雏鸭的高死亡率,所以雏鸭舍的升温和保温直接影响雏鸭饲养的效果。

1)升温设备 雏鸭舍升温的方法有电热供暖、锅炉暖气供暖、热风炉供暖、煤炉供暖和地炕供暖等。电热供暖主要有电热育雏器和育雏伞,后者主要用于平养育雏,一般在育雏伞周围设护栏,利于保温和防止雏鸭离开热源;锅炉供暖一般是整室供暖,可以采用水暖和热风炉两种形式,是大型鸭场通常采用的加热形式;烧煤炉和地炕供暖一般用于小型鸭场和个体鸭场,这两种方式简单、投资少。但是烧煤炉比较脏,烟筒必须保证不能漏气,相对来讲,地炕加热由于是在鸭舍外烧煤,鸭舍内无污染,空气质量较好,但地炕需要有一定的技术。

2)升温时间和温度要求 在雏鸭进舍前24小时必须对鸭舍进行升温,尤其是寒冷季节,温度升高比较慢,鸭舍的预热升温时间更要提前。为了减少加热空间,可以把鸭舍的一头用塑料布或其他工具暂时隔离开来,用作育雏区,等雏鸭长大以后,再进行分群。

雏鸭舍的温度要求因供暖的方式不同而有所差异。采用育雏伞供暖时,1日龄时伞下的温度控制在 34 ~ 36℃,育雏伞边缘区域的温度控制在 30 ~ 32℃,育雏舍的温度要求 24℃就可以了。如果采用整室供暖(暖气、煤炉或地炕),1 日龄的室温要求保持在 29 ~ 31℃。随着鸭子的逐渐长大,羽毛逐渐丰满,保温能力也逐渐加强,对温度的要求也降低。因此,育雏舍的温度要随鸭龄的增长而逐渐降低,但不要采取突然降温的方法。

(3)铺好垫料 地面平养需要在水泥地面铺上 8 厘米的垫料(每平方米约 5 千克)。垫料一般要在鸭舍第二次消毒前铺好,最迟应在进雏前 24 小时铺好。垫料要求干燥、无霉菌、无有毒物质、吸水性强,如稻壳,切成长 3 ~ 5 厘米左右的麦秸或稻草,都是较好的垫料,在小麦、水稻产区也容易获得。使用锯末作垫料需要在育雏的前几天在锯末上铺一层报纸,或把装雏鸭的纸盒拆开垫在上面,以免雏鸭啄食锯末。

(4)备好饲料及药品 备足营养全面、适口性好、易消化的饲料及常用药品,如高锰酸钾、福尔马林、青霉素、链霉素、土霉素、氯霉素、多种维生素等。

(5)摆放好饲养设备 在进雏前,将所有的育雏设备洗净、消毒、晾干,料盘中加入雏鸭料,饮水器中加入饮水。雏鸭开食料盘的摆放要均匀,使用电热育雏伞育雏时料盘放置在离伞边缘 20 厘米左右的地方。

(四)接雏

雏鸭从出雏机中拣出,在孵化室内绒毛干燥后转入育雏室,此过程称为接雏。接雏可以分批进行,尽量缩短在孵化室的逗留时间,千万不要等到全部雏鸭出齐后再接雏,以免早出壳的雏鸭不能及时饮水和开食,导致体质逐渐衰弱,影响生长发育,降低成活率。

雏鸭转入育雏室后,应分开饲养。雏鸭的分群应根据大、中、小、强、弱雏等分群饲养,使弱小雏鸭的生长加快,达到全群鸭生长均匀、发育整齐的目的。每群鸭以 200 ~ 300 只为宜。第一次分群后,雏鸭在生长发育过程中又会出现大小强弱的差别,所以要经常把鸭群中体质太强或太弱的雏鸭挑选出来,单独饲养,以免"两极分化",即强的更强,弱的因抢食抢水能力差而愈来愈弱。通常在 8 日龄和 15 日龄时,结合密度调整,进行第二次、第三次分群。

(五)育雏期的管理

培育雏鸭要掌握"先饮水,后开食"的原则。

1. 饮水

鸭出壳后 12 ~ 24 小时内应先饮水,俗称"开饮""潮水",及时供给雏鸭饮水对提高雏鸭的成活率和促进幼雏健壮生长有重要作用。出壳后的幼雏还有一部分蛋黄未吸收,这部分营养物质需要 3 ~ 5 天才能基本吸收完毕,饮水能促进这些营养物质的吸收利用,这对幼雏的生长发育有明显作用。饮水还可以补充在孵化过程中胚雏所丧失的水分,刺激食欲,促进胎粪排出,并有助于饲料的消化和吸收。如不及时饮水,幼雏会因蛋黄未充分吸收而绒毛发脆,影响健康,甚至脱水死亡。

鸭育雏阶段,要充分供应清洁的饮水,确保不断水。寒冷冬季应提供不低于20℃的温开水,炎热季节应尽可能给雏鸭提供凉水。第一次饮水,可结合防疫防病或补充营养的需要,在饮水中加入适量的药物(如 0.02% 的土霉素、0.01% 的高锰酸钾)或添加剂(如维生素、5% ~ 8% 的砂糖)。

开始时,雏鸭不懂饮水,可以教饮,即抓一只健壮的雏鸭,将喙浸到水槽中沾上水,雏鸭很快就会饮水,其他雏鸭也会效仿。饮水器的槽面开口不宜太阔,盛水不宜太深,以防止雏鸭溺水。敞口的饮水器应在其中放置一些干净石块,使雏鸭不致掉入水中。饮水器应每天清洗或消毒一次,要保持饮水器四周垫料干燥。

饮水的供应不能中断。缺水会造成雏鸭口渴,一旦恢复供水,就会因抢水而被挤死、淹死、湿身感冒,或造成饮水过多而不思饮食,或引起消化不良等肠胃病的发生。给水要少给勤添。喂料前 5 ~ 10 分,给水 1 ~ 3 次;喂料结束时,给水 1 ~ 3 次;在两次喂料的间隔时间,视情况给水 1 ~ 3 次。

2. "开食"

雏鸭第一次喂料叫"开食",适时"开食",既有助于雏鸭腹内蛋黄吸收和胎粪排出,又能促进生长发育。若"开食"过早,大多数雏鸭不会采食,健壮雏会先采食从而使雏群的发育不平衡,给以后的饲养管理造成困难,增加饲养成本。"开食"过迟,不仅影响雏鸭的生长发育,还会增加死亡率。"开食"一般在雏鸭开饮 2 ~ 3 小时后有索食要求时进行。同批雏鸭,出壳时间有差异,开饮"开食"时间应有区别,即使是同一时间出壳的雏鸭,也应根据实际情况,将不宜"开食"的雏鸭单放,待时机成熟再进行"开食"。

一般来说,鸭幼雏在出壳后 14 ~ 24 小时"开食"比较合适。"开食"方法是在"开食"前 1 ~ 2 小时让雏鸭开饮,雏鸭饮水以后渐渐活动开来,并出现类似啄食的动作,这时"开食"恰到好处。雏鸭"开食"一般用浅料盘或蛋托,也可以把饲料撒在浅料槽内,为了防止雏鸭浪费饲料,应在浅料盘或蛋托下面铺一层报纸或把雏鸭盒拆开垫在下面,3天后把报纸或纸板撤去。"开食"饲料按200只雏鸭500克大米的标准准备。先将大米煮成半生半熟,然后拌入鱼粉和豆饼(鱼粉为每千克大米25克,豆饼为每千克大米50克)。初次喂食的饲料要求做到"不生、不硬、不烫、不烂、不黏"。"开食"时将煮过的饲料撒在油布或塑料布上,要撒得均匀。开始3天内,可在饲料中加入200毫克/千克土霉素(或100毫克/千克的呋喃唑酮)。拌好的料要做到既散又湿,且撒到雏鸭身上不沾。也可采用加水的湿粉料或碎粒料饲喂。雏鸭"开食"后要喂配合饲料。

"开食"时间最好安排在白天,以便雏鸭看见饲料,否则应将饲料放在灯光明亮处。"开食"当天,要求全天供料。喂食时可给予一定的信号,让鸭形成条件反射。

雏鸭"开食"的好坏,可以从采食量、叫声等多方面来综合判断。"开食"好的,吃料越来越多,体重也随之增加,叫声轻快、有间歇;如果发现异常,应及时隔离,查明原因,采取必要措施。

"开食"后的前3天内,可采用"开食"一样的饲喂方法,以后逐渐改用食槽饲喂。每次喂料时间不超过20分,拌好的雏料分2~3次投给。

初生的雏鸭,食管膨大部不很明显,储存饲料的容积很小,消化器官还没有经受过饲料的刺激和锻炼,消化机能不健全,肌胃的肌肉也不坚实,磨碎饲料功能很差,所以要少吃多餐,少喂勤添,随吃随给,饲槽内要稍有余食,但不能太多,以防酸败。除白天每隔1.5~2小时喂1次外,晚上也要喂2次;对不会自动走向饲槽的弱雏,要耐心引诱它去采食,使每只都能吃到饲料,吃饱而不吃过头。5天以后,可改用食槽饲喂,槽的边高3~4厘米,长50~70厘米,这样可以防止鸭粪混入污染饲料。6日龄起就可以采用定时喂食,每隔2小时喂1次;8~12日龄每隔3小时喂1次,每昼夜喂8次;13~15日龄每隔4小时喂1次,每昼夜喂6次;16~20日龄每昼夜喂5次,白天每隔4小时喂1次,夜间每隔6小时喂1次;21日龄以后,每隔6小时喂1次,每昼夜喂4次。

俗话说"鹅要青,鸭要荤"。适时给雏鸭加喂动物性饲料,可促其迅速生长。雏鸭从3日龄起,就应补喂蚯蚓、蛆虫、黄粉虫、蚌肉等动物性饲料。开荤时,每100只雏鸭每天喂荤料150~250克,分上午、下午2次喂给。荤料可剁成肉泥状,拌在饭粒中饲喂。也可煮熟切碎后拌入饭内饲喂。开始时喂量不宜过大,以后随食量增加而增加。

3. 温度控制

温度是育雏成败的重要条件。雏鸭绒毛稀而短,吃料少,消化机能弱,产热不多,体温调节机能不健全,对于温度非常敏感,因此,育雏期要人工保温。如果疏忽保温环节,使温度过低或过高,很容易使雏鸭发病,甚至死亡。雏鸭出壳后 5 天内的保温工作尤为重要,如果忽视保温环节,死亡率高达 50%,甚至全群覆没。加强保温环节,给雏鸭提供稳定而适宜的温度,能有效地提高成活率,有利于生长发育。

保温器育雏是指距离热源 50 厘米地上 5 厘米处的温度,笼育或网育则是指网上 5 厘米处的温度。鸭育雏的适宜温度要求见表 5 - 1。育雏保温要根据具体情况灵活掌握,不能生搬硬套,一成不变。总的原则是:小雏宜高,大雏宜低;小群宜高,大群宜低;早春宜高,晚春宜低;阴天宜高,晴天宜低;夜间宜高,白天宜低。

表 5 - 1 育雏鸭的适宜温度

日龄	育雏器温度(℃)	室内温度(℃)
1	34	28 ~ 30
2 ~ 5	33 ~ 34	27 ~ 29
6 ~ 9	32 ~ 33	26 ~ 28
10 ~ 13	31 ~ 32	25 ~ 26
14 ~ 17	30 ~ 31	24 ~ 25
18 ~ 21	29 ~ 30	23 ~ 24
22 ~ 24	28 ~ 29	22 ~ 23
25 ~ 27	27 ~ 29	21 ~ 22
28 ~ 30	26 ~ 27	20 ~ 21

夏季育雏时,雏鸭一般在育雏室保温 2 ~ 3 天后,选择早上或傍晚气温适宜的时候赶雏鸭至室外或下水活动,晚上赶回室内,继续保温,1 周后完全脱温。此时,要注意防暑,若室温超过 35℃ 或 1 周龄以上的雏鸭室温超过 30℃ 时,要做好通风和喷水降温等工作。冬季育雏时,雏鸭应在育雏室育雏 10 天,阴雨寒冷天气需保温 14 天左右,以后逐渐脱温,让其尽快适应外界环境。掌握育雏温度,一要看温度计(挂置在适当位置),二要注意仔细观察雏鸭的活动、休息和觅食状况。温度适当,雏鸭活泼好动,食欲良好,均匀地分布在育雏器范围内,睡眠时安静地围在热源周围,互不挤压,而且安稳,不大发出叫声。

温度过高,雏鸭张口呼吸,喘气,翅膀张开,抢水喝,采食量减少,粪便变稀,远离热源,精神沉郁。此时,雏鸭易患呼吸道疾病或引起啄趾、啄羽等恶癖,夏季还容易中暑,如果育雏器狭窄,雏鸭无处躲避,还易发生热射病,甚至造成死亡。温度过低,雏鸭拥挤在热源附近,缩颈,行动迟缓,夜间睡眠不稳,闭眼尖叫,拥挤扎堆。温度低易使雏鸭受凉拉稀,挤压死亡。

4. 湿度控制

育雏时环境湿度也很重要。湿度过大,雏鸭水分蒸发和散热困难,食欲不振,易患球虫、霍乱等疾病,严重威胁雏群健康。湿度过低,雏鸭体内水分蒸发过快,这会使刚出壳的幼雏腹中蛋黄吸收不良,羽毛生长不良,毛焦发干,出现啄毛、啄肛现象。湿度适宜,雏鸭感到舒适,休息、食欲良好,发育正常。育雏的适宜湿度是:1 周龄内,育雏室内空气相对湿度为 65% ~ 70%,1 ~ 2 周龄为60% ~ 65%,2 周龄以后为 55% ~ 60%。进雏前 1 ~ 2 天就应将育雏室内湿度调至适宜水平。

若室内湿度过低,可喷洒清水于地面、室内挂湿毛巾或在火炉上放水壶,通过水蒸气的散发调节湿度。南方及潮湿季节要注意防潮,以免育雏室内空气相对湿度过大。

测定相对湿度采用干湿球温度计,如测定鸭舍内相对湿度,应将干湿球温度计悬挂在舍内距地面 40 ~ 50 厘米高度的空气流通处。分别读出干球温度和湿球温度,求出二者的相差数,然后查干湿球温度计的相对湿度查对表即得相对湿度。

测定相对湿度,使用干湿球温度计应注意以下几点:

第一,干湿球温度计在使用前,必须检查干球和湿球两支温度计所示温度是否相同,如不一致,要将其差度记下,计算时依此差数加以纠正,以保证测定结果准确性。

第二,使用湿度温度计前,将包湿球温度计的纱布或棉绳上的浆质等除去以利吸水。使用期因纱布或棉绳在水中易变硬或沾染灰尘和绒毛,影响水分的蒸发,因此,要注意保持纱布或棉绳的清洁,经常清洗或更换,确保湿度计的准确性。

第三,盛水的玻璃管与湿度温度计的球部不可紧接,要相距 2 ~ 3 厘米,盛水玻璃管要注满清洁水,同时,要注意更换用水。

第四,每天上午、下午分别观察和登记干、湿球度数。

5. 光照控制

适宜的光照能提高雏鸭的生活力,促进生长发育,甚至对鸭的一生都起作用。育雏的光照有两种:一是自然光照,二是人工光照。阳光对于雏鸭的生长发育极为重要,它可提高雏鸭的生活力,刺激食欲,促进维生素 A 和维生素 D 的合成,促进生长发育;阳光还可以杀菌,使室内干燥温暖。如室内晒不到阳光或自然光照不足,可在饲料中添加维生素 A 和维生素 D,增加青饲料(瓜皮、菜叶等),或进行人工补充光照。

(1)光照时间 1~7 日龄内的雏鸭,昼夜光照 20~23 小时;8~14 日龄的雏鸭采用 16 小时光照;15 日龄以后公雏实行 12 小时光照,母雏则进行 14 小时光照。商品肉用鸭自 8 日龄起可实行 18 小时光照。

(2)光照强度 每平方米用 2 瓦灯泡即可,但要注意使育雏舍内的光照强度均匀一致,并注意控制光强。光照较弱时,雏鸭安静、温驯、活动少、生长较快;光照较强时,雏鸭显得神经质,敏感易惊群,活动量大,易发生互斗、啄羽、啄肛等恶癖。因此,育雏期既要有光照,又要注意光强不宜太大。

6. 通风换气

育雏期室内温度高,饲养密度大,雏鸭生长快,代谢旺盛,呼吸快,需要有足够的新鲜空气。舍内粪便、垫料因潮湿发酵,常会散发出大量氨气、二氧化碳和硫化氢,污染室内空气。因此,育雏时既要保温,又要注意通风换气以保持空气新鲜。

在保证一定温度的前提下,应适当打开育雏室的门窗,通风换气,以增加室内新鲜空气,排出二氧化碳、氨气等不良气体。一般以人进入育雏舍内无闷气感觉,无刺鼻气味为宜。在冬天育雏和育雏前期(3 周龄前),可在育雏舍安装风斗(上罩布帘)或纱布气窗,使冷空气逐渐变暖后流进室内,3 周龄后,可选择晴暖无风的中午,开窗通风透气。通风换气要注意避免冷空气直接吹到雏鸭身上而使其着凉感冒,也忌间隙风。育雏箱内的通气孔要经常打开换气,尤其在晚间要注意换气。

7. 密度控制

雏鸭的饲养密度要适宜。饲养密度过大,会造成鸭舍潮湿、空气污浊,引起雏鸭生长不良等后果;密度过小,则浪费场地、人力等资源,使效益降低。春季育雏鸭的适宜密度为:1~2 周龄 35~30 只/米^2,3~4 周龄 25 只/米^2,5~6 周龄 15 只/米^2,6 周龄以上 12 只/米^2。每群鸭以 200~300 只为宜。

8. 放水训练与运动

鸭喜水,应适时放水。适时放水可促进鸭体的新陈代谢,增强体质,促进发育,但雏鸭的尾脂腺尚不发达,初期洗澡的时间要短,水的深度要浅。一般都在地上铺塑料薄膜,把四边垫高 3~5 厘米,薄膜中间倒入温水,从出壳后的第 3 天起,每天把雏鸭分批赶入浅水中嬉戏 5~8 分,然后赶回到无风的太阳下或垫有干草的舍内,使羽毛迅速干燥,以免受凉。天冷时洗浴在中午进行,每天 1 次;夏季可每天洗浴 2~3 次,时间稍长一些。夏天洗浴,不但能增进运动,还有防暑降温的作用。1 周龄以后的雏鸭可在 5~10 厘米深的水池内洗浴,每次 10 分左右。2 周龄以后,可放在 15~20 厘米深的水池中洗 15~20 分,以后逐渐延长洗浴时间,直至放牧游水。

除水浴外,雏鸭的运动还有两种形式。一种是室内运动,即每隔一段时间,驱赶快睡着的鸭子沿鸭舍四周缓慢而行。避免雏鸭久卧在潮湿的褥草上,导致胸腹部及腿部疾患。如果此时垫草已经潮湿,一边驱赶一边撒上一层干净的垫草,使雏鸭能舒舒服服地睡在干燥的垫草上。另一种是室外运动,将雏鸭徐徐驱赶到运动场上,使它接触阳光和呼吸新鲜空气。

9. 卫生防疫

由于雏鸭个体小,抗病力虽然强于其他家禽幼雏,但是育雏期是其一生中最易感病的时期,并且育雏期饲养密度大,一旦感染疾病则传播快,难于控制。所以鸭育雏期必须贯彻预防为主的方针,搞好日常清洁卫生工作,制定严格的消毒和防疫制度,并认真执行。

(1)清洁卫生

1)用具卫生　食槽和水槽每天要洗刷、清洗 1 次,保持各种养禽用具的清洁卫生。

2)饲料清洁　饲喂的湿料,放置时间太长容易酸败,应予处理。为避免饲料污染,每天至少清除一次食槽中的剩余饲料。

3)环境卫生　经常开窗换气。每天上午、下午要清扫一遍粪便,尤其是雏鸭休息的保温器积粪较多,更要注意打扫干净。要及时更换或加厚垫料,以防止球虫病等的发生,尤其是饮水器的周围垫料最易潮湿,更应经常保持干燥。

(2)消毒　①每次育雏开始之前或结束后,必须彻底清扫,清除粪便和杂物,育雏室先用清水洗净后以 2% 的氢氧化钠冲洗 1 次,墙角洒石灰水。布置育雏室内设备和用具后,用福尔马林熏蒸消毒,对控制上呼吸道传染病和其他传染病起着重要作用。②食槽与饮水器要定期用2%～3%的氢氧化钠消毒。③饮用河水或井水,最易带入病原,应有过滤装置处理,并用漂白粉消毒或每周饮0.01%高锰酸钾的水1次。④青菜等青饲料应以清水或0.01%高锰酸钾的水洗净后,才能饲喂。

（3）防疫　由于雏鸭生长周期短,一旦生病,往往来不及恢复。因此,应坚持做好预防工作。良好的免疫程序可提高鸭群的育成率。为预防疾病发生,雏鸭1～2日龄时,用链霉素加水喷雾,每只雏鸭1 000～2 000国际单位,每天1次,连用2天。3～5日龄,用0.03%的氯霉素饮水,预防大肠杆菌、肠炎、传染性浆膜炎等疾病。1日龄雏鸭,用鸭病毒性肝炎病免抗体液首次注射免疫,每只鸭0.5毫升;7日龄、14日龄雏鸭,再用鸭传染性浆膜炎疫苗进行免疫,每只鸭1毫升。

雏鸭对曲霉菌较为敏感,尤其是夏季,当环境或饲料被曲霉菌污染时,易造成大批死亡。因此,应搞好鸭舍环境卫生,加强通风,防潮湿积水,饲喂用具要每天清洗,禁止使用变质的饲料,对已感染的雏鸭应及时隔离和治疗。

10. 日常管理

日常管理主要包括:①每次进育雏室,首先要观察鸭幼雏的状态,检查温度、湿度和换气是否合适,然后清洗食槽和水槽,加料和换上清洁饮水。②按时投料、换水,要保证不缺料、不断水。③每天上午、下午各清扫一次地面,及时清除粪便、更换垫料,经常和定期地做好食槽、饮水器的冲洗和消毒工作。④遵守光照制度。补充照明可以在晚上,从日落开灯到晚上,也可以从凌晨到早晨。⑤注意经常观察鸭的状态。每天观察鸭的状态和行为、吃料饮水的情况以及粪便,发现不正常行为或情况应及时采取措施。鸭早晨如果精神状态很好,动作敏感,总是像在寻找什么似的,这说明一切情况是正常的;如果有异常,要检查温度和通风换气是否适宜。喂食时,凡低头垂翅、呆立不动、卧地不起、精神不振者,多为病雏。如见软稀便、混血便,要查明原因,并进行相应处理。对于病雏,要根据症状进行诊断、治疗,对患传染病的要隔离。发现有死雏,应认真做好剖检工作,以便查明原因。⑥晚上应有人值班,以便停电时及时采取措施保温、通风换气等。值班人员还应根据需要投料,管理人工照明。晚上闭灯以后要检查雏鸭的休息、睡眠状况,如有异常要注意检查温度和通风换气情况。⑦防鼠、狗等侵害。如果育雏设施简陋,管理粗放,采用散养甚至放牧饲养,鼠、狗、猪、黄鼠狼等对鸭的伤害,就成了导致死亡率升高的重要原因。因此,注意消除外来兽类的侵害,亦可降低育雏期的死亡率。

11. 适当淘汰

应当适时淘汰健康状况差、生长不良的鸭。对生长稍微不良的弱雏,应选出分开饲养,精细护理,使其追上生长良好的鸭。通常整个饲养期的淘汰数不应超过 0.5%。若观察到大量的鸭不符合强健鸭的要求,应当仔细检查饲养管理方法,找出原因,采取补救措施。当然也不排除鸭苗的质量问题,应该从种鸭优良、质量可靠的孵化场采购鸭苗。鸭群生长不整齐的问题大都是与育雏期的管理和鸭苗质量有关,特别是育雏温度太高或太低都极易使雏鸭生长不均,参差不齐。淘汰残次鸭时要小心轻捉,不要惊扰整个鸭群,以免造成应激反应。残次鸭和病鸭应坚决淘汰,因为饲养它们会浪费饲料和药物,增加疾病的威胁性。

12. 做好记录和建立饲养管理规程

对于管理良好的鸭场和养鸭专业户来说,记录鸭舍的温度、湿度、饲料消耗、药物应用、鸭群数量、生长增重、疾病发生、死亡淘汰数等很有必要,这样可根据记录了解鸭群的生产性能,进而改善饲养管理。可通过抽检部分鸭,称量其样本重来测定鸭的生长情况,评价在现有饲养水平下鸭的生产性能。应当建立养鸭管理规程,在预定时间内做好饲养管理工作,如饲喂、换水、铺垫料、清洁卫生等。有一个固定的规程,将会减少工作遗漏和鸭群的应激,使鸭群按生活规律在舒适的环境中生活。

二、育成鸭的饲养管理

肉鸭在 31~60 日龄这个阶段称为中雏,亦称育成鸭阶段。鸭育成阶段的饲养管理要求是保证其营养供应,充分发挥此期生长发育快的优势,使之体壮个大,尽快上市。

(一)育成鸭的特点

这个时期鸭体各组织和器官迅速生长发育,胃肠容积增大,采食量加大,消化能力大大增强,代谢旺盛,蛋白质水平低于育雏期,而能量水平与育雏期相同或略有提高。绒羽慢慢更换为正羽,骨骼结构基本发育完全,肌肉迅速生长,皮下脂肪日益积累,机体各种功能加强,适应性和抗病力增强。同时,在这个阶段,育成鸭具有补偿生长的功效,前期若生长发育受阻,在后期能够补偿过来,从而达到标准体重。因此,饲养管理上可以粗放一些,从育雏舍移至育成鸭舍,减少饲养密度,改喂营养水平较低、粒度较粗的育成鸭料,随时注意观察鸭群动态,特别是清晨,依照鸭的行为采取相应的有效措施。在日粮配合上要求供应充足的蛋白质、维生素和矿物质等营养成分,在日粮中可逐步增加谷物、糠麸、饼粕类饲料和青绿饲料。

（二）育成鸭的饲养方式

育成鸭的饲养方式与雏鸭略有不同，因为育成鸭不再需要保温，饲养密度也小得多。育成鸭可采用地面平养、离地网面平养、圈养或舍内与运动场结合的饲养方式。同时，育成鸭也可以户外圈养和放养，或者舍内与运动场结合饲养、陆地与水面结合饲养，这样可大大节省鸭棚建筑费用。

（三）育成鸭饲养的准备

育成鸭饲养前的准备工作比育雏前简单，如搞好清洁卫生，彻底消毒，检修遮阴棚和休息场所，铺好垫料，备好饮水和饲料等。

（四）育成鸭的管理

育成鸭转群时要抓颈部，不宜抓脚部，应轻拿轻放。盛放鸭的箱笼底部要垫软垫料，装的密度要适中，途中要防晒、防颠簸、防剧烈摇动，行车速度要均匀，尽量减小应激。

1. 过渡期的饲养

（1）饲料 从雏鸭舍转入育成鸭舍的前 3 ~ 5 天，将雏鸭料逐渐调换成育成鸭料，使鸭子慢慢适应新的饲料。

（2）温度 鸭舍一般不加温，但在寒冷季节，如自然温度与育雏末期的室温相差太大（一般超过 3 ~ 5℃）会引起感冒或其他疾病，应在开始几天适当增温。

（3）空腹转群 转群前必须空腹方可运出。

（4）逐步扩大饲养面积 育成鸭舍的地上面积比网上大，雏鸭一下地，活动量增大，一时不适应，会造成喘气、拐腿，重者瘫痪。因此，刚下地时，地上面积不宜过大，应适当小些，等 2 ~ 3 天再逐渐扩大。

2. 育成鸭的饲料与饮水

这个时期营养水平相对较低，但要做好饲料的合理调配，并且满足其对微量元素和维生素的需求。育成鸭阶段采取自由采食和自由饮水制，即全天 24 小时保持供应饲料和饮水，并经常保持饲料和饮水的清洁卫生。

（1）饲料 育成鸭应供给颗粒较粗和营养水平稍低的育成鸭料，以方便采食，减少饲料损耗和营养浪费。饲料摆放的高度应同鸭背持平。变换饲料时须有 3 天的过渡时间，第 1 天用 2/3 的雏鸭料和 1/3 的育成鸭料混匀后饲喂，第 2 天各用一半混匀饲喂，第 3 天则用 1/3 的雏鸭料和 2/3 的育成鸭料混匀饲喂，第 4 天全部用育成鸭料。这样可减少因饲料突然改变而引起的应激，避免饲料原料配比和营养水平突然变化而造成的消化不良、腹泻,甚至拒食。育成鸭胃肠容积大,采食量大,育成鸭料颗粒较粗,便于育成鸭吞咽,采食容易而不挑食。颗粒太细或用粉料饲喂时,育成鸭采食少、难吞入,常需洗口洗鼻孔,浪费多。有一种说法,饲喂中鸭每天应停料两三次,每次半小时左右,让食入的饲料充分消化,刺激食欲,同时,能减少饲料浪费。这种说法有其科学性,但也有其不足之处,因为频繁的停料会造成很大的应激,重新开食后鸭易抢食,一下吃食和饮水太多,反而对消化吸收和合理节省饲料不利。若每次停料时间缩短,即在鸭将食入的饲料消化完而又不过分饥饿时恰当供料,会兼顾两者的优点。

(2) 饮水　育成鸭饮水多,而且喜欢嬉水、溅水理毛,所以需水量大,而且水易弄脏,因此,需适当增加饮水器数量,水要常换,保持新鲜清洁。饮水器和水盆上最好覆盖有铁丝网,阻止鸭进入水中而又不妨碍其饮水和溅水洗理身体。水位高度应同鸭背持平,既方便鸭饮水,又不使饲料随水从鸭口中流出。采用自动饮水器的,要经常注意检查其供水情况,适时修理和更换损坏的饮水器,同时鸭舍应适当放几个水盆,水深以从鸭鼻孔到喙端的距离即可,有利于鸭用来溅水洗身理毛,不至于浪费太多的饮用水和弄湿地面。要清除地面的积水,以防鸭饮用,水池水也要保持干净。

这里提到的自由采食和自由饮水,是指全天24小时保证鸭舍不断料、不断水,但晚上不一定增加人工光照,自然光照时间已经足够了。

育成鸭采食和饮水时,应有适当的间隔距离,以防抢食和生长不均匀。建议标准如下:采食间隔距离每只不少于10厘米,饮水间隔距离每只不少于1.5厘米。饲料桶和饮水器应均匀分布。

3. 饲喂

根据育成鸭消化情况,一昼夜饲喂4次,定时定量。饲喂粉料,则需用水拌湿,将饲料分堆在料盘内或塑料布上,分批将鸭赶入进食。鸭在吃食时有饮水洗嘴的习惯,圈内可设长形的水槽或在适当位置放几只水盆,及时添换清洁饮水。为满足其生理机能的需要,应在育成鸭的运动场上专放几个沙砾小盘,或在精料中加入一定比例的沙粒。这样不仅能提高饲料转化率,节约粮食,而且能增强消化机能,有助于提高鸭的体质和抗逆能力。

4. 密度

育成鸭生长发育快,需注意其饲养密度的调整,使其适合育成鸭的生长需要。如果密度过大,育成鸭互相挤压,甚至相互啄毛,影响其正常生长发育,所以需及时扩大饲养面积,减少密度。通常舍外饲养每平方米3~4只,舍内地养为4~6只,网养为6~8只。育成鸭性情好动,爱抢食,在大群饲养时,往往强者采食多,生长快,弱者采食少,生长慢,差异逐渐增大。应及时将弱鸭挑出另养,否则其采食饮水不能满足需要,易被挤压、践踏,以致到肉鸭上市时残次鸭数量增多,影响到经济效益。鸭群不可太大,以500~1 000只为宜,群体越小越好。

5. 通风

舍内饲养时要注意通风,保持舍内空气新鲜,氧气充足。若舍内通风不良,空气污浊,氧气不足,则鸭体新陈代谢障碍,生长发育受到影响;且污浊的空气刺激鸭的眼、鼻、肺等部位,严重危害健康,甚至给疫病传染创造了条件。所以,舍内通风是很重要的。户外饲养的鸭不需要担心通风的问题,但要避免暴晒、暴寒和寒风冷雨的侵害。

要慎防贼风,虽然肉鸭的防寒能力较强,但贼风对鸭体的强刺激会使鸭呼吸急促,生长不良,能量消耗大。

6. 分群

按大小强弱分几个小群,尤其对体重较小、生长缓慢的弱育成鸭应集中喂养并加强管理,使其生长发育能迅速赶上同龄强鸭,不至于延长饲养日龄,影响填肥工序。

7. 防暑降温

育成鸭对温度的要求,一般以保持室温在20℃左右为宜,过高的温度不利于鸭的生长发育。育成鸭羽毛较为厚密,皮下脂肪也日益丰满,而皮肤没有汗腺,因此,散热能力差而抗寒能力强。在炎热的天气下,应多设置水盆,让鸭溅水洗身;装备风扇,用动力加强通风散热;直接向鸭身喷水和在舍顶、舍外多设遮阴棚等。这些措施会有效地防止鸭中暑,其中,风扇通风结合水雾喷洒的方法作用很大。而水面对鸭也有很大帮助,鸭并非一定要游水才健康,但游水对鸭的防暑散热作用很大。

8. 防止啄羽

如果鸭群的密度太大,地面垫料潮湿,通风不好,或者饲料营养不全面,都会引起鸭互相啄羽,这在工厂化饲养时尤须注意。啄羽使鸭的羽毛被动脱落,影响屠体的外观,严重时容易使鸭受伤出血,甚至胃肠内脏被啄出而致死。鸭是不断喙的,所以须在饲养管理上下功夫,使其密度适中,地面和垫料保持干燥,舍内通风良好,饲料营养全面等。

9. 卫生与环境

育成鸭采食多,饮水多,消化快,粪多且潮湿,易腐臭和滋生蚊蝇,若不经常清扫冲洗,保持干净卫生,会使鸭群应激大,生长发育不良,甚至暴发疾病。因此,鸭粪须常清除,地面常扫,垫料常换,饲养工具也要常洗,保持清洁干净。要执行严格的卫生防疫制度和预防接种制度,做好经常性的灭蚊、灭鼠和防兽害等工作,保持环境优良、安静。

10. 后备种鸭的选留

雏鸭60日龄时按标准选留后备种鸭后,其余全部转入商品鸭进行育肥。

(1)健康状况良好　健康的种鸭羽毛、绒毛生长整齐洁净,眼亮有神,眼睛、肛门附近没有分泌物污染,颈项伸缩自如,腿脚干净;行动灵活,步态稳健。

(2)外貌体态符合品种特征　种公鸭要求头颈粗短,身躯呈长方形,腰背平而宽,胸部宽厚,脚掌有力,体重2.5千克左右;种母鸭躯体比公鸭稍短而宽;头颈稍小,体重2.2千克左右,公、母比例1:8。

三、商品鸭的饲养管理

肉用商品鸭的61日龄至上市期为大鸭阶段,俗称育肥阶段,由于鸭体各部分正充分发育,各种机能不断加强,因此饲养管理上可比育成鸭粗放些,除饲养密度应小些,饲料营养水平相对低些和慎防腿痛之外,其他饲养管理方法基本跟育成鸭相同。

(一)商品鸭的特点

此期间肉鸭的羽毛已基本覆盖全身,抗寒能力增强,除寒冷季节外,一般不需要额外再使用加热设备。此阶段肉鸭采食量最多,消化最快,生长增重也快,脂肪沉积多,肉的品质得以完善,是决定肉鸭商品价值和养殖效益的重要阶段。因此,在饲养管理上要抓住这一特点,使肉鸭迅速达到上市体重出售。

(二)商品鸭的饲养方式

商品鸭的饲养方式与育成鸭基本相同,一般育成鸭、商品鸭同一栏舍饲养,不需另外搬迁。

商品鸭的饲养主要是为了提高肉鸭肥度,使肉质更加鲜美细嫩,上市后销售快、售价高。当育成鸭养到60~70天,具有一定的骨架和肌肉,且生长速度最快的时候,开始育肥最为适宜。育肥期间要使用高能量、低蛋白的配合饲料。育肥的目的是使肉鸭在短期内迅速增加体重,生长肌肉,沉积脂肪,改善肉的品质,以提高经济效益。

1. 舍饲育肥

在没有放牧条件或天然饲料较少的地区宜采用此法。育肥舍可建造成既有水面又有运动场所的鸭舍，利用自然温度，夏季通风良好，鸭舍清洁凉爽适宜。适当限制鸭的活动并饲喂含能量较多的饲料，如稻谷、碎米、玉米等，有条件时应添加鱼粉、矿物质饲料。饲料中也要添加一些沙粒或将沙粒放在运动场的角落里，任鸭采食，以助于消化。饲料要多样化，每天喂4次，任其饱食，不能剩余，以吃完为宜。食饱后让鸭子在运动场的饮水池中饮水，防止鸭舍温度过高，保持地面干燥；也可白天放到舍外，晚上赶回鸭舍，舍内安装白炽灯以便于采食、饮水，但光照不宜过强，能看见采食即可，夏季要适当地限制饮水，防止地面过分潮湿。舍内的垫料要经常翻晒或添加，垫料不够厚易造成仔鸭胸囊肿，从而降低屠体品质。夏季气温过高可让鸭群在舍外过夜。密度则按每平方米7～8只（4周龄）、6～7只（5周龄）、5～6只（6周龄）、4～5只（7～8周龄）。舍饲成本大，不宜久喂，7周龄则上市出售，且羽毛已基本长成，这时饲料的转化率也较高，若再喂则肉鸭偏重，绝对增重开始降低，饲料转化率也降低。如要生产分割肉，则最好养至8周龄。

2. 填喂育肥

育成鸭养到体重达到1.75～2.0千克，开始转入强制育肥阶段，即可以进行填饲。经过10～15天的填饲，体重达到2.65～3千克，即可上市。

（1）填饲饲料 填肥开始前按体重大小和体质强弱分群饲养。最好将鸭群按公母分开填饲，因为公鸭的生长速度比母鸭快。将混合饲料用水调制成稠粥状，料水各占一半左右。填饲初期水料可稀一些，后期应稠一些。填饲前先把水稀料焖浸约4小时，填饲时用填饲机搅拌均匀后再进行。夏季高温时不必浸泡饲料，防止饲料变馊，或只进行短时浸泡。开始时，填食量以每次150克水料（水料比62∶38或56∶44）为宜，逐渐增加，到8天后每次填饲水料350～400克。凉爽季节，每次填饲水料可适当增加2%～10%。填饲时间为每昼夜4次，即上午9点，下午3点，晚上9点和清晨3点。手工填饲每人每小时只能填40～50只，手压填鸭机每人每小时可填鸭300～400只，电动填鸭机每人每小时可填鸭1 000多只。现在一般采用填鸭机进行肉鸭填饲。

（2）填饲方法

1）手工填肥法 手工填饲时，将配合饲料中加适量开水调成面糕状，也可搓成小丸状。填喂时轻轻将鸭子提住，用两腿夹住鸭体下部，左手大拇指和食指捏住鸭的上腭，中指压住舌的前部，其余两指托住下嘴壳，右手取饲料填入鸭嘴,直到填饱为止。

2)机器填肥法 填饲员的左手抓住鸭头,食指和大拇指捏住鸭嘴基部,右手食指伸入鸭口腔,将鸭舌压向下腭,然后将鸭嘴移向机器,小心地将事先涂上油的喂料小管插入食管的膨大部,应注意使鸭颈伸直,填肥人员左手握住鸭嘴,右手握住鸭颈部食管内小管出口处,然后开动机器,右手将食管内饲料推往食道下部,如此反复,直到饲料填到比喉头低 1~2 厘米时,可关机停吃。其后,右手握住鸭的颈部饲料的上方和喉头,使鸭离开填饲机的小管。为了防止鸭吸气时饲料掉进呼吸道,导致窒息,填肥人员的右手应将鸭嘴闭住,并将颈部垂直向下拉,用右手食指和拇指将饲料向下捋 3~4 次。饮料不要填太多,以免过分结实,堵塞食道,引起食管破裂。

3)注意事项 肉鸭在填喂育肥期间,要消化填入的饲料,迅速长肉,沉积脂肪,生理机能处于十分特殊的状态,加强管理显得极为重要。应特别注意以下问题:填喂要定时,一昼夜填 3 次,每 8 小时填一次。每次填喂前应检查消化情况,一般填饲后 7 小时左右饲料基本消化,如触摸颈部仍有滞食,表明消化不良,应暂停填喂或少填并在饮水中加入 0.3% 的小苏打;填喂后要及时供给充足的清洁饮水,进行适当放水和运动,以帮助消化,增强体质,防止出现残鸭;要保持鸭舍清洁卫生,做到环境安静,光线暗淡,不得粗暴驱赶和高声吵嚷;保持舍内通风良好,凉爽舒适,促进脂肪沉积。

(三)商品鸭的管理

1. 公母鸭分开饲养

北京鸭的公母鸭体重差异不显著,7 周龄公母鸭体重间的差异不至于影响出栏均匀度,所以,是否采取公母鸭分开饲养对它的生产性能影响不大。但是对番鸭和樱桃谷鸭等肉鸭品种来说,出栏时的公母鸭体重差异较大,尤其是番鸭公母鸭的体重相差悬殊,公母鸭混合饲养不仅不利于母鸭的正常生长,而且出栏不能同期,影响晚出栏鸭子的体重和饲料转化率。樱桃谷鸭 7 周龄的公母鸭体重差异也在 300 多克,公母鸭分饲可以使母鸭比公鸭晚出栏 1 周,这样公母鸭的体重都能达到商品的标准范围。

虽然公母鸭体重的差异主要在育肥期才开始明显,但是公母鸭的分饲却要在一开始就进行,因为从外观上很难区分鸭子的公母。虽然通过鸭子的叫声或其他手段能够区分公母鸭,但是不一定准确,而且对鸭群的应激较大,不如一开始就分开饲养。雏鸭的雌雄鉴别要比雏鸡容易得多,因为雏公鸭的阴茎退化比鸡要轻一些,可以通过触摸辨认。

鸭子的公母分开饲养要比肉鸡公母分开饲养的研究少得多,因此,公母鸭是否喂同样的饲料、喂不同的饲料对鸭子生长和饲料转化率影响的程度有多大都缺乏数据。但可以肯定,公母鸭饲喂不同的饲料对鸭子的生长和饲料转化率有好处。

2. 更换饲料

育肥期鸭的消化机能完善,采食量大增,饲料中的粗蛋白质含量应相应降低。虽然饲料的营养浓度降低,但是由于采食量的增加,仍能满足其营养需要。

(1)肉用仔鸭育肥期的营养需要 肉用仔鸭的生长速度快、采食量大,一般提供营养浓度比较低的饲料就可以满足需求。育肥期饲料的蛋白质浓度一般为16%左右,而代谢能仍保持12 180 千焦/千克左右的水平。

(2)换料方法 由于肉鸭的生长速度快、生产周期短,而且雏鸭饲料和育肥鸭饲料在营养水平和颗粒度大小等方面存在很大的差异,因此在由雏鸭饲料更换为生长鸭饲料时要采取循序渐进的方法,不能突然换料,否则容易引起肉鸭的不适应或造成消化系统障碍,从而影响肉鸭的正常生长速度。

3. 调整饲养密度

肉鸭的生长速度很快,21 日龄已达 1 300 多克,为了适应肉鸭快速生长的特点,育肥期的饲养空间要迅速增加,降低单位面积的饲养密度,提高生产效率。

若整个饲养期均采用地面垫料平养的饲养方式,在育肥期可以把护板撤去,直接将饲养密度调整到出栏时的水平,每平方米 3 ~ 4 只。同样,若全期采用网上饲养的饲养方式,在育肥期调整饲养密度也可以直接调整为出栏时所需要的水平,每平方米 7 ~ 8 只。也可以按周龄随时调整饲养密度。

若采用育雏期网上饲养、育肥期地面平养的饲养方式,在由网上饲养改为地面平养时,由于饲养空间的突然增大和地面结构的变化,刚下地的肉鸭会撒欢,到处奔跑,经常造成扭伤和拐脚。扭伤腿脚的鸭如得不到及时的处理,会被其他鸭子踩伤致残或致死。因此,刚下地的鸭子给予的地面空间要有一个变化过程,先小后大,使其适应环境后再扩大饲喂空间。如发现腿脚扭伤的鸭子,要及时隔离单独饲养,等恢复以后再混群饲养。

如果有户外运动场,育肥期可以让鸭子到运动场活动,舍内饲养面积不用在 3 周龄的基础上扩大。即使在冬季仍然可以在白天让鸭子自由到运动场活动,当然可能会损失一部分能量,饲料利用率有所降低,但是对鸭子的健康有利。

4. 饲喂方式

肉鸭的饲料形态主要有 3 种形式:粉料、湿拌料和颗粒料。在肉鸭的饲喂过程中,有不少地区习惯于饲喂湿拌料。也就是把调制好的湿拌料分批、分堆撒在水泥地面上,然后轮流把鸭子赶去采食。饲喂湿拌料肉鸭采食快、消化快,一次性采食饲料量少,需要多次喂料,而且鸭子边吃边拉粪,浪费饲料严重。鸭子对粉料的浪费更严重,而且不利于其对饲料的采食。

饲喂颗粒饲料已为广大养鸭场所接受,育肥鸭饲料颗粒的大小一般为 3 ~ 4 毫米,有单独的料槽,鸭料分离,这样育肥鸭一次可以采食较多的饲料,既卫生又较少浪费饲料。

育肥鸭的饲喂次数为每昼夜 4 次,平均每 6 小时 1 次,但是为了管理人员工作方便,一般白天喂 3 次,夜间喂 1 次。也可以使用自动喂料装置,定期开启,加料迅速、均匀,利于肉鸭的生长发育。

5. 垫料管理

肉鸭育肥期采食量和饮水量增大,排泄物的量和排泄物的含水量也大幅度增加,造成垫料的湿度增加。在高温条件下,湿垫草容易腐败产生有害气体,影响鸭子的生长发育。鸭子接触湿料容易弄脏羽毛,既影响美观又不利于散热或保温。由于鸭子不能像鸡那样翻耙垫料,因此需要人工将垫料蓬松,更换掉湿垫料或在原垫料的基础上再铺上一层厚 5 ~ 8 厘米的新垫料。

采用户外运动场的饲养方式,鸭子大部分排泄物在舍外,一般情况下育肥期舍内可以不用垫料,但是在寒冷季节最好在舍内使用垫草,最起码刚进入育肥期的早期要使用垫草。

夏季舍内地面平养肉鸭有时采用细沙作为育肥期的垫料。使用细沙作为垫料比较凉爽,有利于鸭子的防暑降温。但细沙容易被排泄物弄湿,因此需要经常更换,否则鸭子浑身会被泥沙污染。湿垫沙清除后,可以晒干后重复使用,不过在雨季却很难做到。

6. 运动场设置凉棚

若采用有运动场的饲养方式,运动场上需设有遮阴凉棚,夏季可以避烈日和雨水,冬季可以挡风雪。规模较大的鸭场可以建设永久性的凉棚,小规模的鸭场可以根据经济实力搭设临时性的凉棚。永久性凉棚一般用金属支架和石棉瓦建成,而临时性的凉棚一般用苇箔搭成,苇箔的使用期短,一般 2 ~ 3 年就要更新。凉棚下面的地势要比周围地面高出 30 厘米左右,以免积水。夏季鸭子在运动场过夜,运动场内要有照明装置,供鸭夜间采食和管理人员观察鸭群动态。

运动场内一般不宜栽种树木,虽然树木的冠可以起遮阴的作用,但是容易吸引野鸟前来休息和做窝。野鸟不仅容易传播疾病,而且会采食鸭料,造成饲料浪费。为了防鸟,一些喂料槽设在运动场的鸭场,运动场要设防护网。

7. 嬉水

雏鸭在 3 周龄前一般不进行嬉水,在炎热的夏季,可以通过增加通风降低温度。进入育肥期的肉鸭对疾病和外界环境的抵抗力明显增强,如果有水浴条件可以让育肥鸭定期进行水浴。水浴对于夏季肉鸭的防暑降温很重要,可以增加肉鸭的活动量,促进新陈代谢,利于其生长发育,促进鸭子身体健壮,羽毛洁白美观。水浴浅沟设在运动场内,置于运动场宽度离鸭舍2/3 处,沟宽 1 ~ 1.5 米,深 25 ~ 30 厘米,长度与鸭舍相等,为常流水浅沟。水源比较难解决的鸭场可在运动场内挖戏水池,戏水池的大小根据鸭群的数量而定,一般可为 10 ~ 30 米^2 不等。育肥鸭应在每次饲喂后分批轮流赶入戏水池中水浴,时间的长短可根据气候、日龄和鸭群的数量而定。采用戏水池的优点是投资少,但管理不方便。

嬉水并不是饲养肉鸭所必需,有许多肉鸭饲养场不设戏水池,肉鸭的生产性能仍然很好,而且一般情况下表现出的生长速度和饲料转化率并不比有水浴的差。在炎热的夏季可能有水浴的肉鸭表现出较好的生长速度和饲料转化率,而且死亡率较低,但是在寒冷季节水浴肉鸭的生产性能却比不上完全舍饲的肉鸭。因此,在是否采用水浴的问题上,一定要根据气候条件灵活使用,以达到良好的生产效果。

8. 疾病防治

在肉鸭冬养的快长速肥中,疫病是最大敌害之一。除加强饲养管理外,要特别做好防疫工作。预防鸭瘟,平常可用磺胺二甲嘧啶或磺胺噻唑按0.5% ~ 1%的比例拌饲料连喂 3 ~ 5 天,停 10 天后再喂;也可用 0.1% 的高锰酸钾饮水防疫,效果均很好。

9. 预防发生腿病

肉用快大鸭身体肥胖,体重增加快,而腿部发育跟不上,极易发生腿病,须小心预防。除饲料中钙、磷及其他微量元素需足够外,在管理上也应小心仔细;尽量不惊扰鸭群,不要踩到鸭,对久卧不起的鸭应适时轻轻轰赶,使其行走,以免腿部和其他部位淤血或瘫软、胸腹部出现挫伤等。舍内舍外地面、运动场、网面等要平整,便于鸭行走,防止跌伤。另外,要防暑降温,因为鸭会因热而中暑,因热而不想活动,这会增加腿病发生的概率和摔死现象。若发现鸭因炎热高温而中暑,站不起来或昏迷,可将其放于阴凉地面,用风扇吹其身,并喂些解暑药和维生素。

10. 改善肉鸭胴体品质

(1)降低肉鸭体脂

1)遗传方面 在生产实践中,某一品种肉鸭的生长速度比另一品种快,同一品种肉鸭商品一代比商品二代生长速度快,尤其在饲养后期肉鸭体重达2.4千克以后,但皮脂率和腹胀率高。因此,在遗传方面可结合生产实践通过遗传手段培育低脂、生长速度快的肉鸭新品系,尤其是对控制遗传性能的种公鸭的选育,这是控制肉鸭体脂过多的最有效的途径。

2)饲养方面 通过调整日粮配方,饲喂高蛋白低能量饲料,可降低肉鸭体脂及脂肪的蓄积;在饲养上采取限饲,降低肥度。生产上通常是两者结合,一方面调整饲养后期日粮配方,另一方面在饲养后期适当限制饲养,延长屠宰日龄,尤其对大型肉鸭(体重在2.6~2.7千克),更应如此。

(2)除去胴体异味 在肉鸭育肥后期尽量少用对胴体产生不良影响的原料,如鱼粉、大豆、米糠、饼粕等。鱼粉含量应控制在3%以内。鱼粉含量过多,肉鸭生长速度较快。但肉鸭体脂高,且肉鸭胴体很可能有鱼腥味。其次,在用药时应少用或慎用一些气味较浓的药物,如大蒜素,长期使用将会造成胴体有强烈的大蒜味。另外,在饲养后期应慎用一些抗生素及化学添加剂,为除去肉鸭胴体异味,可在饲喂中添加一些中草药香味饲料,减少胴体粪臭素含量,使胴体保持其自身特有鲜味。

(3)减少胴体红斑、次斑、皮下溃疡、破皮等 胴体红斑、次斑、皮下溃疡、破皮等都影响着肉鸭的分等分级和销售价格,因此,在肉鸭饲养和加工中应注意饲养密度不可过大。过大容易引起肉鸭惊群,相互拥挤、碰伤,造成鸭体损伤,在夏季对于地面平养的肉鸭,遇到连日阴雨加上蚊虫叮咬,容易造成肉鸭皮下溃疡;在出栏肉鸭时,每次赶鸭数不应超过200只,不得一次赶鸭太多,严禁用脚踢和用硬器赶及用手摔,以免造成鸭体伤痕;装卸时,一只手只能抓一只鸭子,同时注意要轻抓轻放,以防鸭体受伤。

(4)控制胴体药物残留 目前,市场上对畜禽肉中药残检测工作不到位,直接影响畜禽生产和销售。养殖户对药物残留普遍不重视,在肉鸭饲养中,只要是提高生长速度的添加剂就用,只要是治好病的药物就上,不管鸭子在什么生长阶段,不管什么药物甚至多种药物齐用,没有人去在意药物残留。因此,控制肉鸭胴体药物残留一方面要全面提高养鸭者的素质,规范用药,使用新型无残留添加剂,另一方面尽快将药残检测工作纳入肉鸭养殖业发展的正轨,通过市场来控制肉鸭胴体药物残留。

11. 实行"全进全出"制

"全进全出"制是指一个养鸭场或一个养鸭专业户只养一批同日龄(或日龄相差不超过1周)的鸭,场内的鸭同一日期进场,饲养期满后,全群一起出场。空场后进行场内房舍、设备、用具等彻底地清扫、冲洗、消毒,空闲2周以上,然后再进另一批鸭。这种生产制度能最大限度地消灭场内的病原体,因为这种制度的特点是全群出场后,场内无鸭,因而也无传染源;同时,只有这种状况才能彻底消毒,最大限度地把场内的各种病原体消灭掉,防止各种传染病的循环感染,使接种的鸭获得较为一致的免疫力;此外,实行这种生产制度,场内只有同日龄的鸭,因而采取的技术方案单一,管理简便,在鸭舍清洗、消毒期间,还可以全面维修设备,进行比较彻底的灭蝇、灭鼠等卫生工作。

12. 肉鸭上市注意事项

在正常的饲养管理条件下,肉鸭养到70日龄、体重达3千克左右、羽毛基本长齐时即可上市。抓鸭应抓其颈部,而不宜抓脚。运输时应注意装运密度要适中,行车速度要均匀、平稳,严防剧烈摇晃和紧急刹车,保持适当的通风换气。若运输时间很长,中途应适时供水,让鸭饮用溅洗。在炎热天气要注意防暑散热,避免暴晒。屠宰前7天左右,应按药物使用规定,停喂一切药物。

销售时尽可能做到同批日龄的肉鸭一次捕捉上市。因为分批、多次捕捉会对肉鸭群造成多次强烈应激,引起肉鸭采食量下降、体重减轻,影响肉鸭的经济效益。在肉鸭出栏时禁止鸭贩子等非专业人员出入鸭舍,而应由本场职工捕捉并装运上市。因为鸭贩子经常往来于各个鸭场之间,极有可能成为一些病原菌的传播者。用于肉鸭运输的车辆、工具等在进入鸭场、鸭舍前,必须严格清洁消毒。

第二节　蛋用鸭的饲养管理

根据蛋鸭生长发育的规律和不同的生理特点,通常将0～4周龄的鸭称为雏鸭,这个阶段称为育雏期;5～16周龄的鸭或5～18周龄的鸭称为青年鸭或育成鸭,这个阶段称为育成期;19周龄以上的鸭称为成年鸭(产蛋鸭和种用鸭),这个阶段称为产蛋期或种用期。不同生产阶段有不同的饲养管理要求。

1. 雏鸭的饲养管理

雏鸭饲养的成败直接影响鸭养殖场生产计划的完成、蛋鸭的生长发育以及今后种鸭的产蛋量和蛋的品质。

刚出壳的雏鸭体质弱,绒毛少,体温调节能力差,对外界环境的适应性差,加上该阶段又是雏鸭生长发育最快的时期,若饲养管理不善,容易引起疾病,造成死亡。因此,从出雏起,就必须创造适宜的环境,精心地进行饲养管理。

(1)雏鸭对环境条件的要求

1)温度　由于雏鸭御寒能力弱,生长初期外界温度可稍高些,随着日龄的增加,室温可递减,3周龄以后,雏鸭已有一定的抗寒能力。如气温在15℃左右,可不考虑人工补温。育雏期间注意温度不可忽高忽低。如果表现三五成群静卧,有规律地吃食、饮水、排便、休息,说明温度正常。如表现缩颈耸翅、互相推挤,或行走不稳并发出吱吱的尖叫声,说明温度过高或过低,需及时进行调整。不同育雏期的适宜温度如表5-2所示,不同温度下雏鸭表现见图5-3。

表5-2　育雏适宜温度

日龄	温度(℃)
1~3	28~30
4~7	26~28
8~11	24~26
12~16	22~24
16~21	18~22
21~25	15~18

A:温度适宜——雏鸭精神活泼,食欲良好,饮水适度,羽毛光滑整齐,吃饱后散开卧地休息,伸腿舒颈,静卧无声。

B:温度偏低——雏鸭低头缩颈,常堆挤在一起,外边的鸭不断地往鸭群里边钻,并发出不安的叫声,或靠近热源取暖。

C:温度偏高——雏鸭远离热源,张口喘气,饮水增加。

A　　　　　　　　　B　　　　　　　　　C

图 5 – 3　不同温度下雏鸭表现

2）湿度　鸭虽喜欢游泳，但不能让它整天泡在水里，特别在雏鸭时期，下水时间要严格控制。饲养环境的湿度不能过大，垫草应保持干燥，尤其在喂过饲料或下水游泳回来后，要在干燥洁净的垫草上休息。如久卧阴冷潮湿的地面，会影响饲料的消化吸收，还会造成烂毛。

3）光照　太阳光能提高雏鸭的体表温度，促进血液循环，经紫外线照射能将存在于鸭体皮肤中的 7 – 脱氧胆固醇转变为维生素 D_3，促进骨骼生长，并能增加食欲，刺激消化系统，有助于新陈代谢。第一周龄，每昼夜光照可达 20 ~ 23 小时，光照强度可大些。第二周龄开始，逐步降低光照强度，缩短光照时间。第三周龄起，要区别不同情况，若夏季育雏，白天利用自然光照，夜间用较暗的灯光通宵照明；如晚秋季节育雏，由于日照时间较短，可在傍晚适当增加光照 1 ~ 2 小时，其余时间仍用较暗的灯光通宵照明。

4）通风　雏鸭体温高，呼吸快，如果育雏室关闭太严，室内的二氧化碳量会增加很快。据测定，每千克鸭每小时呼出的二氧化碳量为 1.5 ~ 2.3 升，如不适当通风，就会缺氧，尤其在室温高、湿度大的情况下，粪便分解快，挥发出大量的氮气和硫化氢等有害气体，刺激眼、鼻和呼吸道黏膜，严重时会造成中毒。育雏室朝南的窗户可适当打开，以保持室内空气新鲜，但要防止贼风直吹到雏鸭身上。

5）饲养密度　指每平方米鸭床上饲养雏鸭的数量。蛋用雏鸭的饲养密度见表 5 – 3。

表 5 – 3　育雏期饲养密度

饲养方式	0 ~ 7 日龄	8 ~ 28 日龄
地面平养（只/米²）	40	20
网上饲养（只/米²）	40 ~ 60	30 ~ 40

（2）育雏期的选择　采用关养或圈养方式，依靠人工饲养管理，原则上一

143

年四季均可育雏,但最好避开盛夏或严冬产蛋高峰期;而全部或部分靠放牧觅食,就要根据自然条件和农田茬口来安排育雏的最佳时期,这不仅关系到成活率的高低,还影响饲养成本和经济效益。

1)春鸭 从3月下旬至5月,即农历春分到立夏,甚至到小满之间饲养的雏鸭称春鸭。而清明至谷雨前,即4月20日前饲养的春鸭为早春鸭。这个时期育雏要注意保温,育雏期一过,天气日趋变暖,天然饲料丰富,又正值春耕播种阶段,放牧场地很多,雏鸭可以充分觅食水生动植物,如蚯蚓、螺蛳以及各种水草和麦田的落谷。春鸭不但生长快、省饲料,而且开产早,当年产生效益。

2)夏鸭 6月至8月中旬期间出壳的雏鸭称夏鸭。这一时期内气温在一年中最高,闷热多雨,农作物生长旺盛,雏鸭育雏期短,可节省育雏保温费用。6月上中旬饲养的夏鸭,早期可以放牧稻秧田,帮助稻田中耕锄草,可充分利用早稻收割后的落谷,节省部分饲料,而且开产早,进入冬季即可达到产蛋高峰。但是,夏鸭的前期气候闷热,管理较困难,要注意防潮、防暑和防病工作。开产前要注意补充光照。

3)秋鸭 8~9月出壳的雏鸭称秋鸭。一般指立秋至白露期间饲养的雏鸭。这一时期气温逐渐下降,正适合雏鸭从小到大对外界温度的生理需要,是育雏的好季节。秋鸭可以充分利用杂交稻和晚稻的稻茬地放牧,放牧时间长,可以节省大量饲料,故成本较低。但是,秋鸭的育成期正值寒冬,气温低,天然饲料少,放牧场地少,要注意防寒和适当补料。过了冬天,日照逐渐变长,对促进性成熟有利,但仍要注意光照的补充,促进早开产。我国长江中下游大部分地区都利用秋鸭作为种鸭。

(3)育雏方式 目前,大多数采用地面平养育雏,在饲养量大的鸭养殖场,也可采用网养和立体笼养的育雏方法。笼养育雏有许多优点:可提高单位面积的饲养量;有利于防疫卫生,提高育雏成活率;可以节省燃料,同时提高管理定额,减轻艰苦的放牧劳动,节约垫料,便于集约化饲养。

(4)雏鸭的饲养管理要点

1)掌握适宜的温度,忌忽冷忽热 刚出壳的幼雏鸭,个体小,绒毛稀,抵御寒冷和调节体温的能力较差,所以要保证供温均匀。

蛋鸭育雏根据给温方法不同,分为自温育雏和加温育雏两种方式。

自温育雏是利用雏鸭本身要求的温度与外界环境温度差异,在自然条件下培育雏鸭的方法。这种育雏方式节省能源,不需加温设备,受环境和季节的影响较大。夏鸭和秋鸭适合这种育雏方法。

人工加温育雏是利用育雏室和供温器的加温条件,通过人工加温达到目标温度的育雏方式。这种育雏方法不分季节,不论外界温度高低,均可以育雏,但要求条件较高,需要消耗一定的能源,育雏成本较高。这种育雏方式适合大规模饲养蛋鸭。

2)适时"开水"(图5-4) 刚孵出的雏鸭,第一次接触水称"开水",也叫"潮水"。"开水"能促进雏鸭的新陈代谢,刺激食欲,增加健康,提高生活力,因此,雏鸭必须先饮水后"开食"。

"开水"的时间应根据雏鸭的动态决定,一般在雏鸭干毛后能行走,并有啄食行为时(出壳后24~26小时)进行。

图5-4 雏鸭"开水"

"开水"的方法视气温和鸭群规模而定。早春气候寒冷,可在室内用水盆盛水1厘米深,水中加入0.02%的抗生素或多维素,将雏鸭放入水盆中嬉水3~5分,让它熟悉水性,以利排泄胎粪,促进生长,预防疾病。天气暖和时,将每只鸭篮装雏鸭50~60只,轻轻浸入水中少许,以水淹盖到雏鸭脚背为准,勿使腹部绒毛浸湿,让雏鸭饮水、排便、嬉水3~5分,然后提出水面,放在干草上,让其理干绒毛。大群饲养时,可分批开水。天气炎热,雏鸭数量多,来不及分批"开水"时,可将溶有抗生素的水喷在雏鸭身上,让其互相吮吸绒毛上的水珠。在盆内或塘边开水时,要避免浸湿绒毛。喷水时也不要把绒毛喷得过湿,以成水珠而不滴水为度,防止雏鸭受冷感冒。

3)及时"开食"(图5-5) 雏鸭第一次喂食称为"开食"。"开水"后,让雏鸭理干绒毛。当雏鸭在鸭篮里兜圈子寻找食物,以手试之,有伸头张嘴啄食的表现时,即应"开食",一般在"开水"后2小时左右进行,也可在开水后马上"开食"。在工厂化笼养雏鸭时,"开水"和"开食"应同时进行。

"开食"饲料大多用蒸煮的大米或碎米,也可用碎玉米、碎大麦、碎小麦和小米。"开食"时,将饲料均匀地撒在竹席或塑料布上,随吃随撒,引逗雏鸭找食认食。对不会吃食的雏鸭,要注意调教。现代化养鸭业多用食槽盛装碎粒料开食和饲喂。食垫或食槽旁边要设饮水处,让雏鸭边吃食边饮水,防止饲料黏嘴而影响吞咽。吃食后,将雏鸭缓慢赶入运动场上,让其理毛休息,待毛干后,再赶入育雏室,捉入鸭篮内。由于雏鸭消化机能还未健全,"开食"时只能吃六七成饱,以后喂量逐渐增加,3日龄后即可喂饱。

图5-5 雏鸭的"开食"

4)适时"开青""开荤" "开青"即开始喂给青绿饲料。饲养量少的养鸭户为了节约维生素添加剂的支出,往往补充青饲料来弥补维生素的不足。青饲料一般在雏鸭"开食"后3~4天喂。雏鸭可吃的青饲料种类很多,如各种水草、青草、苦荬菜等。一般将青饲料切碎单独喂给,也可养在饲料中喂,以单独喂最好,以免雏鸭先挑食青饲料,影响精饲料的采食量。

"开荤"也就是给雏鸭开始饲喂动物性蛋白质饲料,即给雏鸭饲喂新鲜的"荤食"(如小鱼、小虾、黄鳝、泥鳅、螺蛳、蚯蚓等)。一般在5日龄左右就可"开荤",先以黄鳝、泥鳅为主,日龄稍大些以小鱼、螺蛳为主。

5)放水(图5-6)和放牧 放水要从小开始训练,开始的前5天可与开水结合起来,若用水盆给水,可以逐步提高水的深度,然后将水由室内逐步转到室外,即逐渐过渡,连续几天雏鸭就习惯下水了。若是人工控制下水,就必须先喂料后下水,且要等待雏鸭全部吃饱后才放水。待雏鸭习惯在陆上运动场活动后,就要引诱雏鸭逐步到水上运动场或水塘中任意饮水、嬉戏。开始时可以引3~5只雏鸭先下水,然后逐步扩大下水鸭群,以达到全部自然地下水,千万不能驱赶下水。雏鸭下水的时间,开始每次10~20分,以后逐渐延长,随着适应水上生活,次数也可逐渐增加。下水的雏鸭上岸后,要让其在背风且温暖的地方理毛,使身上的湿毛尽快干燥后,进育雏室休息,千万不能让湿毛雏鸭进育雏室休息。

图 5-6　雏鸭放水

6）及时分群　雏鸭分群是提高成活率的重要环节。雏鸭在开水前可根据出雏的迟早和强弱分开饲喂。笼养的雏鸭，将弱雏放在笼的上层、温度较高的地方。平养的要根据保温形式来调整，健雏放在近门口的育雏室，弱雏放在一幢鸭舍中温度最高处。第二次分群是在"开食"后 3 天左右，可逐只检查，将少吃或不吃食的放在一起饲养，适当增加饲喂次数，并比其他雏鸭的环境温度提高 1~2℃，同时，查看是否存在疾病等。此外，可根据雏鸭各阶段的体重和羽毛生长情况分群，各品种都有自己的标准和生长发育规律，各阶段可以抽取 5%~10% 的雏鸭称体重，结合羽毛生长情况，未达到标准的要适当增加饲喂量，超过标准的要适当少喂饲料。

7）搞好清洁卫生，保持鸭舍干燥　随着雏鸭日龄增大，排泄物不断增多，会使雏鸭绒毛沾湿，弄脏，利于病原微生物繁殖，舍内必须及时打扫，勤换垫草，保持干燥清洁。换下的垫草要经过翻晒晾干，方能再用，晒热的垫草要晾凉。垫草干燥松软，雏鸭才能得到充分休息，育雏舍周围也要经常清理，四周的排水沟必须畅通。

8）建立一套固定的管理程序　蛋鸭喜集群生活，合群性很强，反应敏感，容易形成条件反射，在雏鸭阶段培养的生活习性可保持终生。例如，每天定时定地饮水、吃料、下水游泳、上滩理毛、入舍休息等。如需要改变，也要逐步进行。饲料品种和喂养方法的改变，也要循序渐进。

2. 育成鸭的饲养管理

（1）育成鸭的生理特点　生长发育迅速，活动能力强，贪吃贪睡，性器官发育快，食性杂且广，需要及时补充各种营养物质，神经敏感，可塑性较强，适于调教和培养良好生活规律。

充分利用育成鸭的生理特点，加强饲养管理，提高生活力，使其生长发育整齐，为产蛋期的稳产、高产打下良好基础。

(2)育成鸭的饲养方式　根据我国的自然条件和经济条件，以及所饲养的品种，育成鸭的饲养方式主要有以下几种：

1)放牧饲养　育成鸭的放牧饲养是我国传统的饲养方式。此方式虽然饲养成本低，但安全性差，鸭易受到外界的影响，易通过水、外界媒介感染疾病，内外寄生虫的发病率也较高。在鸭无公害饲养中不提倡采用这种饲养方式。

2)全舍饲饲养　育成鸭的整个饲养过程始终在鸭舍内进行称为全舍饲圈养或关养。鸭舍内采用厚垫草(料)饲养，或是网状地面饲养，或是栅条地面饲养。由于吃料、饮水、运动和休息全在鸭舍内进行，因此，饲养管理较放牧饲养方式严格。舍内必须设置饮水和排水系统。采用垫料饲养的，垫料要厚，要经常翻松，必要时要翻晒，以保持垫料干燥。地下水位高的地区不宜采用厚垫料饲养，可选用网状地面或栅条地面饲养，这两种地面要比鸭舍地面高60厘米以上，鸭舍地面用水泥铺成，并有一定的坡度(每米落差6~10厘米)，便于清除鸭粪。网状地面最好用涂塑铁丝网，网眼为24毫米×12毫米；栅条地面可用宽20~25毫米，厚5~8毫米的木板条或25毫米宽的竹片，或者是用竹子制成相距15毫米空隙的栅状地面。这些结构都要制成组装式，以便拆卸、冲洗和消毒。

全舍饲饲养方式的优点是可以人为地控制饲养环境，有利于科学养鸭，达到稳产、高产的目的；由于集中饲养，便于向集约化生产过渡，同时可以增加饲养量，提高劳动效率。此方式饲养成本较高。

3)半舍饲饲养　鸭群饲养在鸭舍、陆上运动场和水上运动场，不外出放牧。吃食、饮水可设在舍内，也可设置舍外，一般不设饮水系统，饲养管理不如全圈养那种严格。其优点与全舍饲一样，便于科学饲养。这种饲养方式一般与鱼塘结合在一起，形成一个良性循环。这种饲养方式是当前我国养鸭生产中采用的主要方式之一。

(3)育成鸭的饲养管理要点

1)饲养与营养　育成鸭在培育期间，各器官系统进入旺盛发育阶段，尤其是此时的肌肉系统、生殖系统的发育，直接影响以后的生产性能。从生理上看，这一时期鸭的性腺发育迅速，若提供过高蛋白质水平，可加速性腺发育，但此时鸭的骨骼、肌肉尚未充分发育，导致鸭骨骼纤细，体弱无力，体型较小，虽然开产提前,往往蛋重量轻,产蛋高峰期持续时间短。因此,育成期营养水平宜低不宜高,饲料宜粗不宜精,目的是使育成鸭得到充分锻炼,使蛋鸭长好骨架,代谢能一般为11.3~11.51兆焦/千克,蛋白质为15%~18%。尽量用青绿饲料代替精饲料和维生素添加剂,青绿饲料可占整个饲料量的30%~50%。喂饲料前加适量的清水,拌成湿料,每天饲喂3~4次,间隔时间尽可能一致,避免采食不均。

2)限制饲喂 就是有意识地控制鸭的喂料量,防止过早性成熟(过早开产);控制体重增长,维持标准开产体重,减少采食量,从而节省饲料,降低体内脂肪积累,以免体重过大、过肥。

放牧鸭群由于运动量大,能量消耗也较大,且每天都要不停地找食吃,整个过程就是很好的限制饲喂过程,而圈养和半圈养养鸭则要重视限制饲喂,否则会造成育成鸭的过重过肥,出现早产、产蛋高峰期短和产蛋量下降。

限制饲喂一般从8周龄开始,到16~18周龄结束。当鸭的体重符合本品种各阶段体重时,可不限饲。

限制饲喂采用的方法主要有限量、限时和限质。限量就是按育成鸭的营养需要标准配制日粮,给育成鸭喂平衡日粮,而在饲料的喂量上加以限制。一般喂正常采食量的80%~85%。限时就是限制饲喂时间,喂时一般仍采用平衡日粮,饲喂量不减少。限时的常用方法有隔日饲喂法、每周饲喂5天或6天法。限质就是破坏日粮营养的平衡,不限制喂量,用高纤维低能量或低蛋白高能量和低赖氨酸的饲料饲喂。

目前,生产上多应用限量饲喂法,结合周龄的增长适当降低日粮能量和粗蛋白质水平。研究与实践证明,限制饲喂是饲养蛋用或种用育成鸭的一种较为先进的、经济的饲养制度,已列为种鸭或蛋鸭育成期的一种重要的饲养技术措施。鸭养殖场可根据饲养方式、管理方法、鸭的品种、饲养季节和环境条件等,确定采用哪种方法限制饲喂。不管采用哪种限饲方法,限饲前必须称重,应将体重过小和体弱的鸭挑出单独喂或淘汰;限饲开始后,每2周抽样称重1次,观察体重变化,酌情增减饲料喂量。经常观察鸭群动态,防止各种应激因素,如发生疾病应立即停止限制饲喂。如出现死亡率突然升高,也应停止限饲。

3)分群和饲养密度 分群可以使鸭群生长发育一致,便于管理。分群的另一个原因是,育成鸭对外界环境十分敏感,尤其是在长血管时期,饲养密度较高时,互相挤动会引起鸭群骚动,使刚生长的羽毛轴受伤出血,甚至互相践踏,导致生长发育停滞,影响以后的产蛋。因而,育成鸭要按体重大小、强弱和公母分群饲养,一般放牧时每群为500~1 000只,而舍饲鸭每栏200~300只。其饲养密度因品种、周龄而异,5~8周龄每平方米养15只左右;9~12周龄每平方米12只左右;13周龄起每平方米10只左右。冬季气温低,饲养密度可略大些;夏季气温高,饲养密度可略小些。

4)光照 光照是控制性成熟的因素之一。育成鸭的光照时间宜短不宜长。有条件的鸭场,育成鸭于8周龄起,每天光照8~10小时,光照强度为5勒。

5)加强鸭病的预防工作 现在鸭瘟和禽霍乱都有疫苗可以预防,免疫程序是:60~70日龄注射1次禽霍乱菌苗;70~80日龄注射1次鸭瘟弱毒疫苗,对于只养1年的蛋鸭,注射1次即可,利用2年以上的蛋鸭,隔1年再预防注射1次。120日龄前后,再注射1次禽霍乱菌苗。这两种传染病的预防注射,都要在开产以前完成,进入产蛋高峰后,尽可能避免捉鸭打针,以免影响产蛋。对病鸭及时挑出隔离饲养或淘汰,平时注意观察鸭群,并在饲料和饮水中有针对性地添加一些药物,最好在用药前通过药敏试验,选择对特定病菌抑杀效果最佳的药物,减少由此而带来的损失。

6)保持鸭舍清洁卫生 进鸭前用2%氢氧化钠、10%~20%石乳灰等消毒,同时保持鸭舍垫草舒适干燥,切忌潮湿,夏季每月清理垫草1次,冬季每两个月清理1次,鸭舍内如气闷、臭味重,要及时打开门窗,料槽、水槽经常刷拭。

3. 产蛋鸭和种鸭的饲养管理

(1)产蛋鸭的生理特点 我国蛋鸭品种的最大特点是无就巢性,产蛋量高,90%以上产蛋率可维持20周左右,整个主产期的产蛋率基本稳定在80%以上。蛋鸭的这种产蛋能力,需要大量的营养物质。如鸭每天产1枚蛋,蛋重按65克计算,则需要粗蛋白质8.75克(按粗蛋白质含量占全蛋的13.5%计算)、粗脂肪9.43克(按粗蛋白质含量占全蛋的14.5%计算),还需要大量无机盐和各种维生素。产蛋鸭的另一个特点是性情温驯,生活和产蛋的规律性很强,在正常情况下,产蛋时间总是在凌晨1~2点。

鉴于蛋鸭在产蛋期的这些特点,在饲养上要求高饲料营养水平,在管理上,要创造最稳定的饲养条件,才能保证蛋鸭高产稳产。

(2)产蛋鸭的环境要求

1)温度 鸭对外界环境温度的变化有一定的适应范围,成年鸭适宜的环境温度是5~27℃。由于鸭没有汗腺,当环境温度超过30℃时,体热散发较慢,尤其在舍饲而又缺乏深水运动场的情况下,由于高温影响,采食量减少,正常的生理机能受到干扰,蛋重减轻、蛋壳变薄,产蛋率下降,饲料利用率降低,种蛋的受精率和孵化率下降,严重时会引起中暑死亡;如环境温度低,为了维持鸭的体温,就要多消耗能量,降低饲料利用率,蛋温度继续下降,在0℃以下时,鸭体的正常生活受阻,产蛋率明显下降,产蛋鸭最适宜的环境温度是13～20℃,此时期的饲料利用率、产蛋率都处于最佳状态。

2)光照 光照是影响鸭产蛋的重要因素。光照的主要作用是促进卵泡成熟,因而在培育期内,控制光照时间,目的是防止青年鸭过于早熟;即将进入产蛋期时,要逐步增加光照时间,提高光照强度,目的是促进卵巢的发育,达到适时开产,进入产蛋高峰期后,要稳定光照制度(光照时间和光照强度),目的是保持连续高产。

光照一般可分自然光照和人工光照两种。开放式鸭舍一般使用自然光照加人工光照,而封闭式鸭舍则采用人工光照。

光照时间从17～19周龄就可以开始逐步延长,到22周龄,达到16～17小时为止,以后维持不变。在整个产蛋期光照时间不能缩短,更不能忽长忽短。光照时间的延长可以采用等时递增,即每天增加15～20分,产蛋期的光照强度以5～8勒为宜,如灯泡高度离地2米,一般每平方米鸭舍按1.3～1.5瓦计算,大约18米²的鸭舍装一盏25瓦的灯泡,灯泡分布均匀,交叉安置。实际使用时,不用60瓦以上的灯泡,因为光线分布不均且耗电较多。日光灯受温度影响较大,一般不使用。灯泡必须加罩,使光线照到鸭的身上。鸭舍灰尘多,灯泡要经常擦拭,以免影响亮度。

合理的光照制度要与日粮的营养水平结合起来实施,进入产蛋期前后,若只改变日粮配方,提高营养水平和增加饲喂量,而不相应增加光照时数,则生殖系统发育慢,易使鸭体积蓄脂肪,影响产蛋率;反之,则会造成生殖系统与整个体躯的发育不协调,也会影响产蛋率。所以,两者要结合进行,在改变日粮的同时或提前1周增加光照时间。

(3)饲养方式 产蛋鸭的饲养方式包括放牧、全舍饲、半舍饲三种。半舍饲方式最常见,饲养密度为7只/米²。

(4)不同产蛋期的饲养管理 著名的蛋鸭品种(绍鸭、金定鸭、麻鸭、卡基-康贝尔鸭)大都在150日龄时,产蛋率达50%,至200日龄时,到达产蛋高峰(90%)。如饲养管理得当,产蛋高峰期可维持较长一段时间,到450日龄以上才开始有所下降。因此,蛋鸭的产蛋期可以分为四个阶段:150～200日龄为产蛋初期;201～300 日龄为产蛋前期;301～400 日龄为产蛋中期;401～500 日龄为产蛋后期。

1)产蛋初期和前期的饲养管理 在这一时期,饲养管理的侧重点是密切关注产蛋率、蛋重变化趋势,随之增加饲喂次数和提高饲料质量,尽快将其推向产蛋高峰。

精心饲养,抓好"饱、足、洁、静"四项工作。饱:就是让蛋鸭吃好吃饱,开产前重点是加强放牧,增强体质和觅食能力,多喂青粗饲料,要求日粮含粗蛋白质14%左右;产蛋前期日粮中粗蛋白质含量18%～22%,补足矿物质饲料,注意夜间饲喂。足:即保证饮水充足。喂料时,一定要同时放置水槽,并及时清理其中残渣,做到吃食、饮水、休息各三分。洁:即鸭栏内要及时清除粪便,经常更换垫料,保持鸭体清洁。静:即尽量保持鸭群安静,少受惊扰。产蛋初期,放牧要定时,要缓赶慢行,不要远途放牧。同时,地面要铺细沙,设产蛋窝,每天勤捡蛋。

要学会"九看",随时发现问题,随时解决。一看蛋形:正常蛋壳均匀、光滑厚实、薄而透亮。有砂眼或粗糙,甚至软壳,说明饲料质量存在问题,特别是钙质不足或维生素 D 缺乏,应添喂骨粉、贝壳粉和维生素 D。二看产蛋时间:正常产蛋时间为凌晨 2 点至早晨 8 点,若每天推迟产蛋时间,甚至白天产蛋,产蛋率低,应及时补喂精料。三看体重:产蛋一段时间后,体重维持不变,说明饲养管理得当,体重较大幅度增加或下降,都说明饲养管理有问题。一般来说,体重变动是蛋鸭产蛋状况的晴雨表,因此观察蛋用体重变化,根据其生长规律控制体重是一项重要的技术措施。一般开产初期要求体重1 400～1500克的鸭占85%以上。为使产前蛋鸭体质健壮,发育一致,开产以后的饲料供给要根据产蛋率、蛋重增减情况做相应的调整,最好每月抽样称测蛋鸭 1 次,使进入产蛋盛期的蛋鸭体重恒定在1 450克,以后稍有增减,至产蛋结束不超过1 500克。四看蛋重:初产时蛋很小,只有 40 克左右,到 200 日龄可以达到全期平均蛋重的90%,250 日龄可以达到标准蛋重。产蛋前期蛋重处在不断增加之中。五看产蛋率:产蛋前期的产蛋率是不断上升的,早春开产的鸭,上升更快,最迟到 200 日龄时,产蛋率应达到90%左右。六看羽毛:羽毛光滑、紧密、贴身,说明饲养管理较好。七看食欲:无论舍饲或放牧,产蛋鸭(尤其是高产鸭)最勤于觅食,表现食欲强,宜多喂。八看精神:健康高产的蛋鸭精神活泼,行动灵活,放牧时喜欢离群觅食,单独活动,进食后安静地睡眠。九看戏水:产蛋率高的健康鸭,下水后潜水时间长,上岸后羽毛光滑不湿。若怕下水,不愿洗浴,下水后羽毛沾湿,上岸后双翅下垂,行为无力,是产蛋下降的预兆。应立即采取措施,加喂动物性饲料,并补充鱼肝油,拌入粉料中饲喂,按每只每日给1毫升,喂3天停7天,或按每只每天喂0.5毫升,连续喂10天。

保证光照,改自然光照为人工光照。蛋鸭需稳定光照制度,以保持连续高产。

减少各种应激因素。蛋鸭生活有规律,易受惊扰。因此,在饲养过程中不可频繁变更饲料,不喂霉变、质劣的饲料;操作规程和饲养环境尽量保持稳定,养鸭人员也要固定;尽力避免异常响声;饲喂次数和饲喂时间相对不变;要尽力创造条件,提高理想的产蛋环境,特别注意由气候剧变所带来的影响;在产蛋期间不随便使用对产蛋率有影响的药物。

随时掌握鸭群动态,掌握鸭群每日采食量,一般产蛋鸭每日喂配合饲料150克左右,外加50~150克青绿饲料。检查粪便的多少、形状、内容物、气味等。同时,检查产蛋状况,早晨捡蛋时留心观察产蛋箱内蛋的分布情况,记录产蛋个数和蛋重,并与标准相对照,以便掌握鸭群的产蛋动态。

2)产蛋中期(盛期)的饲养管理　当产蛋率达90%以上时,即进入产蛋盛期,经过100多天的连续产蛋后,蛋鸭健康状况不如产蛋初期和前期,若营养水平满足不了需求,产蛋量就要减少,甚至换羽停产。此期饲养管理的重点是维持高产,使产蛋高峰达到400日龄以后。因此,应提高饲料营养水平,喂给含19%~20%蛋白质的配合饲料,适当增喂颗粒型钙质和青饲料,或添加多种维生素。光照时间保持16~17小时。在日常管理中要注意观察蛋重、蛋壳质量有无明显变化,产蛋时间是否集中,精神状态是否良好,洗浴后羽毛是否沾湿等,以便及时采取有效措施。

3)产蛋后期的饲养管理　蛋鸭群经过8个多月持续产蛋之后,产蛋率将会不断下降。此期饲养管理的主要目标是尽量减缓鸭群产蛋率的下降幅度。如果饲养管理得当,鸭群的平均产蛋率仍可保持75%~80%。此时应按鸭群的体重和产蛋率的变化调整日粮营养水平和喂料量。如果鸭群的产蛋率仍在80%以上,而鸭的体重却略有减轻的趋势,应在饲料中适当增加动物性饲料;如果鸭的体重增加,产蛋率还有80%左右,可将饲料中的代谢能降下来,或适当增喂粗饲料和青饲料,或者控制采食量;如果体重正常,产蛋率亦较高,饲料中的蛋白质水平应比上阶段略有增加;如果产蛋率已降至60%左右,则应及早淘汰。

(5)种鸭的饲养管理　我国蛋鸭产区习惯从秋鸭中选留种鸭。秋鸭留种正好满足翌年春鸭旺季对种蛋的需要,同时,在产蛋盛期气温和日照等环境条件最有利于高产稳产。由于市场需求和生产方式的改变,常年留种常年饲养的方式越来越多地被采用。种鸭饲养管理的主要目标是获得尽可能多的合格种蛋,能孵化出品质优良的雏鸭。

1)严格选择,养好公鸭　留种公鸭需经过育雏期、育成期和性成熟初期3个阶段的选择,以保证用于配种的公鸭生长发育良好,体格健壮,性器官发育健全,精液品质优良。

在育成期公、母鸭最好分群饲养,公鸭采用放牧为主的饲养方式,让其多活动,多锻炼。在配种前20天放入母鸭群中。因公鸭比母鸭性成熟迟,为了提高种蛋的受精率,种公鸭应早于母鸭1~2个月孵化出。种公鸭一般利用1年后淘汰。

2)适合的公母鸭比例　我国麻鸭类型的蛋鸭品种,体型小而灵活,性欲旺盛,配种性能极佳。在早春和冬季,公、母鸭比例为1:20,夏、秋季公、母鸭比例可提高到1:30。这种配比受精率可达90%以上。在配种季节,应随时观察公母配种表现,发现伤残的公鸭应及时调出补充。

3)日常管理　在管理上要特别注意舍内垫草的干燥和清洁,及时翻晒和更换;每天早晨及时收集种蛋,并尽快进行消毒入蛋库(室);气候良好的天气,应尽量早放鸭,迟收鸭;保持环境安静,避免惊群;气温低的季节注意舍内避风保温,气温高的季节,特别是我国南方梅雨季节要注意通风降温。

第三节　后备种鸭的饲养管理

后备种鸭是指60日龄后选出的种鸭,这一阶段种鸭迅速生长发育并达到性成熟和体成熟,是决定成年鸭生产性能最重要的时期。这一时期最重要的工作是限制饲喂、控制体重和控制光照,饲养管理方法要科学化,这跟肉用商品鸭有很大的不同。如果饲养管理不当,可导致成年种鸭生产性能低下,经济价值低,甚至失去种用价值。

一、后备种鸭的特点

鸭体各部分的生理功能不协调,生殖器官虽发育成熟,但不完全。后备期种鸭羽毛已经丰满,抗寒抗雨能力均较强,对外界环境已有较强的适应、抵抗能力。因此,种鸭的后备期应逐渐减少补饲日粮的饲喂量和补饲次数,并保持补饲日粮较低的蛋白质水平,这样有利于骨骼、羽毛和生殖器官的充分发育。

二、后备种鸭的管理

（一）饲料和饮水

必须供应清洁、新鲜的饲料和饮水。饲料可用育成鸭料，也可另行配制；但最好颗粒比雏鸭料粗，到后期饲料颗粒同商品鸭料一样粗；也有喂粉料的，但鸭对粉料的采食量小，吞咽困难，浪费多。任何转料过程都需有 3 天的过渡时间，否则对鸭的采食、消化功能影响大，应激大。

育成期种鸭的采食间距每只应不小 15 厘米，饮水间距每只不少于 2 厘米。除了采食和饮水间距足够外，饲料和饮水的分布应当均匀，使每只鸭的采食机会均等。饲料放置的高度应与鸭背持平，而饮水位置也应差不多高或稍高，以便清洁鸭背，方便采食、饮水，又不浪费饲料和饮水，并尽可能使鸭背保持干燥。

因为鸭喜食颗粒料，所以一般不采用自动喂料机，因为自动喂料机的传送系统易使饲料颗粒散开，也不方便限饲，站在料槽旁边前后位置不同的鸭，采食量会不相同。不管何种喂料设施，均应做到既不浪费饲料，又利于限饲均匀。如采用饲料桶喂饲时，可在其底下套一个稍大的盆，以承接漏出的饲料，然后将这些漏出的干净饲料再倒回给鸭采食。

（二）限饲

使育成种鸭达到标准体重是取得好的生产成绩的一个先决条件，而育成期是通过控制鸭的采食量来控制其体重的，即通常所说的限饲。对 6～7 周龄的育成种鸭，不应该采取过严的限饲方案，只要保证能达到标准体重即可；而对 8～11 周龄的育成种鸭，可以采取限饲；对 12～16 周龄的育成种鸭必须采取严格的限饲方案，体重控制在低于目标体重 5% 左右。

1. 限饲的优点

大型肉用种鸭在育成期至产蛋期必须进行限饲，如果不加以限饲或限饲效果不理想，势必导致种鸭过肥，其后果是种鸭的繁殖性能和成活率显著下降。根据有关研究表明，种鸭在育成期进行限饲有如下优越性：

（1）延迟性成熟　育成前期为青年鸭，在良好的营养条件下发育快，性成熟早，往往造成早产、早衰、产蛋高峰持续期短，成为低产鸭。通过限制饲喂可以适当控制种鸭的性成熟期，在不限饲或限饲效果不理想的情况下，种鸭最早可以在 17 周龄产蛋，这时的蛋重较小，而且公鸭可能还没有完全性成熟，所产的蛋不能种用。前期开产早会影响后期的产蛋量，因此应适当控制种鸭的性成熟日龄。通过限饲可以延迟种鸭的性成熟期，使种鸭适时开产，并有理想的前期蛋重和理想的种蛋受精率。

(2)提高产蛋率 在限饲过程中,通过不断调整种鸭群,对不同体重的育成种鸭实施不同的限饲计划,提高鸭群的体重均匀度,使种鸭同时开产,产蛋期有明显的产蛋高峰,提高产蛋期的产蛋率。

(3)提高蛋重 蛋重对后代增重有直接的影响。据研究,蛋重小的种蛋孵出的雏鸭7周龄出栏体重较小。限饲可以延迟种鸭的性成熟期,体形充分发育,初产蛋重增加,使种鸭多产合格的种蛋。

(4)降低产蛋期死亡率 通过限饲使体质弱的种鸭不能适应而被淘汰,剩下的多是健壮的种鸭,整体抗病力增强,使产蛋期的成活率提高。

(5)提高受精率和孵化率 限饲提高了种鸭的体质和体重均匀度,并能适时性成熟,公鸭的配种能力增强,母鸭的产蛋率较高,种蛋的受精率和孵化率也较高。

(6)降低育成期的耗料 限制饲喂一般饲喂自由采食量的40%~70%,可以节省饲料,降低育成期的成本。

2. 限饲的方法

(1)降低日粮的营养水平,降低饲料营养浓度 种鸭可以适当多采食一些饲料,避免过度饥饿感。但是仅仅降低饲料中的营养物质浓度并不能达到限饲的目的,如果育成鸭仍然自由采食,它会通过增加采食量克服低营养浓度饲料的影响。因此,在降低饲料营养浓度的同时必须限制给料量,一般给料量为自由采食的50%~60%最佳,给予自由采食量的75%效果也不错,但是相对耗料量增加。

(2)饲喂氨基酸缺乏或高纤维素日粮 鸭的第一限制性氨基酸为蛋氨酸,赖氨酸是第二限制性氨基酸,饲料中缺乏蛋氨酸或赖氨酸会影响饲料的利用率,即使种鸭采食一定数量的饲料也不会超重。饲料中加入稻糠等纤维素含量较高的饲料,对日粮起稀释的作用,也能起到限饲的目的。但要注意,仅减少饲料中的限制性氨基酸的量,或加入纤维素饲料进行稀释,而不对采食量进行控制,种鸭会通过增加采食量弥补营养摄入的不足。

(3)减少饲喂次数 后备鸭限饲减少给料量,可以通过不减少饲喂次数但每次饲喂量减少的方法,但更多的是采用减少饲喂次数的方法,而每次饲喂的量不变。不减少饲喂次数仅减少每次给料量,需要有足够的喂料设备和快速的加料措施,否则强壮的鸭子每次都能采食到最多的饲料,而相对身体弱小的鸭子采食的饲料量相对更少,容易加大群体的体重差异。就是在上述条件具备的情况下,也不容易控制鸭群的体重均匀度。采用减少饲喂次数,延长喂料间隔,每次所有的鸭子都能同时吃饱,然后同时饥饿。

目前,常用的投喂方法有隔天饲喂法和隔1天喂2天饲喂法两种。也有喂粉料或粗料而不限时间的,但这种方法不可取。隔天饲喂法是指将鸭2天该采食的总饲料量在1天之内投喂完毕,另外一天则停喂。隔1天喂2天法是指将鸭3天该采食的总饲料量平均分2天投喂完,而第3天停料。据统计,隔1天喂2天的方法更符合育成鸭的饲养需要,效果最佳。

3. 限饲期间的管理

在限饲期间,鸭由于饥饿而容易激动,饥饿感表现非常明显,抢食积极,加料的瞬间所有的鸭子都冲向加料器,身体相对较弱的鸭子容易被踩压。为了保证群体均匀地吃到饲料,除了有足够的饲喂空间和喂料设备之外,在饲喂开始阶段最好先在地面撒一些饲料,减少鸭群的激动情绪。料槽位保证每只种鸭占用12~15厘米的宽度。

为了及时检查发现限饲的效果,准确掌握后备鸭的体重增减情况和鸭群的均匀度,必须定期进行体重抽测。一般要求每周抽测一次,最多不能超过2周抽测一次。体重的抽测从4周龄开始,要一直延续到开产前(24周龄左右)。抽测的数量一般为群体的5%,但是最少每次抽测的数量不能少于50只。称重时公母鸭分别称重和分别统计平均体重。一般为随机抽样,用一个挡板隔离一定数量的鸭子,将隔离的种鸭全部称重。也有的采用第一次随机抽样,然后称重的鸭用染料做上记号,以后每次都称量这些鸭子,认为这样可以避免每次因称鸭不同而造成的误差。但是每次都抓这些鸭可能会影响它们的增重效果,造成体重不能很好地反映群体的水平。因此,在称量时如果每次都采用随机抽样,要把那些有外伤或有病的个体排除,不进行平均体重的计算,以减少因每次抓鸭不同造成的误差。

每次称重结束后要马上计算出公、母鸭的平均体重和体重均匀度,并与标准体重进行比较,然后确定维持还是调整限饲计划。

4. 限饲注意事项

限饲会引起很多问题,诸如应激、抢食等。若处理不好,则较强壮、较会抢食的鸭,将不断采食到超过其定量的饲料,因而体重过大、肥胖;而较弱小、较不会抢食的鸭,其采食量总是少于定量的标准,从而越来越瘦,基本营养需要不能得到满足,体重过轻,这样开产就会过早或过迟,生产性能低下,种用价值低。因此,制订合适的限饲计划,保持适当的采食和饮水位置及间距,按一定的时间喂料等措施显得非常重要。

第一，种鸭的日粮应为营养全面的颗粒饲料，特别是维生素类和限制性氨基酸不可缺少，必须由经验丰富的营养专业人员来配制，通常不能只供应单一的粗劣原料。

第二，隔天饲喂的饲料应在4~6小时内吃完，隔1天喂2天的饲料应在3~5小时内吃完。若饲料投喂量没变而采食时间发生变化，则需检查原因，是否投喂量过多或过少。

第三，一定要保持适当的饲槽间隔，使每只鸭获得其定量饲料的机会均等。育成鸭的饲槽间距每只应该不小于12厘米，也可将饲料铺撒到干燥清洁的地面或编织布上。

第四，称量饲料要准确，使配给的饲料量正确无误；要定期抽样称量鸭体重，通常每1 000只鸭中抽称50只，须随机抽样，称量准确，而且必须在非饲喂日或在饲喂之前称量，即统一用空腹体重衡量。这样可比较客观地评定其体重是否符合品种标准，并适时做出饲喂量的调整。

第五，调整饲喂量，应在准确称量鸭体重，表明鸭群不符合品种体重标准以后再进行。饲喂量增加或减少的幅度应按每100只鸭0.5千克的比例来掌握，不要超过这个比例。

第六，在母鸭开产前一段时间，需渐渐增加饲喂量，一般是每周增加2~3次，每次按每100只鸭增加1千克；到刚开始产蛋时，须改为每天饲喂，并更大比例地增加饲喂量；至母鸭产蛋量达5%左右时，应采取自由采食制，这样既能供给其足够的营养，用于蛋的形成，刺激开始产蛋，又能很好地控制其体重，并且尽量减少应激。

育成种鸭的饮水量比肉用鸭少，因为采食量少。供水情况与肉用商品育成鸭相同。若运动场放置有饮水，则一定要保持饮水清洁，并且及时排除溢出的水。如果设置有水池，水池的水应清洁，无病菌污染。

（三）后备种鸭均匀度的控制

均匀度是指种鸭体重分布在平均体重10%范围内的鸭数占总测鸭数的百分比。种鸭均匀度的大小，将直接影响到种鸭以后产蛋量上升的快慢、产蛋高峰持续时间的长短、全期产蛋率的高低、蛋重的一致性以及产蛋期死淘率大小。要使育成鸭有一个良好的均匀度，必须采取以下多种措施。

1. 鸭苗选择

要选择出壳体重相对一致、出壳时间相对一致的健康种鸭苗。

2. 合理的饲养密度

饲养密度合理是保证鸭群健康、生长发育良好的必要条件,若饲养密度大,则舍内空气污浊,氨味大,湿度大,卫生差。后备鸭的饲养密度要小于肉用鸭,15周龄之前每平方米4~5只,15周龄之后每平方米养鸭不超过3只。群体的规模不宜太大,一般以每小群200只左右为宜,最多不超过500只,如果群体过大,采食量不均匀,会影响群体的均匀度。

3. 称重

雏鸭进入育雏舍就要称取初生重,以后每周至少称重1次。称重比例不少于10%,称重要定点、定时、定人。称重后准确计算出每圈、每栋、全群的平均体重和体重均匀度;计算体重均匀度,要以标准体重和实际平均体重分别计算,据此对鸭群的体重和均匀度做出正确的评估。根据称重结果,仔细周密核定出下一周的料量,对大鸭适度限饲,对小鸭多给料,使鸭群总体上有一个良好的均匀度。

4. 正确分群调群

15日龄和鸭群均匀度太差时进行全群称重,按照标准体重分为大、中、小群,通过调整投料量来调节鸭的体重。最好每3天称重1次,将大、小群中体重达标的放入中群,中群中体重超标的放入大群,未达标的放入小群,使中群的鸭数越来越多,从而提高均匀度。

通过眼观、手摸,将病、弱、小鸭隔离饲养,给予特殊照顾,将其放在温度稍高、光线较好的舍内,以利于采食饮水,促使其快速恢复;同时,要降低它们的饲养密度,饮食中多补充维生素和矿物质,并可以辅以抗生素预防疾病。要按公母分群。在一般情况下,公鸭生长较快,母鸭生长较慢,如果公母混养,公鸭体力强,欺负体力弱的母鸭,并与其争吃抢喝。这样,公母鸭体重差别就会越来越大,出现性别的整齐度差异。按公母分群后,如果发现同性别的鸭群又出现了个体之间的差别,可按大小进行分群饲养。这样,可提高同一性别鸭群的整齐度。

每栋鸭舍设立一专门的机动小圈作为母鸭圈,每天将大群内目测体重比较小的母鸭单独挑到小母鸭圈进行单独加料,并用比较容易辨认的颜色在鸭子身上做上记号,每次单独补完料后应将鸭子及时放回大群。此项工作重复进行,直到它们的体重达到标准为止。

应当注意,在均匀度、体重状况不是太差时,最好不要进行全群称重和分群,这样会导致群序的极大变动。这是在种鸭饲养中特别要避免的,特别是公鸭更要注意防止此问题的出现。

（四）充足的采料位和饮水位

要安置足够的料槽和水槽，使每只鸭都有一个槽位和饮水的位置，保证随时都能吃到饲料和喝上水。水槽和料槽数量的比例一般为2:1。

（五）光照控制

控制体重、限制饲养，应同光照控制结合起来，才是控制种用育成鸭的性成熟和开产期的最完善的方法。三者应相辅相成，小心设计，严格执行。

光照刺激鸭的新陈代谢，影响性成熟和开产期。并影响早期种蛋的受精率和孵化率。如果在育成期光照时间过多，会导致早熟和早开产、蛋小、受精率低等；如果光照时间过短，可导致延迟成熟，产蛋较迟。即使在雏鸭1周龄时，光照也能影响未来的生产性能。

一般在育雏最初2天给予全天23小时的光照，使鸭群有足够的采食时间，则生长整齐、良好，又能适应突然停电的应激。然后光照时间应逐渐缩短，到10日龄左右降到只供给自然光照。从10日龄起，直到母鸭开产前第8周左右，这段时间每天的光照长度应与自然日照长度相一致，即只利用自然光照，不给人工光照。育成期内每天光照时间可维持不变，也可逐渐减少，但不能增加，而且其每天光照时间应在6～12小时内。因此，开放式鸭舍应根据出雏日期、当地太阳出没时间规律来制定光照制度。从开产前8周左右起，可在日出前或日落后提供适当的人工光照，每周增加半小时或1小时，在产蛋高峰期光照时间达到最长。从开始增加光照时间开始，每天光照时间可保持恒定，也可以逐渐增加，但绝对不能减少。这是因为在产蛋期间，正常的光照制度被中断或光照时间被减少，将引起产蛋量降低而难以恢复。每天11～12小时的光照即会刺激产蛋，但产蛋高峰时每天至少需14小时以上的光照，最好每天光照总量为18小时。人工光照最好设计在早上日出前，因为这样将促进所有母鸭在早上日出前产蛋。

全封闭式鸭舍的光照比开放式鸭舍好控制，可以全部采用人工光照来控制，但其建筑成本和光照费用将增加很多。全封闭式鸭舍与开放式鸭舍两者的光照长度及光照变化规律类似，都采用渐减渐增法或恒定光照法两种光照制度。

1. 渐减渐增法

即在育成阶段要逐渐减少光照时间，产蛋前和产蛋期间逐渐增加光照时间。具体方法是：出雏后最初2天给予全天23小时光照，以后逐渐递减光照时间,到 10 日龄为 15 小时左右,以后每周递减半小时,到开产前第 8 周左右每天光照只有 8~9 小时,然后逐渐递增光照时间,每周增加半小时至 1 小时,直到产蛋高峰时每天光照时间达到 16~18 小时,维持至产蛋结束。

2. 恒定光照法

即在育成期采用固定的光照时间,产蛋前和产蛋后则逐渐递增光照时间。具体方法是:出雏后最初 2 天给予全天 23 小时光照,从 3 日龄至开产前 8 周龄左右每天固定 8~9 小时光照;然后每周增加光照半小时至 1 小时,到产蛋高峰时光照达到 16~18 小时,维持至产蛋结束。

(六)通风

必须保持通风良好,以排除污浊空气,使鸭得到新鲜的空气和足够的氧气,感觉舒适,以维护健康和新陈代谢正常、生长良好且均衡。要避免贼风入侵和温度突然大幅度变化。

(七)地面及垫料控制

育成种鸭最好采用离地网养或半地半网平养。地面平养时需用水泥地面,且每天保持垫料干燥清洁。大部分地面应干燥,供鸭休息睡眠。良好的通风、排水及饮水器的放置位置等都可帮助保持垫料和地面干燥。运动场最好为沙地,而且有一定的坡度,使多余的水能排出去,保持场地干燥。地面必须平整,垫料厚薄均匀,最好用抛撒的方式撒铺垫料。种鸭不一定需要游水,但水面对种鸭的防暑散热和提高蛋的受精率有一定的帮助,而且可节省陆地、综合利用水面,因此可充分利用水面饲养种用育成鸭。

(八)喂沙

禽类的共同特点之一是无牙齿,靠肌胃内的沙砾磨碎食物。因此,从 6 周龄开始,应该提供给鸭不溶的、颗粒大小适当的沙砾。沙砾应稍粗但不应长于 0.5 厘米,用量为每 6 周每 100 只鸭加 500 克,盛于盆中,放在地面上供鸭采食。沙砾不宜与饲料混合饲喂。有运动场的鸭舍养鸭时不需要喂沙砾,因为鸭能采食到运动场里的沙砾来满足自身的需要。可溶性的颗粒如贝壳粉、石粉等,只有在产蛋期间,当饲料中的钙、磷不能充分满足生产需要时,才适当饲喂。若供给育成鸭,可能因采食太多而引起营养不均衡和相互拮抗,甚至导致钙中毒。

(九)公鸭的饲养及选择

限制饲喂初期,公鸭一般较瘦,但到育成后期如 18 周龄左右后,随着饲喂量的逐渐增加,公鸭的体重将逐渐增加,到母鸭开始产蛋时,公鸭的体重会达到品种标准。如果在限饲初期让公鸭超重,那么它们将在母鸭开始产蛋时超重,从而使蛋的受精率降低。在公母鸭混养时,会因公鸭强壮而抢食较多或行动不如母鸭那么轻便而采食较少,因而引起体重过重或过轻,这时必须迅速查明具体原因,采取措施加以纠正。例如,将体重过轻的公鸭挑出来另养,额外补加连续2次的隔天饲喂或隔1天喂2天的饲料,然后再与鸭群混养;而对体重过重的肥胖公鸭则挑出来减2次料量。此种方法只能在10~20周龄使用,而在其他阶段使用时容易出问题。

在限制饲喂开始时,即4周龄,应将一些过剩的公鸭挑出来另养,不留作种用。挑选后的公母比例应为每100只母鸭配22只公鸭,此为第一次公鸭选择。留作种用的公鸭必须是体重、形态、健康状况均符合品种标准的,而将体重过轻或过重、形态不正常、健康状况不良、有变异的公鸭淘汰出种群。

第二次公鸭选择应在母鸭开始产蛋前2周进行,再次将种鸭群中公鸭的数量减少,使种鸭群中每100只母鸭配16~18只公鸭。选择标准和方法同第一次。

(十)就巢训练

快大型肉用种鸭经过长期的选育和驯化,已失去就巢的本能。所以,在母鸭开始产蛋前,需要很好地教它们练会就巢活动并养成习惯,使母鸭习惯于在巢箱中产蛋,从而减少破蛋、脏蛋率和简化集蛋工作。

巢箱主要用来让母鸭在其中产蛋,所以也称产蛋箱,通常6~8个巢箱连成一个整体。巢箱不要太重,在搞清洁卫生时一个人要能够搬动,而且要与外面有一定程度的隔离,使母鸭在产蛋时不受外界干扰。箱底应柔软,保持清洁干燥,便于蛋保持完好,不弄脏种蛋。箱下的垫料需常更换,将旧垫料移出铺在鸭舍其他地方,再将新鲜垫料铺入箱下。

每4只母鸭应有1个产蛋巢窝,巢窝必须放置在鸭舍或栏的边上靠墙,不能靠近饮水器(距离1米以上)和湿的区域,也不能放置在鸭通往运动场的路上和门口。

另外,要详细记录好育成鸭的只数、雌雄比例、饲喂量、体重、死亡淘汰数及天气变化等,做好防暑降温、免疫接种、防止啄羽、卫生与环境管理等工作。

第四节　种鸭的饲养管理

肉用种鸭的价值大小在于其生产性能的高低,主要包括母鸭产蛋量和产蛋质量、种蛋受精率、种蛋孵化率及雏鸭强健情况等。正确的饲养管理能使种鸭充分发挥其遗传潜力,获得最佳的生产性能,其重要性不可忽视。

一、种鸭饲养方式

种鸭舍必须符合种鸭的生活习性,应一半做圈舍,一半做露天活动场地。户外运动场可为陆上运动场或水上运动场,不必强调必须有水上运动场。在活动场下可栽些树木、草丛,在池塘中培植些藻类。

鸭舍的大小根据饲养数量而定,一般每平方米饲养 8~10 只,地面运动场按每平方米不超过 20 只为宜。水面运动场按每平方米饲养 10~20 只计算,如建人工水池,100 只鸭建 4 米^2 水池即可。水池深 30~50 厘米,池水要常换,保证水质清洁。

二、种鸭的饲喂方法

后备鸭长到 20 周龄以后生殖系统的发育很快,尤其卵泡的发育加快,需要较多的营养。24 周龄左右已临近产蛋,在饲料和饲喂方法上和育成期相比会发生很大的变化。

(一)提高饲料的营养物质浓度,不增加给料量

20 周龄以后种鸭获取的营养一大部分用于生殖系统的发育,为产蛋做准备,而不是沉积脂肪,因此,此时开始提高饲料的营养水平不会影响种鸭的产蛋。在 20 周龄到产蛋率 5% 以前仅改为营养水平较高的饲料,给料量不增加,通常称催蛋饲料;产蛋率 5% 至产蛋率 30% 饲喂初产料,之后改喂盛产期饲料。

(二)不提高饲料的营养水平,增加给料量

鸭的代谢很快,采食量较大,可以通过增加采食量弥补饲料营养浓度低的缺陷。种鸭饲料中的钙、磷含量高于育成期饲料,如果不提高种鸭饲料的能量和蛋白质水平,也必须提高钙、磷的水平。给料量的增加一方面参考周龄,另一方面要参考产蛋率上升的情况。

(三)改换种鸭料,适当增加喂料量

从 24 周龄开始,改喂种鸭饲料,同时在育成期饲喂量的基础上每只种鸭每日给料量每周增加 5~10 克,直到产蛋率不再上升。以后可以维持此饲喂量到 45 周龄左右,根据产蛋率情况再适当减少饲喂量,以不影响产蛋率为依据。如果减料使产蛋率出现下降或蛋重降低,就应当恢复上阶段给料量。这种减料方法称为试探性减料,一般以周为单位,不要每天变动给料量。减料的数量一般每次平均每只鸭 2～3 克。这样做的目的是减少饲料浪费,避免种鸭因采食过量而沉积脂肪,影响产蛋。

种鸭的饲料一般均为颗粒饲料,饲喂粉料浪费较多,一般鸭场均已不使用。如果没有颗粒饲料而饲喂粉料,建议把粉料潮拌后饲喂。夏季饲喂注意每次不要大多,以免剩下后高温变馊。

三、种母鸭的饲养管理

种鸭在开始产蛋前至少 2 周,应从后备舍搬移至产蛋种鸭舍,使种鸭有一个适应新环境及其管理规程的过程,并且由限制饲喂逐渐到增加饲喂,再慢慢转为自由采食。所有的饲料和饮水必须新鲜、清洁,杜绝霉变和脏污现象。

(一)产蛋前期

1. 饲养密度

种鸭的饲养密度小于肉鸭,一般每平方米 2～3 只,如果有户外运动场,舍内饲养密度可以加大到 3.5～4 只,户外运动场的面积一般为舍内面积的 2～25 倍。另外,鸭群的规模也不宜过大,一般每群以 240 只为宜,其中公鸭 40 只,母鸭 200 只。

2. 增加光照

(1)光照的作用和机制　光照对种鸭的作用不仅仅是增加采食时间和熟悉周围环境,更重要的是让种鸭适时性成熟,并维持正常的产蛋和排卵。

一般认为禽类有两个光感受器,一个为视网膜感受器即眼睛,另一个位于下丘脑。下丘脑接受光照变化刺激后分泌促性腺释放激素,这种激素通过垂体门脉系统到达垂体前叶,引起卵泡刺激素和排卵激素的分泌促使卵泡的发育和排卵。促性腺激素作用于靶器官卵巢或睾丸,卵巢产生雌激素促进卵泡的发育、排卵和性成熟;睾丸产生雄激素,促进精子的成熟和公鸭的性成熟。

光照的作用一方面和光照时间有关,另一方面和光照的强度有关。如果仅仅是采食和熟悉环境,光照强度有 2～3 勒就足够了。但是,此光照强度不能刺激种鸭的性腺发育和性成熟,一般需要 10 勒以上才能有刺激性腺发育的作用。

(2)光照制度　由于自然光照一年中的变化很大,最长的时期(夏至)可达 15 小时,而最短的时期(冬至)只有不到 9 个小时。禽类在长期的进化过程中对自然光照周期性的变化产生适应,一般自然光照时间逐渐延长时性腺开始发育,光照逐渐缩短时将推迟性成熟。另外光照时间缩短觅食时间也随之缩短,而摄入的营养不足也影响性成熟。

20周龄以后,种鸭需要给予光照刺激,增加光照时间,以促进性成熟。第一次增加光照的时间要长一些,一般以1小时为宜,否则光照刺激不均匀,种鸭开产不能同步,影响产蛋高峰的产蛋率。每次增加光照后要稳定1周的时间,然后再增加光照,不要每天增加一点光照,这样不仅有利于发挥延长光照的刺激作用,而且不会使种鸭每天处于光照应激状态。除第一次增加光照1小时外,以后每次增加光照以0.5小时为宜,直到16小时(包括自然光照和人工补充光照)为止,以后恒定16小时光照,给种鸭8小时的休息时间。根据当地电力供应和劳动时间安排,确定是早晨和晚上同时增加光照,还是仅早晨提前补光。一般种鸭的产蛋集中在凌晨,为了捡蛋方便及时,人工补充光照安排在早晨较为合适,种鸭基本产完蛋后鸭舍灯亮,可以进行种蛋收集。需要注意的是种鸭有在黑暗中产蛋的习惯,不要在产蛋的集中时间给予光照。

育成期自然光照逐渐增加或先增后减时,采用恒定光照制度,育成期末的光照时数已达14~15小时,进入产蛋期前仅给予1小时的光照刺激可能不够,这时为了给种鸭连续的光照刺激,需要增加总的光照时数到17小时。17小时的光照时间对种鸭产蛋性能无明显的影响,可能后期产蛋下降速度稍快一些。产蛋期的光照最重要的一条要求是光照时数不能减少,以维持正常的排卵和产蛋。

(3)光照强度 光照强度太大浪费电,容易引起鸭群惊恐;光照强度低起不到刺激作用,不能维持正常的排卵和产蛋。种鸭舍内光照强度以每平方米5瓦即可,灯泡悬吊高度离地2.2~2.5米。灯泡之间的距离为灯泡距地面距离的1.2~1.5倍,灯泡到鸭舍的距离约为灯泡之间距离的一半。

为了使照度均匀,鸭舍内通常采用小功率多灯泡的方法,灯泡的功率以25~40瓦为宜。在选用光源上,现在有节能型简易荧光灯,其发光效率比白炽灯泡高1倍以上,使用寿命是白炽灯的5~10倍,可以直接旋到白炽灯泡的灯口上,虽然价格稍贵一些,总体上还是经济。

为了提高种蛋的受精率,饲养者通常使用较小的公、母鸭比例,一般为1:(5~6)。如果公鸭饲养效果好,且经过严格选择,提高公、母鸭比例到1:8也可以有较高的受精率。公、母鸭比例太小受精率不一定提高,关键是公鸭质量的选择。

3. 准备产蛋箱

种鸭到 20 周龄开始,进行最后一次清点种鸭数,并按 1:5 的公、母鸭比例精选出留种公鸭,多余的公鸭转入商品鸭舍。然后,根据实有母鸭数配备产蛋巢,通常每 3~4 只应有一个产蛋巢,产蛋巢的尺寸为 40 厘米 × 40 厘米 × 40 厘米,每个产蛋箱由 5~6 个产蛋巢组成。产蛋箱用木板或其他材料制成卧式框架,中间用挡板隔开,在框的前下方钉一宽 10 厘米的长木板,这样既可固定蛋巢,又可以防止种蛋滚出。

蛋巢内铺设约 10 厘米厚的干燥清洁的垫草,垫草可以是碎麦秸,也可以是稻草,垫草尽量柔软。产蛋箱的位置一般在鸭舍内靠墙根的地方,不要妨碍开关门窗和人员及鸭子行走。

条件差的鸭场,产蛋箱可采取因陋就简的办法,在鸭舍内离墙根 40 厘米的地方,用砖围成长条形,高度为 2~3 块砖,中间不必有隔断,或者用稍粗的竹竿围起来,铺上 10 厘米厚的垫草即可。

如果采用后备鸭和种鸭分舍饲养,在后备鸭转到种鸭舍之前,养殖户须对种鸭舍进行彻底的清理消毒,安放好产蛋箱,对设备进行彻底的维修,然后进行转群。转群的时间一般在 22 周龄之前完成,以便种鸭能够有足够的时间熟悉和适应新环境。种鸭在刚开产或产蛋期间,尽量不要更换鸭舍,否则会严重地减产,甚至造成停产换羽。

(二)产蛋期

1. 产蛋初期与前期的饲养管理

产蛋初期(150~200 日龄)与前期(201~300 日龄)重点是增加日粮中营养浓度和饲喂次数,满足营养需要,把产蛋量推向高峰。在适当日粮配方的基础上,产蛋率达 50% 时,每只鸭每天添加 10 克鱼粉;产蛋率为 70% 时添加 15 克鱼粉;产蛋率达 90% 以上时添加 18~20 克鱼粉,以后维持这一水平。饲喂次数从每天 3 次增加到 4 次,白天 3 次,夜间 10 点 1 次。平均光照 14 小时,并应从短到长逐渐增加。此期间鸭蛋越大,增产势头愈快,说明饲养管理愈好。否则,应及时查明原因,改进提高。产蛋率逐渐上升,一般到 200 日龄,产蛋率可达 98% 左右。若产蛋率忽高忽低甚至下降,属饲养方面原因。每月抽样称重(在早晨鸭空腹时)1 次,若平均体重接近标准体重时,说明饲养管理得当;若超过标准体重,说明营养过剩,应减料或增加粗料比例。

2. 产蛋中期的饲养管理

产蛋中期(301~400 日龄)重点是确保鸭高产,力争使产蛋高峰期维持到

400 日龄以后,日粮营养浓度应比前一段略高,每只鸭每天添加鱼粉 22 克,或饲喂含 20% 蛋白质的配合料,每日每只采食 150 克,还要适当多喂些青饲料和钙。每天光照稳定在 16 小时。舍温维持在 5 ~ 10℃,如超过或低于这个标准,应进行调整。日常操作程序保持稳定。此时,若蛋壳光滑厚实,有光泽,说明质量好。若蛋形变长,壳薄透亮,有砂点,甚至出现软壳蛋,说明饲料质量差,特别是钙量不足或缺乏维生素 D,应加以补充。若产蛋时间为深夜 2 点左右,产蛋时间集中,产蛋整齐,说明饲养管理得当。否则,应及时采取措施。

3. 产蛋后期的饲养管理

重点是根据产蛋后期(401 ~ 500 日龄)蛋鸭体重和产蛋率来确定饲料的质量及喂料量。若鸭群的产蛋率仍在 80% 以上,而鸭的体重略有下降,饲料中应适当加动物性饲料;若体重增加,饲料中的代谢能应适当降低或控制采食量;若体重正常,饲料中的粗蛋白质应比上阶段略有增加;光照每天保持在 16 小时,每天在舍内赶鸭转圈运动 3 次,每次 5 ~ 10 分,蛋壳质量和蛋重下降时,补充鱼肝油和矿物质。鸭舍内小气候和操作程序保持相对稳定,避免鸭产生应激反应。

4. 其他管理

(1)喂沙补钙　像后备种鸭一样,种鸭也需要提供不溶性的、颗粒适中的沙砾,使鸭的消化功能加强。这些沙砾应装在单独的盆或槽中,供鸭任意采食。如果鸭舍设有户外运动场,鸭能在运动场上采食到足够的沙砾,可不必补喂。

当饲料中的钙、磷满足不了产蛋生产需要时,鸭群必须供给可溶性的钙磷剂,如贝壳粉、磷酸氢钙粉、石粉等,颗粒应稍粗,使鸭不致采食太多,而供其慢慢消化吸收利用。在鸭产蛋高峰期或饲料粗劣时,尤应特别注意。

(2)种鸭水浴　水是种鸭维持健康和发挥生产能力的因素之一。种鸭场一般都有水浴池,应定期将种鸭赶到水中进行水浴。另外,水中是种鸭交配的良好场所,能够有较高的受精率,所以种鸭需要水浴。但这并不表明没有水浴就不能养好种鸭。过去种鸭水浴多利用天然水浴,如河流、溪水、池塘、湖面、水库等,在我国南方一些水源比较丰富的地方目前仍然主要利用天然水源。为了避免对水源的污染和天然水质可能对疾病的传播,近年来多数种鸭场多采用人工水浴池。

池水应每天更换清洗一次,以保持水质清洁卫生。若为流动的活水,则可以 2 ~ 3 天清扫 1 次。冬天为了防冻,傍晚应放净水,第二天早晨再注水。

种鸭水浴显然对种鸭的生产性能有利，但是浪费水严重，因此一些种鸭场逐渐放弃水浴。

（3）及时捡蛋，减少窝外蛋　各品种鸭都有其特定的开产时间、开产期和产蛋高峰期。开产时间是指鸭刚开始产蛋的时间，开产期是指鸭群产蛋率达到 15% 的时期，产蛋高峰期是指鸭群产蛋率达到最高水平的时期。樱桃谷种鸭和狄高种鸭通常在 26 周龄开始产蛋，开产期在 28～30 周龄，在 33 周龄左右能达到 90% 的产蛋率高峰。这些指标及总产蛋量多取决于育成期和产蛋期的饲养管理。超重的鸭不仅产蛋量少，而且为维持需要所耗费的饲料较多，生产效率低；体重较轻的鸭开产迟，产蛋量低，蛋重小，经济价值低；不健康的和未执行正确光照制度的种鸭群，将不能达到理想的产蛋高峰，母鸭的遗传潜力和生产潜力发挥不出来，收不到应有的经济效益。

1）蛋的收集、处理、储藏和运输　母鸭产蛋多在后半夜；夏季稍早，在凌晨 0～2 点；冬季稍晚，在凌晨 2～4 点。如饲养管理得好，产蛋会比较集中。产出的鸭蛋应尽快收集，一般在早上 7 点收集第一次，然后在早上 8 点半进行第二次收集。如果饲喂和光照等管理措施实施得当，鸭将在早上 7 点以前全部产蛋完毕。

2）落地蛋的处理　落地蛋是指那些产在巢箱外地面上的蛋，有产在舍内地面的，也有产在户外运动场的。除非很清洁，落地蛋一般不用来孵化，因为它们易腐臭，比清洁的巢箱蛋孵化率低，而且是疾病的传染源。落地蛋应与巢箱蛋分别保存。

如果落地蛋的数量占当天总产蛋量的百分比较大，或孵化时破裂腐臭蛋超过 0.04%，或者其他腐臭蛋超过 0.2%，养殖户必须认真查明原因，采取恰当的补救措施。

要减少落地蛋数量，必须注意以下几点：

第一，要尽早地把产蛋巢箱安置好，并训练母鸭养成良好的就巢习惯。

第二，应当为每 4 只母鸭提供 1 个产蛋巢箱。

第三，巢箱内的垫料应柔软、干燥、清洁，厚薄适中。

第四，巢箱的位置不要随便移动。

第五，严格执行科学的光照制度。

第六，控制好后备期母鸭的体重。

第七，巢箱蛋的收集时间要合理。

第八，对落地蛋要尽快收集。

第九,鸭产蛋时,不能有外界因素如噪声、强光、贼风、鼠兽等的干扰。

(4)做好产蛋记录,搞好卫生防疫工作 在产蛋期间对每间鸭舍的产蛋、耗料和死亡情况进行详细的记录,并按周、月、年进行统计。为了确保种鸭安全度过产蛋期,避免发生疫病,除了做好各种疫苗的免疫注射之外,还要搞好鸭舍内外及周围环境的消毒卫生,及时清除粪便和更换垫草。免疫注射一般要在种鸭产蛋前完成,减少或避免接种疫苗对产蛋的影响。

(三)休产期

母鸭开产后,产蛋量在达到理想的高峰后逐渐回落,直到产蛋结束,历时八九个月,为第一个产蛋年。到夏季天气炎热时,鸭群由于受热应激的影响,食欲减退,新陈代谢减慢,加上其他因素,产蛋量明显下降,很多母鸭出现换羽停产。

自然换羽需4个月左右的时间,换羽期间产蛋率很低,甚至不产蛋,蛋小,品质不良,受精率低,换羽不一致,换羽后再次产蛋参差不齐。为了使鸭群在秋季能尽早恢复产蛋,缩短休产期,常采用人工强制换羽的方法。

人工强制换羽只需要2个月左右的时间,换羽一致,换羽后产蛋整齐,蛋的品质好,受精率高,能再次达到较高的产蛋高峰。第二个产蛋年的产蛋率要比第一年低,蛋重会明显增加,而经人工强制换羽后,能适当提高产蛋率。

人工强制换羽主要是通过对水、饲料与光照时间的控制,使鸭的生活条件和习惯突然改变,营养供应不济而实现的。当鸭群产蛋率下降至30%以下、蛋形变小甚至有畸形蛋、受精率降低时,即可进行人工强制换羽。

1. 强制换羽的意义

(1)给种鸭一个休息机会 种鸭经过长期产蛋,体况下降,繁殖机能(产蛋率、受精率)降低,蛋品质下降,尤其蛋壳质量下降。人工强制换羽使种鸭强制停止产蛋,使体质短期内得到恢复,为下一个产蛋期做准备。

(2)改善种蛋的品质 强制换羽后的种鸭所产蛋的蛋壳质量明显提高。随着饲养期的延长,种鸭体内沉积的脂肪随之增加,分泌蛋壳的子宫腺体(蛋壳腺)周围的脂肪沉积也相应增加,影响了蛋壳的形成,降低了蛋壳质量。强制换羽让种鸭的体重下降20%～25%,将沉积在子宫腺中的脂肪耗尽,使其分泌蛋壳的功能得以恢复,从而改善蛋壳质量。

(3)提高种蛋合格率和孵化率 强制换羽后的种鸭由于蛋壳质量提高,破蛋、裂纹蛋、薄壳蛋、畸形蛋减少,合格种蛋数增加,胚胎也较健壮,种蛋合格率、受精率和孵化率提高。

（4）延长种鸭的经济寿命　种鸭一个饲养周期饲养至66周龄,产蛋从26周龄至66周龄,产蛋9个多月。通过人工强制换羽,种鸭可延长利用期4～5个月。

（5）增加种鸭场的经济效益　采用强制换羽措施比不采用强制换羽继续饲养提高种鸭的生产性能是肯定的。实行人工强制换羽,延长种鸭的经济寿命,并节约培育种鸭的一部分成本,综合经济效益在多数情况下可增加1倍以上。

2. 可以对种鸭实行强制换羽的征兆

在以下几种情况下可以考虑对种鸭实行强制换羽。

（1）种鸭产蛋期间遇到较大应激,产蛋率大幅度下降　炎热的夏季,尤其是闷热和阴雨天气,种鸭抵挡不住恶劣气候的侵袭,产蛋量明显下降,甚至全群停产换羽。在炎热天气到来之前对种鸭实行强制换羽,过45～60天后恢复产蛋。换羽后重新开产的种鸭对高温的耐受能力较强,基本可以正常产蛋,虽产蛋量略低,但可以弥补淡季种蛋的不足。

（2）后备种鸭跟不上　种鸭供应紧张时,种鸭苗不能按计划购进,造成不能按计划更新种鸭。为了继续提供商品肉鸭苗,需要对种鸭进行强制换羽。

后备种鸭在育雏育成阶段由于疾病、管理等原因造成育成率低,后备种鸭跟不上,无种鸭产蛋。这时也可以进行强制换羽。

（3）当前市场行情不好时,强制换羽等待市场回升　养鸭规模的不断扩大和市场经济的作用,使肉鸭市场经常出现波动,造成一段时间内养鸭赔钱,肉鸭苗卖不出去,而过一段时间可能形势会好转,这时可考虑对种鸭进行强制换羽,使种鸭休产,等到市场价格上扬时使种鸭群恢复产蛋。

此外,优良种鸭为延长经济寿命或为调整种鸭供种时间也可进行强制换羽。

3. 强制换羽的适宜时期

一方面考虑种鸭的年龄,一般在种鸭产蛋40周后开始进行强制换羽。另一方面要考虑市场对雏鸭的需求,强制换羽的种鸭应尽量赶在雏鸭供应的旺季产蛋,能够增加换羽的经济效益。一般每年的2～8月是全年孵化的旺季,又是种鸭的产蛋盛期,不要对种鸭进行强制换羽,以免影响种蛋的供应。秋末冬初日照逐渐减少,种鸭开始缓慢地进行自然换羽,种鸭群的产蛋率降低,有些换羽种鸭要停产长达3～4个月,这时种蛋供应也不紧张。此时,对产蛋接近40周的种鸭实行强制换羽,休产期可以缩短到2个月左右,重新开产后正赶上翌年的开春,为春季孵化提供优质的种蛋。秋末冬初实行强制换羽,还有利于换羽措施的实施,例如减少光照等。新羽的长出,可以提高种鸭越冬的抗寒能力,降低饲养成本。但是如果出现前面提到的问题,也可以不考虑季节进行强制换羽,只要能达到增加经济效益的目的即可。

4. 强制换羽的方法和步骤

(1)换羽前的准备　换羽前首先清点欲换羽的种鸭数量,同时称量公鸭和母鸭的体重,然后将体重合适的种鸭转移到另一干净、经过消毒的鸭舍,体重太小和体重太大的淘汰掉,不进行强制换羽。体重太小的种鸭在限饲的过程中经受不住饥饿而容易死亡,体重太大的种鸭限饲的效果可能不理想。

(2)给予强烈的应激,打乱种鸭的生活习惯　种鸭进入新鸭舍后,立即有意识地驱赶鸭群在舍内转圈跑动,令其受到惊恐不安的强烈刺激,产生应激。除了去掉人工补充光照外,鸭舍的门窗要用黑色的编织袋或其他物品遮挡,使舍内一片黑暗。

(3)停水停料　在停光的同时,鸭群立即停水停料,时间一般为3～4天,到第4天发现少量种鸭出现支持不住的症状时,开始供应饮水,但继续停料,此后一段时间只供水不供料。

(4)拔羽　强制换羽开始第10天左右,可见种鸭精神萎靡,喙和脚蹼的颜色由橘黄色变为浅黄色或灰白色,此时试拔几根主翼羽,若拉时顺利又不费力气,羽髓干白不带血,说明已到拔羽的适宜时间,可以进行拔羽。如果大羽毛拔不下来,或要用大劲才能拔下,而且羽髓带血,则应推后几天再拔。

拔羽的方法是先拔主翼羽,后拔副翼羽,最后拔尾羽,公鸭连性羽一起拔掉。公鸭的性羽有4根,即使不拔,也会慢慢自然脱换,不会影响换羽效果。天气炎热的季节可再拔些胸、腹及背部等处的羽毛,冬天为了保温,一般不拔体躯上的羽毛,让其自然脱落换羽。

种鸭拔羽后,需要立即将鸭舍清扫干净,地面铺上稍厚的垫草,夏季可薄一些;拆除遮挡光线的编织袋等物品,打开窗户进行通风换气,冬季换气后再关闭窗户,以加强保温。夏季可开一些窗户,尽量为拔羽后的种鸭创造舒适良好的环境。在拔羽后的5天内,勿使种鸭受寒也勿暴晒,以保护毛囊组织恢复再生机能。

(5)重新给料　换羽种鸭重新给料一方面根据气候情况,冬天停料时间可短些,一般在停料10天后开始给料;夏天停料时间可稍长一些,有时可长达13～15天,供水时间提前到第3至第4天。二是根据体重的减少情况,通常当种鸭体重降至换羽前体重的75%～80%时,就不应再继续停料,否则会延长恢复期,甚至引起较多的死亡。此时即使拔羽毛有困难,也要适当补给少量的饲料,以维持体重,不能使体重再继续下降,这时提供的饲料主要是糠麸类饲料。此外还要加强停水停料期间鸭群动态、精神状况的观察,控制死亡率在3%以内。

拔羽后当天,马上喂给糠麸等饲料,每只50克,同时加入维生素和微量元素预混剂。此时的鸭体相当虚弱,体内维生素和微量元素极度缺乏,一般按产蛋母鸭正常需要量的1倍添加。

第2天饲料增至75克,第3天增至100克。第4天改喂50克糠麸料和50克全价料,全价料粗蛋白含量一般14% ~15%,总日粮数仍为100克。到第6天过渡成100克全价料,第8天改喂粗蛋白含量15.5% ~16%的日粮。以后饲喂量逐渐增加,第10天110克,第12天120克,第14天140克,第3周150克,第5周后改用粗蛋白含量在17.2%以上的产蛋鸭料。

(6)光照　换羽期间停止补充人工光照。为防止鸭子过分激动,自然光照的强度也要减弱,鸭舍用黑色物体遮光。恢复给料后撤去遮光物体,采用自然光照。如果在自然光照较长的季节实行强制换羽,恢复给料后也不能马上恢复完全自然光照,要比自然光照短,一般不超过10小时。从实行强制换羽的第49天起,每周延长光照15分,直到光照时间达到16小时。

(7)注意事项　种鸭强制换羽和恢复期间,每周应称重1次,其中停料的第7天开始最好每天称重,以确定体重下降是否适宜,决定是否开始给料。根据称重情况,适当调节饲喂量。在换羽后的2周内,每天喂料1次,尤其在早期喂给量少的情况下更应如此,其目的是防止那些体弱的种鸭每次都采食不足,而强者每次采食过量,造成恢复期体重悬殊。如果不注意,体重小、体质弱的种鸭可能因长期营养不良而死亡。

另外,需要注意的是拔毛后的5天内,种鸭要避免受寒或暴晒,并逐渐延长在户外的活动时间,以促进新陈代谢,加速体力的恢复。拔毛后的第12天左右,新长出来的主翼羽已有1~2厘米长,对毛囊孔已有保护作用,应令其下水洗浴,以增强体质。

5. 强制换羽的效果

种鸭经强制换羽后,重新产蛋。第二产蛋期的产蛋率一般低于第一产蛋期,利用时间也短于第一产蛋期,一般不超过5个月。第二产蛋期的生产水平一方面取决于换羽是否彻底、集中,另一方面和种鸭培育期的饲养制度有关。育成期(4~20周龄)采用限饲的方法比不限饲的种鸭换羽后的生产性能高。

6. 经产种鸭选择

所谓经产种鸭是指具有 1~2 年以上生产记录的种鸭。产蛋结束后,根据母鸭的开产期、产蛋性能、蛋重、受精率和就巢情况选留。有个体记录的还可以根据后代生产性能和成活率、生长速度、毛色分离等情况进行鉴定选留。

四、种公鸭的饲养与管理

（一）适当控制体重

经过后备期的限制饲喂,公鸭的体重得到适当控制。到育成后期,鸭群饲喂量将迅速增加,到母鸭产蛋时鸭群将改为自由采食。如果这个过程开始的时间太早,则公鸭的体重将超重,这对种蛋的受精率将产生一定的负面影响。通常将限制饲喂改为自由采食是在母鸭已经产了最初几个蛋以后,在被断定开产期(即鸭群产蛋率达到 15% 时)的前 2 周时(此时鸭群产蛋率为 5%)开始实行。这样,可以防止公鸭体重超重而又不会妨碍母鸭开始产蛋。

（二）公母比例要适当

在刚开始产蛋时,每 100 只母鸭配 18 只公鸭是必要的,这对保持种蛋良好的受精率很重要,但不要超过 20 只公鸭,因为公鸭的生活力强,过多的公鸭或新增进的公鸭会扰乱鸭群的秩序,需要立即剔除过剩的公鸭。如果公鸭全部是健康和精力旺盛的,每 100 只母鸭配 16 只公鸭就足够了。

（三）保持高的受精率

在管理良好的种鸭群中,蛋的受精率应超过入孵蛋的 90%,孵化率应超过入孵蛋的 80%。在鸭群中实行人工授精技术也是可行的,但目前种鸭场还很少实行。采用人工授精可大大减少公鸭的饲养量,减少鸭群中的追逐应激,节省饲料成本,是有利可图的。

（四）种公鸭管理要点

1. 种公鸭必须具备优良的种质性能

公鸭应具有体质健壮、精神活泼、性欲旺盛、配种能力强的特点。

2. 进行科学的饲养管理

掌握正确科学的饲养管理措施,使优良种公鸭体形、体质充分发育。在饲养期的不同阶段,给予不同营养浓度的饲料,育成期进行光照控制和限饲,增强公鸭的体质。进入配种期之前,适时给予光照刺激。母鸭产蛋时公鸭必须有配种能力,因此,一般要求公鸭比母鸭提早性成熟。

3. 及时淘汰不合格的种公鸭

在种鸭的饲养过程中,一般在限饲开始前和育成结束时集中淘汰掉残弱种鸭,在其他时期对不合格的种公鸭应予以马上淘汰。淘汰标准主要是体形发育不完善、体重太轻或太重、腿部畸形、精神状态萎靡等。淘汰时注意公、母鸭比例要适当,不要因为严要求而造成公母鸭比例过大,一般20周龄公、母鸭比例不超过1:5。

4. 配种前后种公鸭的选择

种公鸭进行选择时,首先要进行体形外貌的选择,留下体壮、羽毛发育良好、声音洪亮的公鸭,再对生殖器官发育情况和精液质量进行检查,确定其优劣,最后按照要留种的公、母鸭比例,确定留种哪些公鸭。一只符合配种要求的种公鸭,其体形外貌应符合本品种特征,生殖器官发育正常,精液量0.3毫升以上,精子密度每毫升不低于28亿个,精子活力较强。经上述检查,凡符合要求的公鸭放入种鸭群,进行配种,其他公鸭转入商品群。

在配种期间,有时会发现一些外形非常漂亮的公鸭,可能由于生殖器官发育不良,配种次数极少或不配种,主要是由于营养过剩引起的,这样的公鸭经精液检查不合乎要求也要淘汰。也有一些性欲旺盛的公鸭由于配种比较频繁,外表消瘦,羽毛脏乱,被误认为体弱而遭淘汰。因此,在决定是否淘汰种公鸭时,一定要检查精液质量,同时了解配种前的体重、体况记录,避免误判。

5. 种公鸭的饲料与营养

为了保持种公鸭有良好的配种体况,种公鸭除了和母鸭群一起采食外,从组群开始后,对种公鸭应进行补饲配合饲料。配合饲料中应含有动物性蛋白饲料,有利于提高公鸭的精液品质。补喂的方法,一般是在一个固定时间,将母鸭赶到运动场,把公鸭留在舍内,补喂饲料任其自由采食。这样,经过一定时间(1天左右),公鸭就习惯于自行留在舍内,等候补喂饲料。开始补喂饲料时,为便于分辨公、母鸭,公鸭可做标记,以便管理和分群。公鸭补饲可持续到母鸭配种结束。

（五）公鸭的采精训练

人工授精的公、母鸭在产蛋前应分开饲养,如已经产蛋的鸭群应在试验前15~20天将公、母鸭分开,公鸭选用个体粗壮、性欲强的进行单笼饲养,隔离1周即开始采精训练,每周2~3次。采精前将公鸭泄殖腔周围的羽毛剪干净,采精时找一只试情母鸭,用手按其头背部,母鸭会自动蹲伏着即可,将公鸭和母鸭放在采精台上,当公鸭用嘴咬住母鸭头颈部,频频摇摆尾羽,同时阴茎基部的大小淋巴体开始外露于肛门外时,采精者将集精杯靠近公鸭的泄殖腔,阴茎翻出,精液射到集精杯内。性成熟时公番鸭经训练能建立性条件反射占

83.3%,而48周龄只为16.7%,因此在性成熟时要及时对公鸭训练采精,同时按公母比例1:(20~30)留足配种公鸭数。公鸭一般1周采精5天,1天1次。

公鸭采精通常需要经过一段时间的训练,有经验的采精员训练2~3次就可采出优质的精液。有时可能要经过十几次的训练。

(六)影响鸭配种性能的主要原因

影响鸭的配种性能的因素很多,如配种年龄、公母比例、季节、饲养条件等。

1. 鸭适宜配种年龄

鸭配种年龄不宜过早,配种年龄过早,不仅对其本身的生长发育有不良影响,而且受精率低。一般蛋用型公鸭性成熟较早,初配年龄以5月龄以上为宜;肉用型公鸭性成熟较晚,初配年龄在6月龄以上为宜。

2. 公母搭配比例

鸭的配种性能因品种类型不同而差异较大。一般适宜的公与母的搭配比例是:肉用型鸭为1:(5~8),兼用型鸭为1:(15~20)。

3. 其他因素

配种性能除了配种比例、品种类型因素外,还受以下因素的影响,养殖户可根据饲养需要进行适当调节。

(1)季节因素 早春气候寒冷,鸭的性活动受影响,公鸭比例应适当提高2%左右(按母鸭数计)。

(2)饲养管理因素 在良好的饲养条件下,特别是放牧鸭群,由于能获得丰富的动物饲料,配种性能增强。因此,公鸭的数量比例可适当减少。

(3)公、母合群时间因素 在繁殖季节到来之前,适当提早合群可提高母鸭的受精率。合群初期公鸭的比例可稍高些,如蛋用型鸭公、母比例可用1:(14~16),20天后可改为1:25。因此,在大群配种时,应将公鸭及早放入母鸭群中。

(4)种鸭的年龄因素 一般1岁左右的种鸭性欲旺盛,配种能力强。因此,鸭群公鸭数量比例可适当减少。

第六章　鸭常见疾病治疗与预防

　　随着我国养鸭产业的发展,鸭场集约化、规模化程度也越来越高。与此同时,鸭场的疫病也呈现出多样性、复杂性发展的趋势。疫病防控是一个系统工程,由于一些管理上的疏忽,养殖户未能认识到鸭场卫生防疫的重要性,致使疫病频频发生,造成严重的经济损失。

　　在养鸭生产中应坚持"防病重于治病"的方针,通过改善饲养管理条件、采取科学的免疫方法、定期驱虫、加强隔离消毒等综合性防治措施,防止和消灭鸭的疾病,使疫病远离鸭场才能提高养殖效益。

第一节　鸭病的传播

根据鸭病的性质，一般分为病毒性疾病、细菌性疾病、寄生虫病和以营养性疾病、中毒性疾病为代表的普通病等几大类。

病毒性疾病、细菌性疾病是由致病微生物（如病毒、细菌、霉菌等）侵入鸭的机体造成的。它们在一定的部位定居、生长繁殖，并释放出大量的毒素和致病因子，当感染的病原体具有相当的毒力和数量时，鸭就表现出一定的临床症状，同时被感染的鸭也具有相应的传染性。当病原体从受感染的机体排出，通过直接或间接接触传染给健康鸭，即造成传染病在鸭群中的传播流行。尤其是鸭瘟、雏鸭肝炎等急性传染病，发病后常可使鸭群大批死亡。还有一些人畜共患病，不但会造成重大的经济损失，甚至会影响和危害人类的健康。

寄生虫病是由寄生虫（如绦虫、吸虫、棘头虫、球虫等）寄生于鸭的机体，损害鸭的器官和组织，并吸取体内营养物质或产生毒素，从而使鸭群消瘦、贫血、营养不良，严重者甚至导致死亡。寄生虫病与传染病有相同之处，即具有侵袭性。如雏鸭球虫病，一旦发生感染就会引起雏鸭致病。

普通病是指传染病和寄生虫病以外的疾病，即内科疾病、外科疾病和产科疾病。就鸭而言，重点是内科疾病中的营养代谢病和中毒病。这类疾病的产生，与饲养管理不当、饲养环境差、营养代谢失调以及误食各种有毒有害物质有关，或由其他外界应激因素引起。虽然普通病不像传染病和寄生虫病那样具有传染性或侵袭性，且大多为零星发生，但是严重的营养代谢病和中毒病也会引起大批鸭发病死亡，造成严重的经济损失，也不可忽视。

一、鸭舍内疾病的传染源

传染源是指某种传染病的病原体在鸭体中寄居、生长、繁殖，并能持续排出病原体的鸭，具体包括患传染病的病鸭和带菌（毒）鸭。

（一）患病鸭

患病鸭是传播疫病的重要传染源，包括有明显症状或症状不明显者。在疫病的整个传染期中，不同阶段的病鸭，作为其传染源的意义也不相同。按病程经过可分为潜伏期、临床症状明显期和恢复期三个病期，而不同病期的病鸭排出的病原体的传染性大小也不同。了解和掌握各种疾病的传染期是决定病鸭隔离期限的重要依据。

潜伏期的病鸭，对于大多数疾病，不具备排出病原体的条件，不能起传源的作用,只有少数疫病如鸭瘟,感染该病毒的鸭在潜伏期内就能排出病原体传染易感群。

临床症状明显期的病鸭,尤其是在急性暴发过程排出毒力强的病原体,在疾病的传播上危害性最大。但是有些非典型病例,由于症状轻微,临床症状不明显,难以与健康鸭区别而忽视隔离,如雏鸭肝炎病毒病鸭,多不显症状成为带毒者,此时若与非免疫状态的雏鸭接触,即可成为危险的传染源。

恢复期的病鸭,虽然机体各种机能障碍逐渐恢复,外表症状消失,但体内的病原体尚未肃清,在临床痊愈的恢复期还能排出病原体,如鸭瘟痊愈后至少带毒 3 个月,仍可成为鸭瘟的传染源。

此外,病鸭尸体(包括禽类和其他动物共患病的尸体)如果处理不当,在一定的时间内也极易散布病原体。

(二)带菌、带毒和带虫的鸭

隐性感染的带菌、带毒或带虫的鸭,由于体内有病原体存在,并能不断繁殖和排出病原体,引起疫病的传播。根据带菌(毒)或带虫的性质可分为健康带菌、带毒、带虫者和康复带菌、带毒、带虫者。如健康成年鸭在感染雏鸭肝炎病毒和球虫后往往不发病,而成为带毒、带虫者。它们带菌、带毒或带虫的期限长短不一。患鸭瘟的康复鸭带毒 3 个月,感染副伤寒的康复鸭,康复后带菌可达 9 ~ 16 个月。患住白细胞虫病康复鸭的血液中可保留虫体达 1 年以上。此外,健康带菌、带毒或带虫者有时也包括非同种动物。

二、疫病传播方式

病原体以一定途径传入易感动物体内,主要有两类方式。经卵巢、输卵管感染或通过蛋黄等传播到下一代的称为垂直传播,经消化道、呼吸道或皮肤黏膜创伤等的横向传播称为水平传播。

(一)垂直传播

有的传染病病原体存在于种鸭的卵巢或输卵管内,在鸭蛋的形成过程中进入鸭蛋内。鸭蛋经泄殖腔排出时,病原体附着在蛋壳上。现已知可通过鸭蛋传播的鸭病有鸡白痢、伤寒、大肠杆菌病、脑脊髓炎、白血病、病毒性肝炎、包涵体肝炎、减蛋综合征等。

(二)水平传播

1. 经孵化场传播

主要发生于雏鸭开始啄壳至出壳期间。这时的雏鸭开始呼吸,接触周围环境。出壳后的雏鸭开始活动,加速了绒毛及蛋壳碎屑上病菌的传播。通过本途径传播的鸭病有鸭曲霉菌病、肝炎、沙门菌病等。

2. 经空气(飞沫和尘埃)传播

有些病原体存在于鸭的呼吸道中,通过喷嚏或咳嗽排放到空气里,被健康鸭吸入而发生感染。有些病原体随分泌物、排泄物排出,干燥后可形成微小粒子附着在尘埃上,经空气传播到较远的地方,如鸭流感、鸭瘟等。

3. 经污染的饲料、饮水传播

这是最常见的一种方式。病鸭的分泌物、排泄物、病鸭尸体和脏器及污水等,污染了饲料、水源、管理用具、鸭舍、鸭产品等,如未经消毒,则引起主要以消化道为进入门户的传染病,如曲霉菌病、细菌性中毒病等。

4. 经垫料和粪便传播

病鸭的粪便中含有大量的病原体,而病鸭使用的垫料常含有各种各样病原体。如果不及时清除粪便和这些垫料,不但本群鸭的健康难以保证,而且还会殃及相邻的鸭群。

5. 经活的传染媒介传播

病原体的传播媒介,可以把病原体由一个鸭场或鸭舍传播到另一个鸭场或鸭舍。传播媒介主要有人、蚊、蝇、鼠类、鸟类及猫狗等。

6. 经鸭混群传播

成年鸭中,有的经过自然感染或人工接种面对某些传染病获得了一定免疫力,不表现明显病状,但它们仍然是带菌、带病毒或带虫者,具有很强的传染性。假如把后备鸭群或新购入的鸭群与成年鸭群混合饲养,往往会造成许多传染病的混感及暴发流行。不同日龄的鸭混群,或从外地引入种鸭而混群等,常使鸭群发病,如鸭球虫病、鸭霍乱等。

7. 经交配传播

鸭的某些疾病可通过其自然交配或人工授精而由公鸭传染给健康的母鸭,最后引起大批发病。

8. 经设备用具传播

养鸭场的一些设备和用具,尤其是数个鸭群混用、场内场外共用的设备和用具,常成为疾病传播的媒介。

9. 经人传播

饲养人员、畜牧兽医技术人员工作中不注意卫生消毒制度也容易机械传播病原体,如手、衣服、鞋帽、兽医用消毒不严的注射针头等器械可传播传染病。

三、容易感染鸭病的个体

鸭的易感性取决于其年龄、品种、饲养管理条件和免疫状态等,如尚未免疫的雏鸭对小鸭瘟病毒易感,而未接种鸭副黏病毒苗的鸭群对鸭副黏病毒具有易感性;饲养管理不善、环境卫生差的幼龄鸭则容易感染大肠杆菌病、曲霉菌病和球虫病等。由于这些鸭对某种疫病缺乏免疫力,一旦病原体侵入鸭群,就能引起某疫病在鸭群中感染传播。因此,在饲养过程中,不但要选择抗病力强的鸭种,还必须加强管理,搞好环境卫生;同时根据免疫程序,接种不同类型的疫苗,提高鸭机体的抗病能力,降低鸭群对疫病的易感性。

第二节　鸭传染病的综合防治措施

传染病的流行需要有传染源、传播途径和易感动物三个环节,只要在生产实践中控制这三个环节,消灭或控制传染源的引入、切断传播途径、提高鸭的免疫力或使之变为不易感染物,就可以有效地控制传染病的发生。在生产实践中通常采用综合防制措施来控制疾病的发生。

一、要选择优良鸭种

预防鸭病,鸭种是根本,选择抗病力强、适应本地条件的优良鸭种是鸭业生产的基本保证。养殖户或饲养场应从种源可靠的无病鸭场引进种蛋或雏鸭。有些传染病如鸭副伤寒等是从感染母鸭通过受精蛋或病原体污染的蛋壳传染给新孵出的后代的,这些孵出的带菌雏或弱雏在不良环境污染等应激因素影响下,很容易发病或死亡。因此,选择无病原的种蛋或雏鸭是提高雏鸭成活率的重要因素。从外地或外场引进青年鸭作为种用时,必须先要了解当地的疫情,在确认无传染病和寄生虫病流行的健康鸭群引种,千万不能将发病场或发病群,或是刚刚病愈的鸭群引入。引进后的鸭先经隔离饲养,不能立即混入健康鸭群,隔离20天后,无任何异常方可入群。防止病原体带入鸭场或鸭群。有条件的饲养场或养殖户最好坚持自繁自养。

二、确保有效的消毒效果

消毒是预防鸭病的一项重要措施,鸭场应具备必要的消毒设施和建立严格而切实可行的消毒制度,定期对鸭场、鸭舍的地面、土壤、粪便、污物以及用具等进行消毒,防止鸭病的蔓延。

(一)常用的消毒方法

鸭场的消毒通常采用以下的方法。

1. 物理消毒法

清扫、洗刷、日晒、通风、干燥及火焰消毒等是简单有效的物理消毒方法,而清扫、洗刷等机械性清除则是鸭场使用最普遍的一种消毒法。通过对鸭舍的地面和饲养场地的粪便、垫草及饲料残渣等的清除和洗刷,就能使污染环境的大量病原体一同被清除掉,由此而达到减少病原体对鸭群污染的机会。但机械性清除一般不能达到彻底消毒的目的,还必须配合其他的消毒方法。太阳是天然的消毒剂,太阳射出的紫外线对病原体具有较强的杀灭作用,蒸发水分引起的干燥也同样具有杀菌作用,一般病毒和非芽孢性病原在阳光的直射下几分钟至几小时可被杀死,如供雏鸭所需的垫草、垫料及洗刷的用具等使用前均要放在阳光下暴晒消毒,作为饲料用的谷物也要晒干以防霉变。

通风亦具有消毒的意义,在通风不良的鸭舍,最易发生呼吸道传染病。通风虽不能杀死病原体,但可以在短期内使鸭舍内空气交换、减少病原体的数量。而火焰高温烧灼可以达到彻底消毒的目的,如有病鸭患有鸭瘟、番鸭细小病毒病、雏鸭病毒性肝炎等传染病,其污染的垫草、粪便以及尸体均可用火焰加以焚烧。

2. 生物热消毒法

生物热消毒也是鸭场常采用的一种方法。生物热消毒主要用于处理污染的粪便及其垫草,将其运到远离鸭舍的地方堆积,在堆积过程中利用微生物发酵产热,使其温度达 70℃ 以上,经过一段时间(25～30 天)就可以杀死病毒、病菌(芽孢除外)、寄生虫卵等病原体而达到消毒的目的,同时可以保持良好的肥效。

3. 化学消毒法(图 6-1)

应用化学消毒剂进行消毒是鸭场使用最广泛的一种方法。化学消毒剂的种类很多,如氢氧化钠(钾)、石灰乳、煤酚皂溶液、百毒杀、漂白粉、农福、过氧乙酸、福尔马林、新洁尔灭等多种化学药品都可作为化学消毒剂,而消毒的效果如何,则取决于消毒剂的种类、药液的浓度、作用的时间和病原体的抵抗力以及所处的环境和性质,因此在选择时,可根据消毒剂的作用特点,选用对该病原体杀灭力强,又不损害消毒的物体,毒性小,易溶于水,在消毒的环境中比较稳定以及价廉易得和使用方便的化学消毒剂。应有计划地对鸭生活的环境和用具等进行消毒。

(1)氢氧化钠(苛性钠) 俗称火碱,对细菌、病毒和寄生虫卵都有杀灭作用,常用2%～4%水溶液来消毒鸭舍、饲料槽、运输用具等,鸭舍的出入口可用2%~3%水溶液消毒。

注意事项:本药有很强的腐蚀性,消毒时要十分小心。应将鸭移出鸭舍,消毒后间隔半天,用水冲洗地面、用具后,再移入家鸭。金属纺织品禁用本药,使用时应注意保护皮肤和衣物。

图6-1 化学消毒

(2)氧化钙(生石灰) 一般加水配成10%~20%石灰乳液,涂刷鸭舍的墙壁,寒冷地区常撒在地面或鸭舍出入口作消毒用。石灰可自空气中吸收二氧化碳变成碳酸钙失去作用,所以,应现配现用。

注意事项:生石灰必须在有水分的情况下,才能发挥消毒作用,可加入生石灰重量70%~100%的水,使之成为疏松的熟石灰粉末才能杀菌。但熟石灰可以从空气中吸收二氧化碳变成碳酸钙沉淀而失效,所以石灰乳宜现配现用。本品有一定的腐蚀性,消毒待干后才能使用。

(3)苯酚(石炭酸) 对细菌、真菌和病毒有杀灭作用,对芽孢无作用。常用2%~5%水溶液消毒污物和鸭舍环境,加入1%食盐可增强消毒作用。

(4)煤酚(甲酚) 毒性较苯酚小,但其杀菌作用则较苯酚大3倍,可是仍难以杀灭芽孢。常用的是50%煤酚皂溶液(俗称来苏儿);1%~2%溶液用于体表、手和器械的消毒;5%~6%溶液用于鸭舍或污物的消毒。

(5)复合酚 含酚41%~49%,醋酸22%~26%,为深红褐色黏稠液体,有臭味。为新型广谱高效消毒药,可杀灭细菌、真菌和病毒,对多种寄生虫卵也有杀灭作用。可用于鸭舍、用具、饲养场地和污物的消毒,常用浓度为0.35%~1%溶液,用药1次,药效可维持7天。

注意事项:环境温度低于8℃时,应用温水稀释,严禁与其他消毒药或碱性药物混用,以免降低效果。鸭舍消毒用1:(60~100)水溶液,器具、车辆消毒用1:60水溶液浸泡。

(6)甲醛溶液(福尔马林) 含甲醛37%~40%,有刺激性气味,具有广谱杀菌作用,对细菌、真菌、病毒和芽孢等均有效。0.25% ~0.5%甲醛溶液可用作鸭舍、用具和器械的喷雾和浸泡消毒。一般用作熏蒸消毒,使用剂量因消毒的对象而不同。使用时要求室温不低于15℃(最好在25℃以上),相对湿度在70% ~90%,如湿度不够可在地面洒水或向墙壁喷水。熏蒸消毒用具、种蛋时要在密封的容器内。种蛋在孵化后24 ~96 小时和雏鸭在羽毛干后对甲醛气体的抵抗力较弱,在此期间不要进行熏蒸消毒。种蛋的消毒是在收集之后放在容器内,每立方米用福尔马林21 毫升,高锰酸钾10.5 克,20 分后通风换气。孵化器内种蛋的消毒在孵化后的12 小时之内进行,此时关闭机内通风口,福尔马林用量为14 毫升/米^3、高锰酸钾7 克,20 分后打开通风口换气。

注意事项:本品对皮肤、黏膜及呼吸道有刺激作用,消毒后要打开门窗,加强通风换气。另外,发生沉淀时不能用。福尔马林和高锰酸钾合用时要特别注意,千万不要把高锰酸钾倒入福尔马林溶液中去。

(7)新洁尔灭(溴苯烷胺)溶液 一般为5%浓度瓶装,具有杀菌和去污效力,渗透性强,常用于养鸭用具和种蛋的消毒,浸泡器械时应加入0.5%亚硝酸钠,以防生锈,0.05% ~0.1%水溶液用于洗手消毒,0.1%溶液用于蛋壳的喷雾消毒和种蛋的浸泡消毒。

注意事项:不宜与阴离子表面活性剂如肥皂、洗衣粉及过氧化物、碘、碘化钾等配合使用。术后用肥皂洗净手后,务必用水冲净后再用本品。浸泡消毒时,药液一旦混浊需更换。可引起人体药物过敏。

(8)过氧乙酸(过醋酸) 有醋酸气味,是一种广谱杀菌药,对细胞、病毒、霉毒和芽孢都有效,市售商品为15% ~20%溶液,有效期为6 个月,稀释液只能保存3 ~7 天,所以应现配现用。0.3% ~0.5%水溶液可用于鸭舍、食槽、墙壁、通道和车辆的喷雾消毒,鸭舍内可带鸭消毒,常用浓度为0.1%,每立方米用15 毫升。

注意事项:本品对组织有刺激性和腐蚀性,对金属和橡胶制品也有腐蚀性,应注意保护。在45%以上高浓度时遇热易发生爆炸,所以应在避光密封处储存。经稀释后药液只能保持3 ~5 天,因此要现用现配。

(9)漂白粉(含氯石灰) 含氯化合物,为次氯酸钙和氢氧化钙的混合物,有效含氯量为25%,灰白色粉末,有氯气臭味。鸭场内常用于饮水、污水池和下水道等处的消毒,饮水消毒常用量为每立方米水中加4 ~8 克,污水池的消毒则为每立方米污水中加8 克。

注意事项:本品应现用现配,对金属及衣物有轻度腐蚀性,对组织(皮肤和黏膜)有一定刺激性,消毒人员应注意防护。

(10)高锰酸钾　可用于皮肤、黏膜、创面冲洗,饮水、种蛋、容器、用具、禽舍等的消毒。常用0.01%溶液用于消化道消毒;0.1%溶液用于皮肤、黏膜冲洗及饮水消毒;0.2%~0.5%用于种蛋浸泡消毒;2%~5%用于饲具、容器的洗涤消毒。

注意事项:应现配现用,久储易失效,严禁与酒精、甘油、碘、糖等混合。

(11)次氯酸钠　含有效氯量为14%,溶于水中产生次氯酸,有很强的杀菌作用,可用于鸭舍和各种器具的表面消毒,也可带鸭进行消毒。常用浓度为0.05%~0.2%。

(12)氯胺(氯亚明)　为结晶粉末,易溶于水,含有效氯11%以上,性质稳定,消毒作用缓慢而持久。饮水消毒按每立方米4克使用,圈舍及污染器具消毒时,则用0.5%~5%水溶液。

(13)二氯异氰尿酸钠(优氯净)　为白色粉末,有味,杀菌力强,较稳定,含有效氯62%~64%,是一种有机氯消毒剂。用于空气(喷雾)、排泄物、分泌物的消毒,常用其3%的水溶液,若消毒饮水或清洁水按每立方米4克使用。

注意事项:本品应现用现配,对金属及衣物有轻度腐蚀性,对组织(皮肤和黏膜)有一定刺激性,消毒人员应注意防护。

(二)消毒的先后顺序

鸭场消毒要先净道(运送饲料等的道路)、后污道(清粪车行驶的道路),先后备鸭场区、后蛋鸭场区,先种鸭场区、后商品鸭场区,各鸭舍内的消毒桶严禁混用。

(三)消毒频率

一般情况下,每周要进行不少于2次的全场和带鸭消毒。发病期间,坚持每天带鸭消毒。

(四)鸭场的消毒制度

鸭场,尤其是种鸭场或具有适度规模的商品鸭场,在出入口处应设紫外线消毒间和消毒池。鸭场的工作人员和饲养人员在进入饲养区前,必须在消毒间更换工作衣、鞋、帽,穿戴整齐后进行紫外线消毒10分,再经消毒池进入鸭场饲养区内。各鸭舍门前出入口也应设消毒槽,门内放置消毒缸(盆)。饲养员在饲喂前,先将洗干净的双手放在盛有消毒液的消毒缸(盆)内浸泡消毒几分钟。

消毒池和消毒槽内的消毒液,常用2%氢氧化钠水或20%石灰乳以及其他消毒剂配成的消毒液。而浸泡双手的消毒液通常用0.1%新洁尔灭或0.05%百毒杀溶液。鸭场通往各鸭舍的道路也要每天用消毒药剂进行喷洒。各鸭舍应结合具体情况采用定期消毒和临时性消毒。鸭舍的用具必须固定在饲养人员各自管理的鸭舍内,不准相互通用,同时饲养人员也不能相互串舍。

除此以外,鸭场应谢绝参观。外来人员和非生产人员不得随意进入场内饲养区,场外车辆及用具等也不允许随意进入鸭场,凡进入场内的车辆和人员及其用具等必须进行严格的消毒,以杜绝外来的病原体带入场内。

三、鸭舍的基础免疫

对健康的鸭群免疫接种是激发鸭机体内产生特异性抵抗力,使本来对某些传染病易感的鸭群转变为不易感群的一种有效的防病方法。有计划、有目的地对鸭群进行免疫接种,是预防、控制和扑灭鸭传染病的重要措施之一。尤其在鸭的病毒性传染病,如鸭瘟、番鸭细小病毒病、雏鸭病毒性肝炎等疾病的预防措施中,免疫接种更具有关键性的作用。免疫接种通常可分为预防接种和紧急接种。

(一)预防接种

预防接种是在健康鸭群中还没有发生传染病之前,为了防止某些传染病的发生,有计划地定期使用疫(菌)苗对健康鸭群进行预防免疫接种。

1. 预防接种的方法

以病毒为中心的免疫预防接种,需要制订一个省力、经济、合理、预防效果好的预防接种计划,应根据各个地区、各个鸭场以及鸭的年龄、免疫状态和污染状态的不同因地制宜地结合本场鸭情况制订免疫计划。免疫计划或方案在一个鸭场只能相对地、最大限度地发挥其保护鸭群的作用,但随事物的发展也要逐年加以改进,为本场建立一个最佳方案。

疫苗接种法可分注射、饮水、滴鼻滴眼、气雾和穿刺法等,根据疫苗的种类、鸭的日龄、健康情况等选择最适当的方法。

(1)注射法 此法需要对每只鸭进行保定,使用连续注射器按照疫苗规定数量进行皮下或肌内注射。此法虽然有免疫效果准确的一面,但也有捉鸭费力和产生应激等缺点。注射时,除应注意准确的注射量外,还应注意质量,如注射时应经常摇动疫苗液使其均匀。注射用具要做好预先消毒工作,尤其注射针头要准备充分,每群每舍都要更换针头;健康鸭群先注射,弱鸭最后注射。注射法包括皮下注射和肌内注射两种方法。

1)皮下注射(图6-2) 一般在鸭颈背中部或底下处远离头部,用大拇指和食指捏住颈中线的皮肤并向上提起,使其形成一个皮囊,注意一定捏住皮肤,而不能只捏住羽毛,确保针头插入皮下,以防疫苗注射到体外。

图6-2 皮下注射疫苗

2)肌内注射(图6-3) 以翅膀靠肩部无毛处胸部肌肉为好,应斜向前入针,以防插入肝脏或胸腔引起事故。也可腿部注射,以鸭大腿内侧无血管处为最佳。

图6-3 肌内注射疫苗

(2)饮水法 本法为活毒疫苗的常用方法之一,既能减少应激,又节省人力,但疫苗损失较多。由于雏鸭的强弱或密度关系也会造成饮水不均。有免疫程度不齐的缺点,所以需要放置充足的饮水器,使雏鸭都能充分地得到饮水。使用此法应注意:一是饮用水避免酸、碱以及化学物质(如氯离子)的影响,免疫前后24小时不得饮用消毒水,所以最好用蒸馏水免疫,同时在水中加入0.25%~0.5%脱脂奶粉;二是饮水免疫前,要给鸭断水2~4小时,根据季节、气候掌握,让鸭在1~2小时内将稀释的疫苗全部喝完,同时应避免强光照射疫苗溶液;三是饮水器须用清水冲洗,擦洗干净,数量充足。

(3)滴鼻滴眼法 雏鸭早期的活毒疫苗常用此法。用滴瓶向眼内或鼻腔滴入1滴(0.03毫升)活毒疫苗。滴鼻时,为了使疫苗很好地吸入,可用手将对侧的鼻孔堵住,让其吸进去。滴眼时,握住鸭的头部,面朝上、将一滴疫苗滴入面朝上的眼皮内,不能让其流掉。一只一只免疫,防止漏免。

(4)气雾法　将活毒疫苗按喷雾规定稀释,用适当粒度(30~50微米)的喷雾器在鸭群上方离鸭0.5米处喷雾。在短时间内,可使大群鸭吸入疫苗获得免疫。在喷雾前,要关风机、门窗,免疫后大约15分,重新打开。本法由于刺激呼吸道黏膜,所以避免在初次免疫时使用。

(5)穿刺法　此法为鸭痘疫苗接种时使用。展开鸭的翅膀,用接种针在鸭的翼膜无血管处穿刺,病毒会在穿刺部位的皮肤增殖,使机体产生免疫力。

(二)紧急接种

紧急接种是在发生传染病时,为了迅速控制和扑灭疾病的流行,而对疫群、疫区和受威胁地区尚未发病的鸭进行临时应急性免疫接种。实践证明,在疫区对鸭瘟、禽霍乱等传染病使用疫(菌)苗进行紧急接种是切实可行的,对控制和扑灭传染病具有重要的作用。紧急接种除应用疫(菌)苗外,在某些鸭病上常应用高免血清或高免卵黄抗体进行被动免疫,而且能够立即生效。如雏鸭病毒性肝炎,应用高免血清或高免卵黄抗体,能迅速控制该病的流行,即使对于正在患病的雏鸭群使用也具有良好的疗效。

在疫区或疫群应用疫苗做紧急接种时,必须对所有受到传染威胁的鸭群进行详细观察和检查,对正常无病的鸭进行紧急接种,而对病鸭和可能已受感染的潜伏期病鸭必须在严格消毒的情况下,立即隔离,观察或淘汰处理,不宜再接种疫苗。

(三)免疫程序

由于各种不同鸭种及不同饲养地的鸭的疾病的发病规律不一样,所以在鸭传染病的免疫程序上,没有固定的免疫程序。各地应结合饲养水平及当地鸭病的发病规律来制定合理的免疫程序。

1日龄:雏鸭颈部皮下注射0.5~1毫升鸭肝炎弱毒疫苗,用于预防鸭病毒性肝炎。

7日龄:鸭颈部皮下注射0.5毫升传染性浆膜炎－大肠杆菌油乳灭活苗(血清型相符)。用于预防鸭传染性浆膜炎大肠杆菌病。

14日龄:鸭颈部皮下或胸部肌内注射0.5毫升重组禽流感病毒灭活疫苗(H5N1型),用于预防H5亚型禽流感病毒引起的鸭流感。

21日龄:颈部皮下注射0.5毫升传染性浆膜炎—大肠杆菌油乳灭活疫

苗,预防传染性浆膜炎—大肠杆菌病。

28 日龄:肌内注射 1 毫升鸡胚化鸭瘟弱毒疫苗预防鸭瘟。

35 日龄:颈部皮下或胸部肌内注射 1 毫升重组禽流感病毒灭活疫苗(H5N1 型),用于预防 H5 亚型禽流感病毒引起的鸭流感。

60 日龄:肌内注射 2 毫升霍乱氢氧化铝甲醛苗预防鸭霍乱。

110 日龄:颈部皮下或胸部肌内注射 1 毫升重组禽流感病毒灭活疫苗(H5N1 亚型),用于预防 H5 亚型禽流感病毒引起的鸭流感。

120 日龄:颈部皮下注射 0.5～1 毫升鸭肝炎弱毒疫苗,用于预防鸭病毒性肝炎。

130 日龄:肌内注射 2 毫升霍乱氢氧化铝甲醛苗预防鸭霍乱。

230 日龄:颈部皮下或胸部肌内注射 1 毫升重组禽流感病毒灭活疫苗(H5N1 亚型),加强抗体。

以后鸭肝炎弱毒苗、霍乱氢氧化铝甲醛苗、鸡胚化鸭瘟弱毒疫苗依上次免疫时间为起点每隔 6 个月(最好在换羽期)各注射 1 次,用于预防鸭毒性肝炎、鸭霍乱及鸭瘟。

(四)购苗及防疫注意事项

第一,要购买有国家批准文号的正式厂家的接种疫苗,不要购买无厂址、批准文号的非正式厂家的疫苗。

第二,要从有经营权的单位购买疫苗,同时还要看其保存条件是否合格,有无冰箱、冰柜、冷库等冷藏设施,无上述条件不要购买。

第三,要详细了解疫苗运输和保存的条件。一般要求疫苗冷藏包装运输,使用单位收到疫苗后,应立即放在低温环境中保存。保存时限因不同温度而异,各种疫苗都有具体规定。凡是超过了一定温度下保存时间的,都不能使用。

第四,瓶子破裂、发霉、无标签或者无检验号码的疫苗,不能使用。

第五,液体疫苗使用前要用力摇匀,冻干苗要按说明的规定稀释,并充分摇匀,现配现用。剩余疫苗不能再用,废弃前要煮沸消毒。用完的活疫苗瓶同样需要煮沸消毒,因为活疫苗是具毒力的病毒,一旦条件适宜,病毒毒力返强又会侵袭鸭群。

第六,疫苗接种用的注射器、针头、镊子、滴管和稀释的瓶子要先清洗并煮沸消毒 15～30 分,不要用消毒药煮沸消毒。

第七,疫苗稀释过程应避光、避风尘和无菌操作,尤其是注射用疫苗应严格按无菌操作进行。

第八，疫苗稀释过程中一般应分级进行，对疫苗瓶应用稀释液冲洗 2～3 次。稀释好的疫苗应尽快用完，尚未使用的也应放在冰箱或冰水桶中冷藏。

第九，免疫接种前要了解当地鸭群的健康状况。在传染病流行期间，除了有些病可以紧急接种疫苗外，一般不能免疫接种。

第十，做好预防接种记录，内容包括接种日期、鸭的品种、日龄、数量、接种名称、生产厂家、批号、生产日期和有效期、稀释剂和稀释倍数、接种方法、操作人员、免疫反应等。

四、建立科学的疾病防御体系

(一)把好入口关

鸭场大门口要有"防疫重地，谢绝参观"的标志，并设专人把守，严禁外来车辆和人员进场；进入生产区时必须洗手、消毒并经消毒通道(有消毒水池和紫外光)方可进入。

生物安全的含义是在鸭场场区内防止病原的传入和宣传所贯彻的一系列方针和措施。病原主要是通过人员、车辆、笼具、动物等带入的，所以在考虑疫病预防时，一定要将良好的管理和严格的卫生防疫结合起来，形成疾病预防的第一道防线。

(二)防止交叉感染

许多昆虫(蚊、蝇)和鼠类是鸭的主要传染病传播媒介和传染源，因此杀虫和灭鼠是防治鸭病的一个重要措施。

1. 杀虫

常用化学药物杀虫，鸭场环境用 0.1%～0.5% 敌百虫或 0.1%～0.2% 敌敌畏，每 2～3 天喷洒 1 次，可结合环境消毒同时进行。鸭舍内可用 0.03% 蝇毒磷乳剂喷洒栖架、地面等处，用 1%～2% 敌百虫水溶液浸泡昆虫喜吃的饲料作毒饵，杀死舍内昆虫。

2. 灭鼠

定期投放灭鼠药。

3. 控制飞鸟

鸭场周围不宜种树，开放式鸭舍通风带和地窗设护网。

(三)科学的饲养管理

1. 场地的选择和布局

鸭场的场地和布局要符合防疫要求。

2. 建立严格的兽医卫生管理制度,并严格执行

兽医卫生防疫制度的内容主要包括以下几项:①非生产人员不得进入生产区。生产人员进入生产区时,要先更衣后经消毒池方可进入生产区。②禁止串舍和互借饲养用具、设备。③进入生产区的车辆要严格消毒。④要保持饮水卫生。⑤严格限制参观。⑥鸭场引种或调入鸭时,要隔离观察1个月以上。⑦鸭场的所有用具专人专用、专区专用,用完后消毒。⑧贯彻"全进全出"的生产制度。⑨要经常保持舍内的清洁卫生。定期消毒鸭舍,喂料和饮水设备要定期消毒,注意舍内的通风换气。⑩要保持饲料卫生,防止饲料污染、霉败、变质、生虫等。

此外,还要做好鸭粪的无害化处理。粪场应设在生产区外。粪便无害化处理的方法较多,常用的有普通鸭粪堆积生物热处理法和鸭粪无害处理法。做好病鸭的隔离和死鸭的妥善处理。

3. 按照鸭的不同生长阶段的营养需要供应全价配合饲料

这不仅是保证鸭正常发育和生产的需要,也是预防鸭病,增强鸭群非特异性抗病力的基础。

4. 保证适宜的温度与饲养密度、合理的光照程序

冬季注意保暖,夏季注意通风换气与降温。保持舍内空气新鲜,减少或避免各种有害应激因素。养鸭场传统的饲养方式是雏鸭在育雏舍养1～2周,然后每周或每周2次将其移往另外的饲养场所,为下批雏鸭腾出圈舍。虽然这种饲养方式在应用场地方面效率较高,但是不利于防止病原的传播。由于多排圈舍地面是脏的,来不及清洗和消毒,一旦某一圈或某个饲养区遭到传染病的污染,则以后批次的小鸭,通过在污染圈舍的饲养,也容易遭到传染。

在两批鸭饲养中间,鸭舍必须进行清洗和消毒。理想的圈舍系统是"全进全出",也就是从1日龄一直到上市日龄,将鸭饲养在同一鸭舍,当肉用鸭出栏后,将鸭舍清洗消毒,准备迎下批雏鸭。

5. 建立经常的观察与登记制度

饲养人员要详细记录有关情况,并经常仔细观察鸭群,做到早发现、早治疗、早处理,防患于未然。观察的内容有室内温度、湿度、鸭的饮水和采食量、鸭群精神状态和羽毛变化、粪便的形状、颜色和气味、呼吸的动作和声音等,对产蛋鸭要观察产蛋率与产蛋量。如果采取预防和治疗措施,应详细记录用药时间、用药名称、种类、剂量以及给药途径、用药后的变化等。

五、正确使用药物进行预防

对鸭群使用药物进行预防也是一项重要的防疫措施。在饲料、饮水或添加剂中加入某种既安全可靠又价格低廉的并有一定含量的抗菌药物或其他一些药物,可以预防细菌性传染病和寄生虫病以及其他内科疾病的发生,对促进鸭群的生长,增进鸭群体质,以及提高饲料的转化具有显著的效果。如用氟哌酸、土霉素等可以预防鸭副伤寒和大肠杆菌等疾病的发生,制霉菌素、克霉唑可以预防曲霉菌病;磺胺类药物可以预防和治疗禽霍乱和住白细胞虫病等疾病;克球粉、地克珠利等可以预防鸭球虫病;丙硫咪唑可以预防鸭蠕虫病。此外,在鸭群注射疫苗后,添加适量的左旋咪唑还可以起到增强免疫力的作用。

对一些营养代谢病和某些药物使用过量引发的疾病,可以通过添加药物得到纠正。如鸭群使用河蚌、螺蛳作为动物性蛋白质饲料,由于软体动物中,含有破坏维生素 B_1 的胺酶,常能引起维生素 B_1 缺乏,若在饲料中添加适量的维生素 B_1 就可以避免缺乏,从而起到预防疾病的效果。

此外,还有一些肠道传染病和寄生虫病以及其他因素引起的肠道疾病,这些疾病的产生常引起鸭体内维生素 A 的缺乏,往往可以通过在饲料中添加维生素 A 得到预防和改善。

但必须指出,任何一种药物或同一类型药物的长期使用或使用过量,容易对鸭产生耐药性或不良反应。如痢特灵虽然对大肠杆菌病具有良好的预防效果,但该药对雏鸭较为敏感,在使用时,要严格控制药物浓度和剂量,同时连续使用时间不能超过 1 周,否则会引起过量中毒或蓄积中毒。磺胺类药物也不应过量使用或使用时间过长,否则同样也会引起不良反应。因此,在使用药物预防时,应根据药物的特性和临床实际需要,选择不同类别的药物。对于细菌性传染病,有条件的要进行细菌培养,同时还要对分离的菌株做药物敏感试验,以选用有针对性的和高度敏感的抗菌药物,更好地提高预防效果。

六、鸭舍用药注意事项

目前,农村中肉鸭养殖大有可为,因为肉鸭饲养周期短。但是,养殖户为防治肉鸭疫病而滥用兽药、不合理用药的现象也很普遍。现就目前肉鸭用药存在的问题及对策进行分析和总结,便于大家参考。

(一)鸭舍常见的用药误区

1. 化学药物长期使用

许多养殖户认为肉鸭饲养周期短,一般不做疫苗预防,不管肉鸭有无疾病,总是经常不断地在肉鸭饲料中或饮水中添加大量化学药物,如磺胺类。其最终结果是肉鸭产生耐药性甚至中毒,在疫病发生时,再使用这类兽药时,增大了治疗难度,增加了治疗成本。

2. 不注意药物之间的配伍

养殖户不懂药物之间的相互作用,认为多种药物混用,就会增加疗效。常见到养殖户把磺胺类药同喹诺酮类药物混用,其结果造成喹诺酮类药物疗效降低或失效,不仅起不到治疗作用,而且提高了治疗成本。临床常见的不合理配伍用药很多,如红霉素类和磺胺类混用、庆大霉素与青霉素类、卡那霉素类与喹诺酮类等。

3. 用药剂量不当

一旦肉鸭发病,往往对整群肉鸭进行长期超剂量用药,养殖户认为药物剂量越大,效果越好,因此无限制地随意加大用药剂量,结果使肉鸭机体内脏器官受损,代谢失调,甚至出现药物蓄积、残留甚至中毒。

4. 不对症治疗

肉鸭由于转换饲料未适应时,矿物质和电解质不平衡等导致的腹泻,而养殖户立即长期使用抗生素,其结果是杀死或抑制了肠道正常细菌群而使致病性细菌迅速繁殖,导致腹泻更加严重,久治难愈。还有些养鸭户治疗肉鸭的病毒性疾病,仅仅只用抗菌药物,忽略了对症治疗和调节电解质平衡、补充能量。

5. 给药方法不当,疗程不足

任何药物都有一定的给药方式,药物的性质、鸭的生理特点等决定了药物的给药途径不同。肉鸭在一般情况下最好拌料,也可饮水,但剂量加倍,当严重时还可以注射。许多养殖户不仅存在着给药方法不当的现象,而且还有用药治疗不彻底的问题。用药治病都有一定的疗程,一般用药时间为5～7天,有的养殖户投药2～3天,刚看到病情好转,就停药,或者马上换别的药物。由于药物在血液中的有效浓度不够,使得病情反复发作。

6. 长期使用消毒药

养鸭户在进行活疫苗的接种时,连续应用消毒药物进行带鸭喷雾消毒或饮水消毒。这样使得疫苗中的病毒(细菌)不能在机体中充分繁殖,从而影响免疫效果。有的养鸭户长期使用腐蚀性消毒药物(如高锰酸钾)给鸭饮水消毒,损害了口腔、食管、鼻腔等消化道和呼吸道黏膜。在这期间使用鸭瘟、鸭肝炎等疫苗进行免疫预防,机体便不能很好地建立免疫应答,使免疫失败。同时,不容易分解的消毒药进入肠道后还杀灭正常的菌群,引起消化不良。

(二) 合理用药

1. 充分了解兽药,科学用药

加强对兽药知识的学习和了解,弄清药物的主要成分和药理作用,充分考虑肉鸭的实际病情,选用药效可靠、安全、方便、价廉的兽药。反对滥用药物,尤其不能长期大剂量使用抗菌药物。肉鸭正确用药的关键是对病情正确的诊断。一般肉鸭发病有的是由病毒引起的,如鸭瘟、鸭肝炎等;有的是由细菌感染的,如浆膜炎、大肠杆菌病。病毒病常采用干扰素、血清、卵黄抗体、黄芪多糖等药物治疗,细菌病选用高效的抗菌药物进行治疗。肉鸭用药治病,要掌握中药和西药相结合、抗病毒和抗菌病相结合的原则,不能盲目大剂量给药。几乎所有的药物不仅有治疗作用,也存在不良反应。要科学合理使用抗病毒药和抗菌药,按说明书的剂量,不能盲目地随意加大用药的剂量,以防药物中毒。如果在用药之前提前使用电解多维等药物,可以降低应激反应,提高鸭群的抗病力。

2. 联合用药

肉鸭用药中有时采用联合用药,其目的主要在于扩大抗菌谱,增强疗效,减少用量,避免耐药性的产生,降低毒副作用等。联合用药要注意药物的配伍禁忌,有些药物合用能产生协同作用,而有的药物合用会产生拮抗作用。应用抗菌药物治疗过程中还要注意耐药性,其中大肠杆菌、绿脓杆菌、痢疾杆菌等最易产生耐药性。还应该考虑用中草药,如鱼腥草、马齿苋等易得草药。

3. 制订合理的给药方案、给药方式

肉鸭用药上首先要结合病情制订合理的给药方案,最好在兽医的指导下进行。用抗菌药治病时必须有合适的剂量、间隔时间及疗程。疗程应充足,一般的感染性疾病可连续用药 3～4 天,症状消失后,再巩固 1～2 天,以防复发;磺胺类药的疗程更长。药物剂量的应用应根据病情,对急性传染病和严重感染病例剂量应增大,使药物在血液中尽快达到有效药浓度、给病原以致命打击。药物的应用还应特别注意给药方式,一些药物内服易被胃酸和消化酶破坏,仅少量吸收,就不能采用口服。如青霉素类大部分要肌内注射,很少一部分用于口服。对于呼吸道疾病可以喷雾治疗。

4. 定期消毒,加强免疫

定期进行消毒对防治鸭病具有积极作用。应该选用有机氯等高效低毒的消毒药,目前用于肉鸭养殖场环境消毒的药物有:醛类(甲醛、戊二醛)、碱类(如氢氧化钠、生石灰)、卤素类(氯制剂有漂白粉,碘制剂有碘三氧)、过氧化物类(如过氧乙酸)、季铵盐类(如百毒杀)。消毒前先要做物理性的清扫冲洗,以防有机物(如粪、尿、脓血、体液等)的存在,然后再喷洒药液进行消毒。制订消毒程序,一般10~15天进行一次带鸭消毒,5~7天一次环境消毒。同时,疫苗预防必不可少,要加强疫苗的防疫,结合当地疫病制定合理的免疫程序。虽然肉鸭生长周期短,但是药物预防不能代替疫苗预防。

七、针对重大疫情需要采取的应急措施

一旦发生一类动物疫病或暴发流行二类、三类动物疫病时,立即报兽医防疫员进行诊断,并迅速将病鸭、可疑病鸭隔离观察,将症状明显或死亡鸭送兽医部门检验,及早做出诊断,一旦确诊为传染病,应根据"早、快、严、小"的原则,迅速采取以下措施。

(一)严格隔离封锁

当鸭场发生重大疫情时应立即采取隔离封锁措施,停止场内鸭群流动或转群,实行封闭式饲养,禁止饲养员及工作人员串栏、串舍活动,非场内工作人员禁止进入生产区,停止售苗、售蛋,严禁食用病死鸭,严格隔离病鸭群。病死鸭的尸体、内脏、羽毛、污物等不能随意乱扔;必须焚烧或深埋,重症病鸭要淘汰。病鸭和病鸭用过的饲养用具、车辆、接触病鸭的人员、衣物及污染场地必须严格消毒,粪便经彻底消毒或生物发酵处理后方可利用。处理完毕后,经半个月如无新的病例,再进行一次彻底消毒,才能解除封锁。

(二)加强消毒扑灭病原体

鸭场发生疫情后在隔离封锁时,应立即对鸭舍、地面、饲槽、水槽及其他用具清洗后进行彻底消毒,扑灭鸭舍周围环境中存在的病原体。

(三)紧急接种

鸭场除平时按免疫程序做好免疫接种外,当发生疫情时,应对已确诊的疫病迅速采用该病的疫苗或高免血清,对受威胁的健康鸭进行紧急接种,使其尽快得到免疫力。尽早采取紧急接种,能明显有效地控制疫情,减少损失。

(四)及时发现疫病,实施防治措施

只有饲养人员随时观察鸭群动态,才能做到对鸭群疫情的早发现、早确诊、早处理,有利于控制疫病的传播和流行。因此,饲养人员要随时注意观察饲料、饮水的消耗,排粪和产蛋等情况,若有异常,要迅速查明原因。在小范围内采取扑灭措施,对健康鸭群采取紧急接种疫苗或进行药物防治。由于传染病发病率高,流行快,死亡率高,因此,无论什么地方或单位饲养的鸭群发生了传染病,都应及时通报,让近邻近地区注意采取预防措施,防止发生大流行。

（五）提高疫病诊断水平，减少疾病造成的损失

由各种病原引起的疫病，具有一定的特点和相似之处，必须要迅速正确地进行诊断，才能做到对症下药，及时采取防治措施，防止疫病蔓延扩大，减少疫病造成的损失。疫病诊断一般应从症状、解剖病变和流行病学调查着手，对相似症状、病变进行区别诊断，在此基础上应组织实验室诊断。实验室诊断应按照诊断要求采集病料，对所采病料进行病原体观察、培养，并进一步做琼脂扩散试验、荧光抗体试验等办法确定病原。还可继续进行药敏试验、疫苗制作和高免抗体制作，提高防治疫病效果。

八、病死鸭的无害化处理方法

鸭场发生一些烈性传染病或人畜共患病的患病鸭要立即扑杀。对于无治疗意义和经济价值不大的病鸭、死鸭尽快淘汰处理，并将这些病死鸭集中深埋或焚烧，将病鸭舍内的垫草焚烧或与粪便一起发酵后作肥料。禁止随意丢弃病死鸭。如果对有利用价值的病鸭进行加工处理时，需经动物防疫监督检验部门检疫认可后，在不扩散病原的情况下才能进行加工处理，减少损失。

（一）动物尸体的运送

1. 运送前的准备

（1）设置警戒线、防虫　动物尸体和其他被无害化处理的物品应被警戒，以防止其他人员接近，防止家养动物、野生动物及鸟类接触和携带染疫物品。如果存在昆虫传播疫病给周围易感动物的危险，就应考虑实施昆虫控制措施。如果对染疫动物及产品的处理被延迟，应用有效消毒药品彻底消毒。

（2）工具准备　运送车辆、包装材料、消毒用品。

（3）人员准备　工作人员应穿戴工作服、口罩、护目镜、胶鞋及手套，做好个人防护。

2. 装运

（1）堵孔　装车前应将尸体各天然孔用蘸有消毒液的湿纱布、棉花严密填塞。

（2）包装　使用密闭、不泄漏、不透水的包装容器或包装材料包装动物尸体，小动物和禽类可用塑料袋盛装，运送的车厢和车底不透水，以免流出粪便、分泌物、血液等污染周围环境。

3. 注意事项

箱体内的物品不能装得太满，应留下半米或更多的空间，以防肉尸的膨胀（取决于运输距离和气温）；肉尸在装运前不能被切割，运载工具应缓慢行驶，以防止溢溅;工作人员应携带有效消毒药品和必要消毒工具以处理路途中可能发生的溅溢;所有运载工具在装前卸后必须彻底消毒。

4. 运送后消毒

在尸体停放过的地方,应用消毒液喷洒消毒。土壤地面,应铲去表层土,连同动物尸体一起运走。运送过动物尸体的用具、车辆应严格消毒。工作人员用过的手套、衣物及胶鞋等也应进行消毒。

(二)尸体无害化处理方法

1. 深埋法

掩埋法是处理畜禽病害肉尸的一种常用、可靠、简便易行的方法。

(1)选择地点　应远离居民区、水源、泄洪区、草原及交通要道,避开岩石地区,位于主导风向的下方,不影响农业生产,避开公共视野。

(2)挖坑　坑应尽可能的深(2~7米)、坑壁应垂直。

(3)尸体处理　在坑底洒漂白粉或生石灰,可根据掩埋尸体的量确定(0.5~2.0千克/米^2),掩埋尸体量大的应多加,反之可少加或不加。动物尸体用10%漂白粉上清液喷雾(200毫升/米^2),作用2小时。将处理过的动物尸体投入坑内,使之侧卧,并将污染的土层和运尸体时的有关污染物如垫草、绳索、饲料、少量的奶和其他物品等一并入坑。

(4)掩埋　用40厘米厚的土层覆盖尸体,然后再放入未分层的熟石灰或干漂白粉20~40克/米^2(2~5厘米厚),然后覆土掩埋,平整地面,覆盖上层厚度不应少于1.5米。

(5)设置标志　掩埋场应标志清楚,并得到合理保护。

(6)场地检查　应对掩埋场地进行必要的检查,以便在发现渗漏或其他问题时及时采取相应措施,在场地可被重新开放载畜之前,应对无害化处理场地再次复查,以确保对牲畜的生物和生理安全。复查应在掩埋坑封闭后3个月进行。

(7)注意事项　石灰或干漂白粉切忌直接覆盖在尸体上,因为在潮湿的条件下熟石灰会减缓或阻止尸体的分解。

2. 焚烧法

焚烧法既费钱又费力,只有在不适合用掩埋法处理动物尸体时用。焚化可采用的方法有:柴堆火化、焚化炉和焚烧窑/坑等,此处主要讲解柴堆火化法。

(1)选择地点　应远离居民区、建筑物、易燃物品,上面不能有电线、电话线,地下不能有自来水、燃气管道,周围有足够的防火带,位于主导风向的下方,避开公共视野。

(2)准备火床

1)"十"字坑法 按"十"字形挖两条坑,其长、宽、深分别为2.6米、0.6米、0.5米,在两坑交处的坑底堆放干草或木柴,坑沿横放数条粗湿木棍,将尸体放在架上,在尸体的周围及上面再放些木柴,然后在木柴上倒些柴油,并压以砖瓦或铁皮。

2)单坑法 挖一条长、宽、深分别为2.5米、1.5米、0.7米的坑,将取出的土堆堵在坑沿的两侧。坑内用木柴架满,坑沿横架数条粗湿木棍,将尸体放在架上,以后处理同上法。

3)双层坑法 先挖一条长、宽各2米、深0.75米的大沟,在沟的底部再挖一长2米、宽1米、深0.75米的小沟,在小沟沟底铺以干草和木柴,两端各留出18~20厘米的空隙,以便吸入空气,在小沟沟沿横架数条粗湿木棍,将尸体放在架上,以后处理同上法。

(3)焚烧 摆放动物尸体:把尸体横放在火床上,最好把尸体的背部向下且头尾交叉,尸体放置在火床上后,可切断动物四肢的伸肌,以防止在燃烧过程中,肢体的伸展。

1)浇燃料 燃料的种类和数量应根据当地资源而定。

2)设立点火点 当动物尸体堆放完毕且气候条件适宜时,用柴油浇透木柴和尸体(不能使用汽油),然后再距火床10米处设置点火点。

3)焚烧 用煤油浸泡的破布作引火物点火,保持火焰的持续燃烧,在必要时要及时添加燃料。

4)焚烧后处理 焚烧结束后,掩埋燃烧后的灰烬,表面撒布消毒剂。填土高于地面,场地及周围消毒,设立警示牌,查看。

(4)注意事项 应注意焚烧产生的烟气对环境的污染;点火前所有车辆、人员和其他设备都必须远离火床,点火时应顺着风向进入点火点;进行自然焚烧时应注意安全,须远离易燃易爆物品,以免引起火灾和人员伤害;运输器具应当消毒;焚烧人员应做好个人防护;焚烧工作应在现场督察人员的指挥、控制下,严格按程序进行,所有工作人员在工作开始前必须接受培训。

(三)发酵法

这种方法是将尸体抛入专门的动物尸体发酵池内,利用生物热的方法将尸体发酵分解,以达到无害化处理的目的。

（1）选择地点　选择远离住宅、动物饲养场、草原、水源及交通要道的地方。

（2）建发酵池　池为圆形，深9～10米，直径3米，池壁及地底用不透水材料制作成（可用砖砌成后涂层水泥）。池口高出地面约30厘米，池口做一个盖，盖平时落锁，池内有通气管。如有条件，可在地上修一小屋。尸体堆积于池内，当堆至距池口15米处时，再用另一个池。此池封闭发酵，夏季不少于2个月，冬季不少于3个月，待尸体完全腐败分解后，可以挖出作肥料。两池轮换使用。

第三节　常见鸭病的诊断

一、如何判断鸭感染疫病

（一）群体检查

首先观察鸭群中有无精神萎靡、被毛松乱、动作迟缓、外貌异常、食欲不振或不饮、不食的鸭，然后惊动鸭群，观察鸭的动态。病鸭反应迟钝，甚至全无反应。对瘫卧不起、有患病可疑的鸭，立即挑出，进行个体检查。

（二）个体检查

1. 鸭的捕捉

及时将病鸭、低产鸭捉出，单独处理和及时淘汰，以提高养鸭经济效益。捉鸭方法不当，重者可导致鸭群停产，轻者鸭群产蛋率下降，特别是群养。因鸭胆小，神经质，遇到异常情况易惊群。

（1）捉鸭用具的制作　取60厘米左右的8号铁丝一根；1.5～2.0米长，直径1.5～2.0厘米的竹竿或木棍一根；备少量细铁线。将8号铁丝一端制成开放式扁圆，然后用细铁线将其与竹竿或木棍连接即成。将做好的捉鸭用具进行调试，其开口及扁圆大小以既不过小而套不过鸭脖子，也不过大使鸭头漏出为宜。

（2）捉鸭方法　将欲捉鸭所在的鸭群围赶到一个空栏内。如果鸭群较大，应适当分群，将鸭群缩小（40～50只为宜），然后将缩小的鸭群赶到围栏的一侧。捉鸭者手持捉鸭用具，站在离鸭群3～4米处，让鸭在围栏和捉鸭者中间的通道中零散地、慢慢地通过，当欲捉鸭出现时，用捉鸭用具迅速、准确地朝鸭脖子勾去，即可将鸭捉住。

（3）注意事项　鸭群分群时，动做要稳、慢，让鸭群在行走间分离，而不是在飞跑中进行;捉鸭用具开口及扁圆的大小,在使用过程中应经常调整,以适应捕捉不同大小鸭的需要;捉鸭时,身体不要快速前倾,而是身体慢行,持捉鸭用具的手突然、快速伸出,勾住鸭脖子。

2. 检查方法

检查者以右手握持鸭的两翅,举起鸭体,从头到尾视检全身。其方法和步骤如下:

(1)视检头颈 仔细观察头部有无苍白、发粗及变黑等现象;有无痘疮病变;眼睛、口腔、鼻孔有无异常分泌物与病变。并用左手拇指与食指压迫鸭的两颊部,同时以中指顶住下颌,使鸭张口,观察口腔中有无大量唾液储积,黏膜有无充血、出血、肿胀等病变,咽、喉头部位有无灰白色伪膜或干酪样凝块的栓塞物存在。

(2)检查呼吸道 高举鸭体,检查者附耳于鸭的上颈部,听诊其呼吸有无水咚音或狭窄间等。随即以左手拇指、食指自颈的两侧捏压鸭的喉头与气管,观察是否容易诱发咳嗽。

(3)检查体躯 视检体表,观察被毛是否清洁、紧密而具光泽,注意胸部与肛门周围有无粪便或潮湿等现象;掀起被毛,检查皮肤,看有无充血、出血、淤血、坏死及羽虱;触摸胸部、腿部肌肉,以测定其肥育程度;最后观察其四肢关节,有无肿胀或骨折等现象,以及有无鳞皮样变化等。

(4)观察粪便颜色 健康的鸭群粪便不硬不软,在粪便中有少量白色尿酸盐沉积,而病鸭粪便有绿色、白色、金黄色等多种不正常的稀粪便。鸭群拉白色稀粪是鸭群感染各种传染病的最初特征之一,应根据鸭群的病情及时用药治疗。

以上这些只是一般临床检查方法,对有些特殊的传染病,多数情况下是不能确定的。因为很多传染病特异的临床症状在发病的中后期才能表现出来。在发病的初期,不同传染病大多呈现出类似的临床症状,如体温升高、心跳加快、呼吸急促、食欲不振、精神萎靡等。同时,因为病原体毒力的大小、机体抵抗力的强弱、病原体侵入的途径、环境条件的优劣等不同,可使鸭表现出不同的临床症状。并不是所有传染病的经过都具有特征性症状,某些传染病表现为消散型、顿挫型或非典型,有些传染病的经过是无症状的。所以,有些疾病不可能确定诊断,必须结合其他辅助诊断方法综合分析判断。

3. 病理剖检

病理剖检即对患鸭或病死鸭的尸体进行剖解,以全面、细致地检查病鸭各个器官、组织的病理变化,为快速诊断疾病提供重要依据。在临床上,大多数鸭病没有特征性的临床症状,想从临床症状上把每种病鉴别开是比较困难的;另外,尽管实验室检查对鸭病的诊断起决定作用,但它往往要有一定的设备条件,且常需要较长的时间。而禽的病理剖检诊断方法简单易行,也比较容易掌握,因此,对于经验丰富的禽病工作者来说,病理剖检是鸭病诊断最主要的手段。

病理剖检一般遵循由外向内,先无菌后污染,先健部后患部的原则,按顺序、分器官逐步完成。

第一步,活禽应首先放血处死、死禽能放出血的尽量放血,检查并记录患鸭外表情况,如皮肤、羽毛、口腔、眼睛、鼻孔、泄殖腔等有无异常。

第二步,用消毒液将禽尸羽毛沾湿或浸湿,避免羽毛、尘屑飞扬,然后将禽尸放在解剖盘中或塑料布上。

第三步,用刀或剪把腹壁和两侧大腿间的疏松皮肤纵向切开,剪断连接处的肌膜,两手将两股骨向外压,使股关节脱臼,卧位平稳。

第四步,将龙骨末端后方皮肤横行切断,提起皮肤向前方剥离并翻置于头颈部,使整个胸部至颈部皮下组织和肌肉充分暴露,观察皮下、胸肌、腿肌等处有无病变,如有无出血、水肿,脂肪是否发黄,以及血管有无淤血或出血等。

第五步,皮下及肌肉检查完之后,在胸骨末端与肛门之间做一切线,切开腹壁,再顺胸骨的两边剪开体腔,以剪刀就肋骨的中点,由后向前将肋骨、胸肌、锁骨全部剪断,然后将胸部翻向头部,使体腔器官完全暴露。然后观察各脏器的位置、颜色、有无畸形,浆膜的情况,如有无渗出物和粘连,体腔有无积水、渗出物或出血。接着剪断腺胃前的食管,拉出胃肠道、肝和脾,剪断与体腔的联系,即可对肝、脾、生殖器官、心、肺等进行观察。若要采取病料进行微生物学检查,一定要用无菌方法打开体腔,并用无菌法采取需要的病料(肠道病料的采集应放到最后),后再分别进行各脏器的检查。

第六步,将禽尸的位置倒转,使头朝向检者,剪开嘴的上下连合,伸进口腔和咽喉,直至食管和食管膨大部,检查整个上部消化道,然后再从喉头剪开整个气管和两侧支气管。观察后鼻孔、腭裂及喉口有无分泌物堵塞,口腔内有无伪膜或结节;再检查咽、食管和喉、气管黏膜的颜色,有无充血、出血和渗出物。

第七步,根据需要,还可对鸭的神经器官如脑、关节囊等进行剖检。脑的剖检可先切开头顶部皮肤,从两眼内角之间横行剪断颅骨,再从两侧剪开顶骨、枕骨,掀除脑盖,暴露大、小脑,检查脑膜以及脑髓的情况。

第四节　鸭病毒性疾病及防治

一、鸭瘟

本病又名鸭病毒性肠炎,俗称"大头瘟",是由鸭瘟病毒引起的一种高死亡率的急性、热性传染病。其特征是体温升高、两腿麻痹发软,腹泻、排绿色稀薄粪便,流泪,部分鸭头颈部肿大。本病发病迅速,发病率和死亡率都很高,严重威胁着养鸭业的发展。

【流行病学】各种年龄和品种的鸭均可感染,但在鸭瘟流行时,成年鸭发病和死亡比较严重,2月龄以下的小鸭发病较少。本病一年四季均可发生,但以春夏之交和秋季最易流行。其传染源主要是病鸭和带毒鸭,以及其他带毒的水禽、飞鸟之类。当健康鸭一旦接触这些带毒的禽类所排出的粪便及其分泌物污染的饲料、饮水、饲养工具等,即感染发病。本病的主要传染方式是消化道感染,也可通过滴鼻、泄殖腔、注射及某些吸血昆虫等引起发病,从而造成疫病流行。

【临床症状】潜伏期一般为2～4天,病鸭体温急剧升高达43～44℃,呈稽留热型;初期表现精神萎靡,低头缩颈,呼吸困难,常伴有湿啰音,食欲降低,渴欲增加,不愿下水;两肢发软,步态蹒跚,经常卧地,难于走动,驱赶时两翅扑地而走;眼四周湿润、怕光、流泪,有的因附有脓性分泌物而两眼鼓合;鼻孔内流浆液性或黏液性分泌物;部分病鸭头颈部肿胀;病鸭下痢、排绿色稀便,有时为灰白色,肛门周围羽毛被污染,常附有稀粪结块。后期,病鸭体温下降,体质衰竭,不久死亡。产蛋鸭群的产蛋量减少30%左右,随着死亡率的增高,可减产60%以上,甚至停产。病鸭在出现症状后1～5天内死亡。患有鸭瘟的病鸭如图6-4所示。

【病理剖检】以全身性急性败血症为主要特征。全身的浆膜、黏膜和内脏器官,有程度不同的出血性斑点或坏死。剖检病变主要在消化道,即口腔咽喉头周围可能有坏死灶,食管黏膜具有纵行排列的灰黄色伪膜覆盖,此伪膜不易剥离,剥离后呈现出不同大小的、特征性的红色溃疡灶(图6-5)。腺胃黏膜有出血斑点,有时在腺胃与食管膨大部交界处,有一条灰黄色坏死带或出血带,肌胃角质膜下层充血,有时出血。肠黏膜有充血和出血性炎症。泄殖腔黏膜有出血或溃疡,小肠有出血,心脏有出血点,肝脏微肿胀,有淤血和出血斑点。

图 6 - 4 鸭瘟病鸭

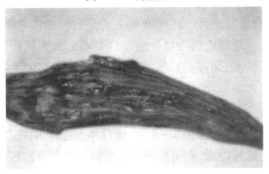

图 6 - 5 食道黏膜变化

【诊断】根据症状、剖检和组织病理学变化可做出初步诊断,确诊需分离和鉴定病毒。

【治疗方法】一旦发生疫情,立即向当地动物防疫监督机构上报疫情,按法定要求采取封锁、隔离、焚尸、消毒等综合措施扑灭疫情。患疫场舍等也可用3%热氢氧化钠液喷洒消毒。对疫区或威胁区内的健康鸭群或疑似感染群,应立即使用鸭瘟鸡胚弱毒苗等接种,1～2头份/只。

早期治疗可取抗鸭瘟病高免血清,肌内注射0.5毫升/只,有一定疗效;也可肌内注射聚肌胞,0.5～1毫升/只,1次/3天,连用2～3次。

【防治措施】第一,严防从疫区引进种蛋或病鸭,严格做好各环节防检疫及消毒工作,日常定期用10%石灰乳或5%漂白粉液消毒场舍等。

第二,加强饲养管理,提高鸭群健康水平,适当添喂多维,增强机体免疫力。定期注射鸭瘟弱毒冻干苗,2月龄以上每只胸肌注射1毫升,免疫期6个月,雏鸭按每只2毫升加水拌入饲料内,早餐空腹一次喂给。

第三,发生鸭瘟时,应仔细检查,及早剔除病鸭,隔离可疑病鸭,健康鸭群另行隔离饲养,用10%～20%生石灰水或热草木灰水,对鸭棚、场地、工具等进行消毒,对健康鸭进行紧急疫苗接种。

二、鸭病毒性肝炎

鸭病毒性肝炎是由鸭病毒性肝炎病毒引起的雏鸭的一种急性、烈性和致死性传染病,该病的特征是发病急、传播迅速、死亡率高。在自然条件下,鸭病毒性肝炎只发生于雏鸭,成鸭亦可感染,但不表现症状而成为隐性带毒者。

【流行病学】本病主要经消化道和呼吸道传播。暴发本病的鸭场多是由于从疫区或发病鸭场购入带病的雏鸭传染所致。此外,人员流动如饲养员串舍、外场人员参观、卫生检查人员的串场走动、收购病残鸭的小贩等都可能成为传播本病的重要途径。车辆往来、用具和垫草不经消毒处理反复使用、在场内乱扔病死鸭等,也常是传播本病的重要方式。本病一年四季都有发生,以冬、春季节发病较多,这可能与鸭舍卫生环境较差有关。严重情况下发病率100%,死亡率达90%。随着日龄增长,发病与死亡率逐渐减少。

【临床症状】雏鸭开始发病时未见任何症状而突然死亡,几小时就会波及全群,出现多种不同的临诊症状。病初,精神委顿,体质衰弱,食欲废绝,缩颈,翅下垂,呆立瞌睡,强行驱赶则行走迟缓。不久,病鸭出现神经症状,运动失调,身体歪向一侧,全身抽搐,头向后仰,背部着地,转圈下蹲,两脚痉挛性踢蹬,呈角弓反张姿势,常在出现神经症状数小时或数分钟后死亡,有“背脖病”之称。死后喙端和爪尖淤血,呈暗紫色,少数病雏死前出现腹泻,排黄白色或绿色稀粪。患有病毒性肝炎的病鸭如图6-6所示。

图6-6　病毒性肝炎症状

【病理剖检】剖检病死鸭,特征性病变在肝脏。所有剖检病例肝均肿大、质脆,肝脏表面有大小不等的出血斑点,个别有坏死灶,色暗淡或发黄,呈斑驳状,有的肝脏呈土黄色或红黄色(图6-7);胆囊肿大,充满胆汁,胆汁草青色或淡红色;脾脏肿大,呈斑驳状花纹样;大多数病例肾脏肿胀,呈树枝状充血;胰脏充血呈粉红色;心肌质软,脑充血及软化。

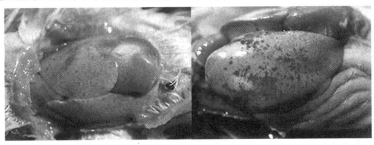

图6-7　肝脏病理变化

【诊断】本病发病急、传播迅速、病程短;3周龄内死亡率高,成年鸭不发病;病鸭有明显的神经症状;病变主要表现为肝脏的变性和出血。根据这些特点可做出初步诊断。

确诊可用病毒分离物接种1~7日龄的敏感雏鸭,复制出该病的典型症状与病变,而接种同一日龄的具有鸭病毒性肝炎母源抗体的雏鸭,则有80%~100%的保护率,即可确诊。将病鸭肝细胞悬液或血液无菌处理后,接种9日龄鸡胚,根据所出现的鸡胚特征性病变也可确诊。也可利用直接荧光技术在自然病例或接种鸭胚的肝脏进行快速准确诊断。

【治疗方法】对发病初期死亡较少的鸭群,立即逐只注射鸭病毒性肝炎高免血清,每只0.5毫升,对有发病症状的鸭,可注射0.8毫升;没有高免血清时,可注射高免卵黄抗体,根据体重分别注射1~2毫升。在注射血清和卵黄抗体的同时,应用1瓶禽用白细胞干扰素溶于10升干净饮用水,供500~1 000只鸭饮用,每天3次连用3~5天。

对发病鸭群,用雏鸭病毒性肝炎高免卵黄液皮下或肌内注射每只0.5~1毫升,一般2~3天内可控制病情,为避免针头接种性传染,要做到一只一个针头注射。

0.01%病毒唑、0.01%恩诺沙星饮水,同时饮水中加入倍量电解多维,连用3~5天。

板蓝根、黄芩、蒲公英、地丁各100克,茵陈、地骨皮、夏枯草各120克,连翘80克,柴胡、升麻各70克,苍术、白术各40克,共同粉碎后按每只鸭每日3克的量加入饲料中饲喂,连用5~7天。

茵陈、胆草、黄芪、黄柏、栀子、柴胡、板蓝根、银花、勾藤、建曲各 30 克,防风、荆芥各 15 克,甘草 20 克(200 只用量),煎水饮喂,喂前先给雏鸭断水断食 2～3 小时,待其饥渴时给药,并多给水,使每只鸭都能吃到吃足,连用 3 天;或研末拌入饲料中喂鸭。

【防治措施】

第一,鸭群发病后立即与其他假定健康鸭群严格隔离,并实行专人管理,禁止无关人员进入或接近,以避免病情进一步向周围扩散。饲养人员出入养殖大棚要严格遵守消毒制度,淘汰的病重鸭与死鸭,须经过焚烧或在远离水源的地方深埋处理。污染的垫料、粪便和饲料用具等未经消毒处理不能随便运出场外。对发病鸭棚的周围环境,用过氧乙酸进行喷雾消毒,每天 1 次,直至鸭群出栏。对发病鸭群,用百毒杀带鸭消毒,每天 1 次,直至病情完全康复,带鸭消毒时要预先提高育雏室的温度 2～3℃,以避免应激而造成鸭群病情加重。

第二,加强饲养管理,建立严格的卫生消毒制度。实践证明,暴发本病的鸭场多是由于从疫区或发病鸭场购入带病的雏鸭所致。因此,应严禁从发病鸭场或孵化房购买雏鸭,严禁场外人员不经消毒进场或单圈,育雏室门前设消毒池,严格按卫生消毒要求处理病死鸭等。进雏前与饲养过程中应建立完善的卫生消毒制度,确保饲养环境卫生洁净。

第三,提高防疫意识,进行特异性预防。进雏前应了解种鸭场对该病的免疫情况。若母鸭免疫确实,具雏鸭母源抗体可维持 2 周左右时间,基本可度过易感危险期。如果饲养环境卫生状况较差,提倡在 10～14 日龄进行鸭肝炎疫苗的主动免疫。若母鸭未经免疫,雏鸭应于 1 日龄主动免疫疫苗。一旦小鸭发生本病,迅速注射卵黄抗体,可迅速有效降低死亡率和防止流行。亦可用卵黄抗体进行被动免疫预防,一次免疫有效期为 5～7 天。

三、鸭细小病毒病

本病是由细小病毒引起的一种急性、败血性的传染病。主要侵害 1～3 周龄的雏鸭,特别多见于 10～18 日龄者。临床特征为腹泻、呼吸困难和软脚。

【流行病学】发病多在 2～4 周龄,病程为 2～5 天,死亡率可达 40%～50%。成鸭可感染但不发病,成为带毒者,主要通过消化道感染。该病一年四季都可发生,发病无明显的季节性。

【临床症状】病初精神萎靡,食欲不振或废绝,渴欲增加,呆滞,发病鸭普遍出现下痢、口吐黏液、采食量减少等症状,个别鸭临死前出现转脖、抽搐的情况,表现为营养不良和无毛,这些症状颇似小鹅瘟,死亡率达80%以上。日龄较大一般没有神经症状,发病鸭表现为下痢、采食量减少。

【病理剖检】喙发绀,鼻、喉、气管有黏液,肝肿大,质变硬,少数病例有腹水。其特征性病变在消化道、肠道黏膜有不同程度的充血和出血,十二指肠和直肠后段黏膜出血更甚,一侧或两侧盲肠有香肠状栓塞物,呈灰白色或灰黄色。胰脏表面有大量的白色坏死点或出血,胆囊肿胀、充满胆汁。

【诊断】根据临床症状、感染禽的日龄、剖检和组织病理学变化,可做出初步诊断,确诊必须分离和鉴定病毒。

【治疗方法】高免血清:对发病鸭进行治疗时,使用剂量为每只雏鸭皮下注射3毫升,治愈率可达70%。对症治疗:没有高免血清时,可以采用对症治疗,如补充电解质及多维,尤其是维生素A及维生素D,饲料或饮水中加入抗生素,以降低继发感染和死亡率。

【防治措施】第一,于母鸭产蛋前20~30天和产蛋中期,采用雏鸭细小病毒病弱毒疫苗做免疫接种,肌内注射,2~4头份/只。母鸭经过上述免疫接种,一般可使其生产的雏鸭获得对本病的抵抗力。上述疫苗亦可以用于雏鸭1日龄时做免疫接种,以预防本病。第二,当雏鸭发生本病时,应及时采用雏鸭高免卵黄抗体或高免血清做治疗,肌内注射,1~1.5毫升/只,同时在饲料中添加适量抗菌药物,加速百治10~15毫克/(只·天),或丁胺卡那霉素1万~2万单位/(只·天),连用2~3天。同时,应给病鸭饲料中添加适量鱼肝油和畜禽生长素,以防止病鸭发生骨质松软等后遗症。第三,应当注意,因雏鸭在感染鸭细小病毒的同时,往往合并感染小鸭瘟病毒,故在防治雏鸭细小病毒病的同时,应配合防治雏鸭感染小鸭瘟(上述用于母鸭或1日龄小鸭的疫苗加入等量小鸭瘟弱毒疫苗,用于病雏鸭的高免抗体或高免血清最好是雏鸭细小病毒、小鸭瘟二联抗体或血清)。

四、鸭流感

鸭流感是由具有致病力的A型流感病毒,特别是H5或H7亚型毒株引起的鸭的一种病毒性传染病。高致病性鸭流感的死亡率高,继发细菌感染是致死的重要原因。

【流行病学】病鸭和带毒鸭是主要传染源,在它们排出的粪便中含毒量较高,很容易污染饲料、湖泊和水塘。一般经口感染,2~6周龄的雏鸭易感,发病率和死亡率与病毒株的强弱有关,也与继发其他病有关。一年四季都可发生,但以冬、春季节为主要流行季节。本病的传播一般认为要通过密切接触,也可经蛋传染,患鸭的羽毛、肉尸、排泄物、分泌物以及污染的水源、饲料、用具均成为重要的传染来源。本病的人工感染可以通过多种途径感染。

【临床症状】潜伏期变化很大,短的几小时,长的可达数天,这取决于病毒株的强弱、感染剂量、感染途径和有无合并症以及鸭的品种、年龄等。各种日龄鸭均有很高的发病率和死亡率,产蛋鸭主要表现为大幅度减蛋。有些雏鸭感染后无明显症状,很快死亡,但多数病鸭会出现呼吸道症状。

表现沉郁、眼眶湿润、流泪、流鼻涕、病初打喷嚏,鼻腔内有浆液性或黏液性分泌液,鼻孔经常堵塞,呼吸困难,常有摆头、张口喘气症状。一侧或两侧眶下窦肿胀。有些病鸭腿软无力,不能站立,俯卧地上。

产蛋鸭多发生于气候骤变时,突然发病,感染后数天内产蛋量迅速下降,有的鸭群产蛋率由90%以上可降到10%以下或停产。发病期常产小型蛋、畸形蛋。产蛋恢复缓慢,难以达到原产蛋水平。病鸭除有个别因继发感染而死亡外,很少死亡。

【病理剖检】急性死亡的患鸭,全身皮肤充血、出血,喙和头部皮肤出血,蹼充血、出血,皮下特别是腹部皮下充血和脂肪有散在性出血点。肝脏肿大,呈淡土黄色,有出血斑。脾脏肿大、出血、表面有灰白色坏死点。胰腺有出血点或出血斑。部分病例腺胃和肌胃交界处出血。十二指肠黏膜出血、空肠、回肠黏膜有间断性2~5厘米环状带。肾脏肿大,成花斑状出血。脑膜充血,胸膜严重充血,并有淡黄色纤维素物附着。患病产蛋鸭的主要病变在卵巢,卵泡比较大,卵泡膜严重充血、出血,有的卵泡萎缩,卵泡膜出血,呈紫葡萄状,有的病例卵泡破裂于腹腔内。

【诊断】根据雏鸭的高发病率和死亡率、特异的症状与剖检变化,尤其是胰腺的出血或坏死灶,常可做出初步诊断。但由于该病常有继发感染,如传染性浆膜炎或大肠杆菌等,极易发生误诊。

【治疗方法】本病尚无切实可行的药物治疗方法。已确诊为高致病性禽流感后应采取隔离、封锁、扑杀和消毒等措施,不应试治,以免扩大传染,造成更大的经济损失。

【防治措施】第一,平时加强饲养管理和防疫措施,特别注意不从疫场引进雏鸭,对人员、车辆、管理用具等严格消毒,一旦发生可疑疫情,应迅速上报畜牧兽医主管部门,确诊后应立即采取严格隔离、封锁、扑杀和消毒措施。第二,免疫接种。对受威胁的易感鸭群可使用国家规定的特定血清型的禽流感疫苗免疫接种。

五、鸭痘

鸭痘是由痘病毒引起的一种急性传染病,其临床特征是在皮肤、口腔或眼睛上出现痘斑。

【流行病学】病原为鸭痘病毒,是禽痘病毒群中的一个新成员。目前,对该病毒的生物学特性了解甚少,但在临床症状和病理变化上,与其他禽类的痘病相似。

【临床症状】各种日龄的鸭均可感染,雏鸭比成年鸭易感。该病分为皮肤型、口腔型和眼型三种不同的临床类型。其中以皮肤型较多见,约占90%,眼型约占3%。病初体温稍高、迟钝、食欲下降、产蛋下降或完全停止。

皮肤型:在鸭的嘴角和与鸭喙连接的皮肤上、眼睛处皮肤上,出现大小不等的结节状痘样疹,并经常汇集成较大的疣状结节。其他如跗关节以下的足部趾或蹼上,也会出现结节状痘样疹,这样的病例约占3%。

口腔型:最初在口腔黏膜上出现灰白色痘疹,在口角处有结节样疹,痘疹逐渐变黄,后期形成溃疡,经10~15天愈合,不形成伪膜。

眼型:病初有水样分泌物,后来逐渐形成脓性结膜炎,常将上下眼睑黏合在一起,严重时,可导致一侧或两侧眼睛失明。有时,也出现皮肤型与眼型或与口腔型的混合型鸭痘。

【病理剖检】一般鸭痘的病变除化脓期外,与鸡痘各阶段相似,痘样结节状病变干涸后成痂,痂脱落后留下一个暂时性的瘢痕。皮肤结节在上皮层发生坏死,破坏了正常的细胞结构,表皮下层细胞增生,个别细胞明显膨大似气球。真皮下层基底部发生水肿,有异嗜性细胞中有包涵体。真皮下层基底部发生水肿,有异嗜性细胞和其他炎性细胞聚集。该处毛细血管扩张,充满血液细胞。

【诊断】一般根据临床表现和病理变化可以做出诊断。为进一步确诊,可采取皮肤痘痂及病变组织送兽医检验部门做病毒分离和病理组织学检查。

【治疗方法】大群鸭用吗啉胍按照0.1%的量拌料,连用3~5天,为防继发感染,饲料内应加入0.2%土霉素,配以中药鸭痘散(龙胆草90克,板蓝根60克,升麻50克,野菊花80克,甘草20克,将上述中药加工成粉,每日成年鸭2克/只,均匀拌料,分上午、下午集中喂服,一般连用3~5天)疗效更好。

对于病重鸭,皮肤型可用镊子剥离痘痂,伤口涂抹碘酊或紫药水。

对于痘斑长在眼睑上,造成眼睑粘连、眼睛流泪的鸭可以采用注射治疗的方法给予个别治疗,用法为:青霉素1支(40万国际单位);链霉素1支(10万国际单位），病毒唑 1 支，地塞米松 1 支，混匀后肌内注射，40 日龄以下注射 10 只鸭，40 日龄以上注射 5 ～ 7 只鸭。一般连续注射 3 ～ 5 次，即可痊愈。

【防治措施】鸭痘鸡胚化弱毒疫苗肌内注射，其他通常采取一般综合性防治措施。

六、鸭冠状病毒性肠炎

鸭冠状病毒性肠炎俗称"烂嘴壳"，是由冠状病毒属的鸭肠炎病毒引起的以剧烈腹泻为特征的急性传染病。

【流行病学】病原主要随传染源的排泄物向外界排出，以水平传播的方式传播。20 日龄前后的鸭发病率最高，甚至凶猛暴发流行。开始少数发病，1 ～ 2 天后出现死亡高峰，发病率和死亡率几乎 100%。

【临床症状】本病的潜伏期为 4 天左右，多为急性，发病 1 ～ 2 天后出现死亡高峰，发病率和死亡率几乎 100%。发病急，病雏缩头拱背，畏寒，眼半闭。开始排稀粪，进而腹泻，粪呈白色或黄绿色。喙壳由黄变紫，喙上皮脱落破溃。眼有黏液性分泌物，有的表现神经症状，两脚后蹬、直伸，头向后弯曲，呈观星状，稍加驱逐可促进死亡。

【病理剖检】病鸭咽喉黏膜呈卡他性炎症，黏膜易脱落。整个肠管充血、水肿，尤以十二指肠为严重，十二指肠及肠系膜出血；外观是紫红色，内有血性黏液，黏膜脱落，并形成溃疡。盲肠盲端黏膜有白色附着物。

【诊断】临床症状和病理变化只能作为诊断的参考依据，通过接种鸭胚或 1 ～ 4 日龄雏鸭，检查其感染性。采用免疫电镜、病毒中和实验、直接荧光抗体等方法进行确诊。

【治疗方法】目前，对本病尚无特效治疗药物，可采用抗病毒注射液控制感染，可降低死亡率，减少经济损失。

【防治措施】可在种鸭产蛋前建立主动免疫，使雏鸭出壳时即具有母源抗体，到 10 日龄时再给予高免抗体，对预防本病有明显效果。

第五节　鸭细菌性疾病

一、小鸭传染性浆膜炎

小鸭传染性浆膜炎是由鸭疫巴氏杆菌引起的、主要侵害小鸭的传染病，亦称鸭疫巴氏杆菌病。本病是危害肉鸭养殖业最为严重的传染病之一，急性型发作的特点是发病迅速、发病率高以及出现神经症状。由于高死亡率、体重下降以及淘汰,造成很大经济损失。

【流行病学】鸭传染性浆膜炎主要是小鸭的一种传染病,病原为鸭疫巴氏杆菌,为革兰阴性的小杆菌,血清型较多,1~8周龄的鸭易感,尤以2~3周龄的小鸭最易感。本病一年四季都可以发生,特别是秋末和冬、春季节严重,主要经呼吸道或经皮肤外伤感染。由于育雏室饲养密度过大,空气不流通、潮湿、卫生条件差,饲养粗放,饲料中缺乏维生素、微量元素及蛋白水平过低等均易造成疾病的发生和传播。

【临床症状】最急性型:常见不到任何明显症状而突然死亡。

急性型:病初表现眼流出浆液性或黏性的分泌物,常使周围羽毛粘连或脱落。鼻孔流出浆液或黏液性分泌物,有时分泌物干涸,堵塞鼻孔。轻度咳嗽和打喷嚏。粪便稀薄呈绿色或黄绿色。嗜睡,缩颈或嘴抵地面,腿软,不愿走动,步态蹒跚。濒死前出现神经系统症状,如痉挛、背脖、两腿伸直呈角弓反张状,尾部摇摆等,不久抽搐而死,病程一般2~3天。

慢性型:多见于日龄较大的小鸭,病程1周以上。病鸭表现精神沉郁,少食,共济失调,痉挛性点头运动、前仰后翻、翻转后仰卧、不易翻起等症状。少数鸭出现头颈歪斜,遇惊扰时不断鸣叫和转圈、倒退等,而安静时头颈稍弯曲,犹如正常,因采食困难,逐渐消瘦而死亡。患传染性浆膜炎的病鸭如图6-8所示。

图6-8 传染性浆膜炎病鸭

【病理剖检】特征性病理变化是浆膜面上有纤维素性炎性渗出物,以心包膜、肝被膜和气囊壁的炎症为主。气囊混浊增厚,气囊壁上附有纤维素性渗出物。脾脏肿大或肿大不明显,表面附有纤维素性薄膜,有的病例脾脏明显肿大,呈红灰色斑驳状。脑膜及脑实质血管扩张、淤血。慢性病例常见胫跗关节及跗关节肿胀,切开见关节液增多。少数输卵管内有干酪样渗出物。

【诊断】根据流行病学、临床症状、病理变化进行综合分析,可以做出初步诊断。如果要进行确诊,可采取镜检和细菌培养等实验室手段,在细菌分离培养时,可用血液培养基培养再接种到鉴别培养基上进行鉴定。

【治疗方法】庆大霉素按 4 000 ~ 8 000 单位/千克体重肌内注射,每天 1 ~ 2 次,连用 2 ~ 3 天;利高霉素按药物有效成分 0.044% 拌料口服 3 ~ 5 天;磺胺喹沙啉,按 0.1% ~ 0.2% 比例拌料口服 3 天,停药 2 天后再喂 3 天;青霉素、链霉素肌内注射,雏鸭各 0.5 万 ~ 1 万国际单位,中幼鸭各 4 万 ~ 8 万国际单位。注意:四环素对本病无效。

最有效的治疗措施是单独肌内注射链霉素和双红链霉素,剂量为每一种药物 83 毫克。在发病前期或疾病的极早期,利用三甲氧苄胺嘧啶 - 磺胺嘧啶(8%/40%)联合饮水给药亦能取得较为满意的效果。方法是每 4 升饮水加入 1 毫升,给药 3 ~ 5 天。治疗用药也可用林可霉素和奇霉素联合肌内注射或青链霉素联合肌内注射。青链霉素剂量为每千克体重各 2 万 ~ 4 万国际单位,每天 2 次,连用 3 天。

【防治措施】第一,合理的饲养管理可以有效地预防本病,特别是注意环境污染和应激。平时应加强鸭舍通风、干燥、防寒及清洁卫生工作。第二,接种鸭疫巴氏杆菌苗,7 ~ 10 日龄时注射 1 次,20 ~ 25 日龄再注射一次,保护率可达 90% 以上。第三,发病的鸭场,应采取综合防治措施,消除和切断传染源,达到控制和预防本病的目的。可用抗毒威带鸭消毒,每 2 周带鸭消毒两次。烧毁死鸭,隔离发病鸭群,以制止疾病传播。鸭舍经彻底清洁消毒后,空闲 2 ~ 4 周方能使用。不同年龄的鸭群应分开饲养。

二、鸭霍乱

鸭霍乱又称鸭出血性败血病、鸭出败,本病是由多杀性巴氏杆菌引起的一种急性败血性传染病,本病特点主要以急性型为主,有时也可出现慢性型。发病率和死亡率都很高,发病急、死亡快,秋季易发,对养鸭业危害严重。

【流行病学】多杀性巴氏杆菌是一种多形性革兰阴性球杆菌,呈两极染色特征。根据特异的荚膜抗原与菌体抗原,将多杀性巴氏杆菌定为各种血清型。它是养鸭业最为主要的疾病之一,出现气温较高、多雨潮湿、天气骤变、饲养管理不良等多种因素,都可促进本病的发生和流行。各种日龄的鸭群均可因接触病禽污染的场地、饲料、饮水、运输工具及往来人员等而感染发病,但以 30

日龄内的雏鸭发病率和死亡率最高。

【临床症状】3周龄以上小鸭对本病高度敏感,小鸭常发生急性和最急性霍乱,种鸭通常为慢性感染。小鸭发病后常见死亡,病鸭精神委顿,口腔流出绿色的黏液性分泌物和发生腹泻。急性型病鸭,不愿下水,强行驱赶下水,则行动缓慢,常落在鸭群后面。病鸭羽毛粗乱、两翅下垂,缩脖,厌食、甚至废绝,嗉囊中积食不化,渴欲增加,体温升高,常从口鼻中流出黏液,呼吸困难,为了将积在喉头的黏液排出,病鸭常常摇头,故本病俗称"摇头瘟"。病鸭下痢较为严重,排出腥臭的灰白或铜绿色的稀粪,并可能混有血液。病鸭常常瘫痪,不能行走,在1~3天之内死亡,很少有康复的。患慢性型霍乱的种鸭表现为呼吸困难和腹泻。

【病理剖检】病变为典型的败血症。心脏、肠系膜和腹部脂肪有小出血点,肝肿胀、质脆,在发病早期有出血现象,然后在肝脏表面见有白色针尖大小的凝固性坏死病灶。腹腔脂肪和浆膜等处有小点出血或形成出血斑,脾脏呈花斑状且质脆。气囊无病变,但肺有时有出血和发硬,慢性病例产生化脓性和局灶性病变;种鸭可见有纤维素性心包炎、肝周炎和气囊炎,在肺和皮下组织也可见类似病变;产蛋鸭常见蛋黄破裂和卵黄性腹膜炎。

【诊断】根据临床症状和病理变化能做出诊断,但确诊则必须分离和进行细菌鉴定。在鉴定本病时要注意和鸭病毒性肠炎、大肠杆菌病、鸭疫里氏杆菌病及丹毒病区分。

【治疗方法】本病治疗选用磺胺类和抗生素类药物效果较好,尤以肌内注射＋拌料(饮水)效果明显。如青霉素钠盐用复方安基比林液稀释后,肌内注射1万~2万国际单位/只,1次/天,连用3天;同时,取土霉素粉按60~250毫克/升拌水混饮,连喂5~7天。

肌内注射链霉素5万~10万国际单位/只,磺胺二甲基嘧啶按0.1%拌水混饮,或按0.5%拌料混饲病鸭群。

双黄连口服液按2.5毫升/升拌水混饮,连用3~5天。

【防治措施】第一,日常加强饲养管理和防疫消毒工作,对各阶段的鸭群分群饲养,严防外来畜禽及鸟等入场。不从疫区引进种鸭或雏鸭,引进鸭群要隔离饲养15~30天,确认无病后方能入场。一旦发生疫情,要及时上报并按法定要求做好扑疫工作。消毒灭疫可用0.5%漂白粉、0.3%过氧乙酸等。第二,常发病地区或疑发病地区,可组织健康鸭群接种禽霍乱菌苗。

三、雏鸭副伤寒

雏鸭副伤寒病是由沙门菌引起的一种主要侵害雏鸭的急性或慢性传染病,以下痢和内脏器官的灶性坏死为特征,若养鸭者对其没有一个足够的认识,常可导致惨重的经济损失。

【流行病学】病原为沙门杆菌属的多种细菌,有 6～7 种,最主要的是鼠伤寒沙门菌。传染来源是病鸭和带菌鸭的排菌,污秽的蛋壳上常带这些细菌,养鸭者必须注意对种蛋进行严格的消毒。本病原主要经消化道(摄食污染的饲料或饮用污染的饮水)和呼吸道而感染,饲养管理人员也可传播,应予重视。

【临床症状】本病潜伏期一般为 10～20 小时,少数潜伏期长。其症状分急性、慢性和隐性 3 种类型。

急性:常发生在 3 周龄以内的雏鸭。感染的雏鸭精神不振,不思饮食,两翅下垂,缩颈呆立,不愿活动,两眼流泪或有黏性分泌物。常见腹泻、战抖和共济失调,最后常因抽搐、角弓反张而死,病程一般 1～5 天。

慢性:常发生在 1 月龄左右的雏鸭和中鸭中,表现为精神萎靡,食欲不振,粪便软稀,严重时下痢带血,逐渐消瘦,羽毛松乱,也有喘气、关节肿胀、跛行等症状。通常死亡率不高,只有在其他细菌继发感染情况下,才呈现较高死亡率。

隐性:不表现临床症状,但其粪便中带菌,能导致本病流行。

【病理剖检】最急性暴发可能看不到病变,病程稍长者消瘦、失水、卵黄囊吸收不良。肝脏肿大,呈青铜色,有灰色坏死灶,气囊轻微混浊,有黄色纤维蛋白样斑点,盲肠扩张,内含干酪样物质,直肠肿大、出血。心包、心外膜及心肌发生炎症。

【诊断】本病主要靠实验室诊断、分离和鉴定病原菌。

【治疗方法】应用药物预防和治疗本病也是有效的,常用链霉素肌内注射,硫酸多黏菌素、新霉素、庆大霉素等,用 0.04% 呋喃唑酮拌料喂给,连用 3 天,效果很好。

【防治措施】第一,防止种蛋污染,保持产蛋箱清洁卫生,经常更换垫料,种蛋及时分类、消毒、入库。

第二,各种工具、设备定期消毒,注意灭鼠灭蚊蝇,饲料、饮水要消毒,防止雏鸭感染。

第三,环境条件对本病的发生有重要的影响,所以保持养鸭场的清洁卫生是非常必要的。加强饲养管理,防寒防暑防潮通风,常换垫草。

四、鸭大肠杆菌病

鸭大肠杆菌病又称鸭大肠杆菌败血症,大肠杆菌病是由埃希大肠杆菌引起的侵害多种动物的一种常见病。可侵害各种日龄的鸭,但以 2~6 周龄的小鸭或中鸭多发,是鸭的常发病。

【流行病学】发病鸭场常常卫生条件差、潮湿、饲养密度过大、通风不良、空气污浊。发病季节在北方以秋末和冬、春季节多见。初生雏鸭感染是由于蛋被污染,如带菌的蛋或蛋壳被污染而细菌进入蛋内,出壳后遇到不良环境的影响。

【临床症状】新出壳的雏鸭发病后,体弱,闭眼缩颈,常出现腹泻,多因败血病死亡。较大的雏鸭病后,精神委顿,食欲减退,隔立一旁,缩颈嗜眠,两眼和鼻孔处常附有黏液性分泌物,有的病鸭排出灰绿色粪便,呼吸困难,常因败血症或体弱、脱水死亡。成年鸭表现喜卧,不愿走动,站立时可见腹围膨大,触诊腹部有波动感,穿刺有腹水流出。

【病理剖检】特征是全身浆膜渗出性炎症,即主要在心包、肝被膜、气囊表面附有黄白色纤维性渗出物,浅黄绿色,呈网状,气囊变厚,混浊。脾脏肿大,卵巢出血,腹水为淡黄色。有些病例卵黄破裂、腹腔内混有卵黄物质。肠道呈卡他性或坏死性炎症,有些雏鸭卵黄吸收不全。

【诊断】根据流行病学、临床症状和病理剖检可初步诊断,确诊需进行细菌培养和分离。

【治疗方法】应选择敏感药物在发病日龄前 1~2 天进行预防性投药,或发病后做紧急治疗。

抗生素:氨苄青霉素按 0.2 克/升饮水或按 5~10 毫克/千克拌料内服;阿莫西林按 0.2 克/升饮水;庆大霉素 2 万~4 万微克/升饮水;土霉素类按 0.1%~0.6% 拌饲或 0.04% 饮水,连用 3~5 天。

合成抗菌药:磺胺嘧啶 0.2% 拌饲,0.1%~0.2% 饮水,连用 3 天;磺胺喹噁啉 0.05%~0.1% 拌饲,0.025%~0.05% 饮水,连用 2~3 天,停 2 天,再用 3 天;呋喃唑酮 0.03%~0.04% 混饲,0.01%~0.03% 饮水,连用 3~5 天,一般不超过 7 天。

【防治措施】

1. 搞好禽舍空气净化

降低鸭舍内氨气等有害气体的产生和积聚是养鸭场必须采取的一项非常重要的措施。

第一,药物喷雾:用0.3%过氧乙酸,按30毫升/米^{3}喷雾,每周1~2次,对发病鸭舍每天1~2次;在25米^{2}垫料中加入4.5千克多聚甲醛,它可和空气中的氨中和,氨浓度很快下降,但21天后又回升到原来水平,因此应重新使用。

第二,及时清粪,并堆积密封发酵,及时通风换气。

第三,重视环境治理,饲养场地绿化,种草植树。

2. 搞好种蛋卫生

孵化室及禽舍内外环境清洁卫生,并按消毒程序进行消毒,以减少种蛋、孵化和雏鸭感染大肠杆菌。

3. 防止水源和饲料污染

可使用颗粒饲料,饮水中加消毒剂,如含氯或含碘消毒剂;水槽、料槽每天应清洗消毒。

五、鸭葡萄球菌病

本病是由金黄色葡萄球菌引起鸭等多种家禽的一种环境传染病,是鸭场的一种常见的细菌性疾病,往往能造成很大的经济损失。临床上有多种病型:腱鞘炎、创伤感染、败血症、脐炎、心内膜炎等。

【流行病学】金黄色葡萄球菌是鸭体表及周围环境的常在菌,当饲养管理不良、鸭体表皮肤破损、鸭抵抗力下降时可感染发病。鸭群过大、拥挤、通风不良、鸭舍空气污浊、饲料单一、缺乏维生素和矿物质等均可促进葡萄球菌病的发生和增大死亡率。

【临床症状】本病临床表现可分为4种类型:

1. 脐炎型

本菌是造成幼雏脐炎的常见菌之一,症状同于其他脐炎。

2. 关节炎型

多见于1~2周龄幼鸭,有时也见于青年鸭、成年鸭。病鸭趾关节和跗关节肿大,触之有热痛和波动感,跛行,行动不便,取食困难,逐渐消瘦衰竭死亡。青年鸭、成年鸭患病常被迫淘汰处理。

3. 皮肤型

常见于2~10周龄鸭。病鸭因皮肤破损而发生局部感染,见有皮下水肿,有炎性物质渗出,幼鸭易发生急死。青年鸭则常为化脓灶或坏死灶变化。

4. 败血型

多见于2周龄内雏鸭,也见于成年鸭,雏鸭常为皮肤型发展而来,呈急性败血症死亡;成年鸭无明显临床症状,有时见腹部增大,病程一般 2～6 天。

【病理剖检】脐炎型病死雏鸭,脐部坏死,卵黄吸收不良、稀薄如水。皮肤型病鸭,皮下有出血性胶冻样浸润,胶冻液呈黄棕色或棕褐色,有的病例也有坏死性病变;关节炎型病鸭,在关节囊内有浆液性或纤维素性渗出物,病程稍长的病鸭关节囊内有干酪样坏死物质;内脏型病死鸭,肝脏肿胀、质地较硬、表面呈黄绿色,脾脏稍肿,泄殖腔黏膜有时可见坏死性溃疡灶,腹腔内有腹水和纤维素性渗出物。

【诊断】根据临床症状、病理剖检可初步怀疑为本病,经病原学检查确定为葡萄球菌后可确诊。

【治疗方法】如用磺胺 – 6 – 甲氧嘧啶,按饲料量 0.5% 混入饲料中喂服 3 天后改为 0.25%,持续 1 周;也可用硫酸庆大霉素肌内注射,3 000 单位/千克体重。每天 3～4 次,连用 7 天,效果较好。种鸭关节炎型病例,可结合局部消毒处理。

【防治措施】

做好鸭舍及鸭群周围环境的消毒工作,对减少环境中含菌量,降低感染机会,防止本病的发生有重要意义。尽量避免和消除使鸭发病外伤的诸多因素,如雏鸭网育的铁丝网结构合理,防止铁丝等刺伤皮肤;种鸭运动场平整,避免用炉渣或碎石铺垫,排水好,防止雨水浸泡鸭体;加强饲养管理,喂给必要的营养物质,特别是供给足够的维生素制剂和矿物质,可以增强鸭的体质,提高抵抗力。

六、鸭链球菌病

鸭链球菌病是由链球菌引起的急性传染病,又叫作鸭链球菌感染,主要引起雏鸭的急性死亡,但成年鸭或种鸭也患此病。虽然在鸭群中并不常见,一旦发生,损失也是惨重的,应当引起养鸭者的足够重视。

【流行病学】各种日龄的鸭均易感,发病率和死亡率较低。鸭舍地面潮湿,空气污染,卫生条件差,是本病发生的重要因素。种鸭和成年鸭可经皮肤外伤感染,幼雏多经脐带感染,也可经污染的蛋壳和胚体垂直感染。本病多见于舍饲期,无明显季节性。

【临床症状】急性病例体温升高,昏睡或抽搐,发绀,头部有出血,并出现下痢,死亡率较高。慢性病例精神不振,嗜睡冷漠,食欲减少或废绝,羽毛蓬乱无光泽,怕冷,头藏翅下,呼吸困难,冠及肉髯苍白,持续性下痢,体况消瘦,产卵量下降。濒死鸭出现痉挛或角弓反张等症状。病程稍长的出现跛行或站立不稳,蹲伏,消瘦,有的出现下痢、眼炎或痉挛、麻痹等神经症状。

【病理剖检】以败血症变化为主,皮下及全身浆膜、肌肉水肿出血。心包及腹腔内有浆液性出血性或浆液纤维素性渗出物,心外膜有出血。肺脏发炎并充血出血。脾肿大、充血。肾肿大、充血,尿酸盐沉积。肝肿大、淡黄色,脂肪变性,并见有坏死灶。肠壁肥厚,时而见有出血性肠炎。输卵管发炎。有的病例在气管、喉头黏膜可见到出血点和坏死灶,表面有炎性分泌物,有的发生气囊炎,气囊混浊,增厚。病程长的出现纤维素性关节炎、卵黄性腹膜炎和纤维素性心包炎,肝、脾、心肌等实质器官出现变性、坏死病灶。

【诊断】根据临床症状可初诊,鸭链球菌病很容易与鸭的其他烈性传染病相混淆,如鸭霍乱、小鸭病毒性肝炎、小鸭传染性浆膜炎等。鸭霍乱主要侵害种鸭和成年鸭,引起急性死亡;小鸭病毒性肝炎病鸭发病急,有"背脖"的神经症状,且抗生素治疗无效;小鸭传染性浆膜炎主要以纤维素膜的形成为特点,且有"扭脖"和"转圈"的神经症状。依靠这些可以做出初步的鉴别诊断,但要确诊要根据病理变化及实验室检查。

【治疗方法】对发病鸭用庆大霉素 1 万国际单位/只饮水,每天 2 次,同时口服补液盐,连用 3~5 天。

重症病鸭肌内注射庆大霉素按 2 000国际单位/只,每天 2 次。

复方新诺明,可按 0.04% 的比例拌料饲喂,即每 50 千克饲料中加入 20 克复方新诺明,连续用药 3 天,一般可见效。

新生霉素拌料(0.04%),即每 50 千克饲料中 20 克药,喂 3~5 天可有效地控制病鸭死亡。

用 0.01% 的百毒杀对鸭舍、场地等环境进行消毒,连用 3~5 天。

【防治措施】第一,加强饲养管理,尽量减少应激的发生,如气候变化、温度降低、环境污秽不卫生、阴暗潮湿、空气混浊、饲养密度过大和体况低下等,以提高鸭群对病原菌的抵抗力;搞好卫生防疫工作,保持场舍和环境的清洁卫生,健全消毒制度,消灭可能存在的病原菌。第二,定期投药物预防,可通过药敏试验选择几种高敏药物交替使用,以免细菌产生耐药性。

七、鸭伤寒

鸭伤寒是由禽伤寒沙门菌引起的一种急性的、条件性致病传染病,主要危害成年鸭,死亡率达 10%~50% 或以上。

【流行病学】主要传染源是病鸭和带菌鸭。其粪便含有大量的病菌,污染土壤、饲料、饮水用具、车辆而经消化道传染易感鸭。雏鸭的感染主要是种蛋带菌,或在孵化器和育雏室内相互传染。此外,野禽、动物和苍蝇等昆虫以及饲养人员均是传播本病的主要媒介。

【临床症状】病鸭精神不振、离群、不爱活动,眼半闭,双翅下垂,食欲废绝,口渴,腹泻排黄绿色稀粪,肛门附近的羽毛沾有大量污粪,个别高热不退羽毛脱落,产蛋下降,死亡率为2%左右。

【病理剖检】剖检病死鸭,可见肝、脾肿大,肝脏成淡棕绿色或古铜色;心包炎;轻重不等的卡他性肠炎;卵泡出血、变形、变色,蛋鸭常因卵泡破裂而引起腹膜炎。

【诊断】鸭伤寒可根据发病史、死亡率、临床症状及病理剖检初步诊断,但确诊需通过禽伤寒沙门菌的分离鉴定和血清学试验确定。

【治疗方法】用恩诺沙星饮水,每天2次。

选用庆大霉素原粉与电解多维一起饮水,1天2次,连用3天。

【防治措施】首先是饲喂全价饲料,控制产蛋期的体重,培养健康鸭群。其次是抓好管理,特别是早春季节,昼夜温差大,注意保温和通风,减少诱发原因。另外,要认真消毒,防止饲料和饮水的污染。

八、鸭曲霉菌病

本病又称为曲霉菌肺炎,是由真菌中的曲霉菌引起的,主要侵害呼吸器官的急性传染病。其特征是在呼吸器官组织中发生炎症,尤其是在肺和气囊出现灰黄色的结节,胸腹部气囊也可能有霉菌斑。此病主要发生于雏鸭,多呈急性经过,发病率高,可造成大批死亡,成年鸭多为散发。

【流行病学】引起本病的主要传染源是污染的垫料、空气和发霉的饲料。传播途径是呼吸道和消化道。育雏阶段的饲养管理差,卫生条件不良,室内温差大,通风换气不好,过分拥挤,阴暗潮湿以及营养不良等因素,均可诱发本病的流行。

【临床症状】潜伏期为3~10天。病初见雏鸭精神不振,眼半闭,羽毛松乱无光,食欲减退或废绝,随着病情发展,病鸭气喘、呼吸困难、加快,胸膜部明显扇动,渴欲增加,嗜睡,常呆立或伏卧在地喘气,口腔和鼻腔常流出浆液性分泌物,粪便稀薄,呈白色或绿色,急剧消瘦直至死亡。

【病理剖检】剖检病死鸭,主要病变在肺和气囊,肺充血、切面流出红色泡沫液,典型病例在肺实质中有大量大头针帽或小米粒大小的灰黄色结节,有的在胸部气囊也可见,病程稍长的鸭肺部结节融合成更大的黄白干酪样结节,结节切面呈明显的层状结构。气囊增厚、混浊,肝脏轻度肿大,肠黏膜充血,有的可见腹膜炎。

【诊断】根据临床症状、流行病学情况、病理剖检及了解有无发霉的垫料和饲料可做出初步诊断。确诊需查到霉菌,取病变结节或病斑,显微镜下看到菌丝或培养出丝绒状菌落。

【治疗方法】碘化钾,每1 000毫升饮水中加碘化钾 5 ~ 10 克,连用 3 ~ 5天。硫酸铜,按1:3 000硫酸铜溶液饮水,连用 3 ~ 5 天。用2%金霉素溶液治疗,每天注射 3 次,每次 2 毫升,连用 3 天。制霉菌素有一定疗效,可按5 000 ~ 8 000 国际单位/只雏鸭和2 万 ~ 4 万国际单位/只成年鸭口服,1 日 2次。连用 3 ~ 5 天或克霉唑按 0.01 克/只雏鸭混料。口服灰黄霉素,每只鸭500 毫克,每天 2 次,连服 4 天。

【防治措施】

第一,加强饲养管理。此病目前还没特效治疗办法,重在预防,特别要注意鸭舍的通风和防潮湿。

第二,搞好环境卫生,及时清理鸭粪,更换垫料,不垫发霉的垫料。

第三,加强饲料储存和保管工作,不喂已霉变的饲料。

第四,鸭舍、饲槽、饮水器等器具要定期消毒。

第五,喂料时要少喂勤添,避免料槽中饲料积压。

第六,如果鸭群已被污染发病,病鸭要及时隔离,清除垫料和更换饲料,鸭舍要彻底消毒。

九、鸭传染性窦炎

鸭传染性窦炎又名鸭慢性呼吸道病,主要危害小鸭的一种呼吸道传染病,成年鸭也可发生。本病发病率高,死亡率低,对生长发育有慢性影响。

【流行病学】主要传染源是病鸭和带菌鸭,传播途径是通过被污染的空气经呼吸道感染,此外,也可通过带菌的种蛋垂直感染。本病一年四季均可发生,以春季和冬季多发。饲养管理不当、营养不足等均可导致本病的发生。

【临床症状】以 5 ~ 15 日龄雏鸭最易感,30 日龄以上鸭少见发病。本病常在春季和冬季多发。传染途径为接触传染,通过被污染的空气经呼吸道感染,也可由带菌的种蛋垂直传播。管理不当、营养缺乏、气温突变、通风不良及密度过大,均可诱使本病发生。发病率为 40% ~60%,死亡率很低。

病初打喷嚏,鼻孔排出浆液分泌物,后为黏性或脓性渗出物,在鼻孔周围结痂,形成铬铁矿样物。表现难受不安,摇头,张口呼吸,咳嗽。眼结膜潮红,流泪,少数失明。重病鸭一侧或两侧眶下窦积液、肿胀,呈球形或卵圆形。减食或不食,精神欠佳,生长缓慢,肉鸭育肥迟缓,品质低下。可自愈或衰弱窒息而死。

【病理剖检】眼结膜炎,鼻腔、喉、气管等上呼吸道黏膜有炎症,有分泌物附着,气囊增厚、水肿、混浊。眼下窦有浆液、黏性分泌物或干酪样物,窦黏膜肥厚,淤血、水肿。肺有不同程度的充血、淤血,颜色似肝。

【诊断】根据临床症状、病理剖检和实验室诊断可确诊。

【治疗方法】对病鸭用2%硼酸水清洗鼻腔,再用青霉素、链霉素液滴鼻。剪开肿胀的眶下窦皮肤,挑出积液或干酪样物,伤口内外涂消毒药膏,可自愈。也可用青霉素5万国际单位或链霉素0.1克肌内注射,每只每天1～2次,连用3～4天。另可用泰乐菌素治疗,可获良效。

【防治措施】防治本病的办法,一是消除诱因,二是做好病鸭的治疗工作,三是消灭病原。鸭传染性窦炎的发病通常与饲养管理不善、营养不良、阴雨潮湿、气温突变、通风不良、应激等因素有关,机体抵抗力的降低是导致本病发生和死亡率增加的诱因,应尽量避免和消除。鸭舍须用氢氧化钠水等药物消毒,并用福尔马林熏蒸。执行"全进全出"措施,发病率可明显降低。

第六节　鸭寄生虫病

一、鸭球虫病

鸭球虫病是由鸭球虫引起的鸭的一种寄生虫病。在鸭群中经常发生,耐过的病鸭生长发育受阻,增重缓慢,对养鸭业危害极大。

【流行病学】通过被病鸭或带虫鸭粪便污染的饲料、饮水、土壤或用具传播。各种年龄的鸭均易感,10日龄左右的雏鸭最易感。发病季节与气温、雨量有明显关系。

【临床症状】急性鸭球虫病多发生于2～3周龄的雏鸭,于感染后第4天出现精神委顿,缩颈,不食,喜卧,渴欲增加等症状;病初腹泻,随后排暗红色或深紫色血便,发病当天或第2天、第7天发生急性死亡,耐过的病鸭逐渐恢复食欲,但生长受阻,增重缓慢。慢性型一般不显症状,偶见有腹泻,常成为球虫携带者和传染源。

【病理剖检】毁灭泰泽球虫危害严重,肉眼病变为整个小肠呈泛发性出血性肠炎,尤以卵黄蒂前后范围的病变严重。肠壁肿胀、出血;黏膜上有出血斑或针尖大小的出血点,有的见有红白相间的小点,有的黏膜上覆盖一层糠麸状或奶酪状黏液,或有淡红色或深红色胶冻状出血性黏液。组织学病变为肠绒毛上皮细胞崩解脱落,几乎为裂殖体和配子体所取代。宿主细胞核被压挤到一端或消失。肠绒毛固有层充血、出血,组织细胞大量增生,嗜酸性白细胞浸润。感染后第7天肠道变化已不明显,趋于恢复。

菲莱温扬球虫致病性不强,肉眼病变不明显,仅可见回肠后部和直肠轻度充血,偶尔在回肠后部黏膜上见有散在的出血点,直肠黏膜弥漫性充血。

【诊断】鸭的带虫现象极为普遍,所以不能仅根据粪便中有无卵囊做出诊断,应根据临诊症状、流行病学资料和病理变化,结合病原检查综合判断。

【治疗方法】在球虫病流行季节,当地面饲养达到12日龄的雏鸭,可将下列药物的任何一种混于饲料中喂服,均有良效。

磺胺间六甲氧嘧啶(SMM)按0.1%混于饲料中,或复方磺胺间六甲氧嘧啶(SMM + TMP,以5∶1比例)按0.02%~0.04%混于饲料中,连喂5天,停3天,再喂5天。

磺胺甲基异噁唑(SMZ)按0.1%混于饲料,或复方磺胺甲基异噁唑(SMZ + TMP,以5∶1比例)按0.02%~0.04%混于饲料中,连喂7天,停3天,再喂3天。

球虫病流行季节,雏鸭由网上转为地面饲养时,或已在地面饲养达12日龄的雏鸭,按0.1%浓度将磺胺间甲氧嘧啶或0.02%复方甲基异噁唑或0.04%复方磺胺脒均匀混入饲料饲喂,连用5~7天,停药3天,再喂3天。

氯苯胍,按每100千克饲料拌4克的用量,连用5天,停药3~4天,再进行一个疗程。可同时在饲料中拌入酵母、鱼肝油和多维等作为辅助治疗。

【防治措施】鉴于本病是由于鸭吃了含鸭球虫卵囊的饲料或饮水而感染发病的。因此,首先要改善养鸭的环境卫生,特别是鸭舍的卫生,如勤换垫草,地面垫新土或新沙,并尽可能保持干燥,清除粪便,堆肥发酵以消灭虫卵和其他病原微生物。保持饲养与饮水设施的清洁卫生。防止饲养员乱串圈,谢绝外场人参观,以免从外带进球虫卵囊,以上是较有效的预防措施。如果鸭群一旦暴发本病,应迅速采用药物防治。

如果不能彻底清除消毒,则应于鸭转入污染圈舍后,立即喂以上加药饲料3~4天,这样可起到预防的作用。

二、鸭棘头虫病

鸭棘头虫病是由数种棘头虫寄生于鸭的小肠引起的,本病能引起鸭尤其是幼鸭的大批死亡。

【流行病学】1~3月龄的鸭易感,常呈地方流行性,引起鸭大批死亡。

【临床症状】严重感染时,病鸭精神沉郁,食欲减退或废绝,腹泻,粪便带血,贫血,消瘦,生长发育迟缓。

【病理剖检】剖检病死鸭,可见肠壁上有突出的黄白色小结节;剪开小肠,可见肠黏膜发炎或化脓,有出血点或出血斑,小肠内有多量棘头虫,吻突和虫体前部的小棘深深地刺入肠壁。有时可见肠穿孔。

【诊断】根据流行病学(调查有无适合的中间宿主,多发生于1~3月龄幼鸭与夏、秋季)与症状,可初步怀疑为本病。确诊需要采取病鸭粪便,采用水洗沉淀法或离心漂浮法来检查虫卵。

【治疗方法】四氯化碳,按每千克体重0.5~2毫升,用小胶管灌服。硝硫氰醚,按每千克体重100~125毫升投服。丙硫苯咪唑,按每千克体重10~25毫升投服。

【防治措施】在发生过本病的鸭场内,秋季放牧结束后2周进行一次驱虫,春季产卵前1个月再进行一次驱虫。成年鸭与雏鸭混牧时,除对成年鸭驱虫外,对雏鸭于放牧开始后20~25天,进行成虫期前驱虫。最好成年鸭、雏鸭分群放牧。如无安全水域,可将雏鸭在陆地上饲养到2~3月龄时再放牧。引进新鸭,须先检查有无棘头虫寄生,如有棘头虫寄生,驱虫后10天再放入水域中。

三、鸭绦虫病

鸭的绦虫病是由膜壳科的多种绦虫在鸭的小肠内引起的。这类绦虫的种类多,分布广,常常引起幼龄鸭发病和死亡,造成严重的经济损失。

【流行病学】本病是由绦虫寄生于鸭小肠引起的,有多种绦虫,常见的是剑带绦虫和膜壳绦虫。

【临床症状】感染严重时,雏鸭表现明显的全身症状,成年鸭也可感染,但症状一般较轻。病鸭首先出现消化机能障碍,排出灰白色稀薄粪便,混有白色绦虫节片,食欲减退。到后期完全不吃,烦渴,生长停滞,消瘦,精神萎靡,不喜活动,离群,腿无力,向后面坐倒或突然向一侧跌倒,不能起立,一般在发病后的1~5天死亡。当大量虫体聚集在肠内时,可引起肠管阻塞;虫体代谢产物被吸收时,可出现痉挛,精神沉郁,贫血与渐进性麻痹而死。

【病理剖检】剖检时可见小肠发生卡他性炎症与黏膜出血,其他浆膜组织也常见有大小不一的出血点,心外膜上更显著。

【诊断】粪检查到孕卵节片,或剖检看到虫体可以确诊。

【治疗方法】每年春、秋季节对鸭群定期进行2次驱虫,平时发现虫体,随时驱虫。鸭群驱虫前,应绝食12小时,投药时间宜在清晨进行,鸭粪应收集堆积发酵处理,以防散播病原。

氢溴酸槟榔碱,配成0.1%的水溶液,一次灌服,每千克体重用药1~2毫克。

槟榔100克,石榴皮100克,加水至1 000毫升,煎成800毫升。20日龄雏鸭1毫升,30~40日龄雏鸭1.5~2毫升,成年鸭3~4毫升,拌料服,连喂2次,1天1次。

南瓜籽,煮沸脱脂打成细粉,按雏鸭5~10克,成年鸭10~20克拌料喂服。

吡喹酮10~15毫克/千克体重,口服。

丙硫咪唑20~30毫克/千克体重,口服。

硫双二氯酚100~150毫克/千克体重,口服。

【防治措施】雏鸭与成年鸭分开饲养,3月龄内雏鸭最好实行舍饲,特别是不应到不流动、小而浅的死水域去,因为这种水域利于中间宿主剑水蚤的产生。

四、鸭棘口吸虫病

棘口吸虫病是由棘口科的各种吸虫寄生于鸭的大小肠而引起的疾病,对雏鸭危害严重。

【流行病学】主要以卷棘口吸虫最为多见。鸭终年均可受感染,但以6~8月为感染高峰季节。

【临床症状】棘口吸虫对成年鸭的危害较轻,对雏鸭的致病力甚强。病鸭出现食欲减退或消失、下痢、贫血、消瘦、生长迟滞等症状,最后由于极度衰竭和全身中毒而死亡。

【病理剖检】剖检可见出血性肠炎,许多长叶状虫体附着在直肠和盲肠壁上,引起黏膜的损伤出血。

【诊断】根据临床症状、病理变化和粪便检查有无虫卵进行综合判断。

【治疗方法】可用四氯化碳,每只鸭2~3毫升,灌服或注射于嗉囊内,一次即可。

按每千克体重0.75克槟榔的剂量。煎成煎剂,以小胶管灌服,用药后5~30分,开始排虫,约延续1小时排完;或每千克体重1~2毫克溴氢酸槟榔素。将槟榔素蒸馏水配制成1:5 000的水溶液,每千克体重用5~10毫升,灌服或嗉囊内注射均可,经 10~20 分后开始排出虫体。服用槟榔煎剂或槟榔素水溶液过量时,会引起鸭中毒而死亡。中毒的鸭一般于服药后 5~10 分内出现流涎、呼吸困难等症状。抢救可用硫酸阿托品解毒,每千克体重 0.02 毫克,皮下注射。

硫双二氯酚按每千克体重 20~30 毫克的剂量,一次性口服。

氯硝柳胺按每千克体重 100~200 毫克,混于饲料中喂给。本药效果甚好,一次治疗后,粪便中虫卵转阴率可为 100%。

【防治措施】对发生本病的鸭群进行有计划的驱虫,所用药物以硫双二氯酚和氯硝柳胺为好,驱虫期间的粪便应严格处理。在流行地区成鸭粪便应堆积发酵后再用作肥料,这样可以杀灭虫卵。对于不安全的水域可用化学药物消灭中间宿主。

第七节 常见营养性疾病和中毒性疾病

一、鸭维生素 A 缺乏症

鸭维生素 A 缺乏症是由维生素 A 缺乏或不足所引起的一种营养代谢性疾病。各种年龄的鸭都可发生,但多发于迅速生长期和产蛋期的鸭。

【发病原因】本病发生的原因除因日粮中维生素 A 或胡萝卜素缺乏外,当维生素 E 在日粮中缺乏时,则维生素 A 失去维生素 E 的保护作用而被氧化破坏,亦能引起维生素 A 缺乏症。

【临床症状】雏鸭发生维生素 A 缺乏症时,生长发育严重受阻,增重缓慢甚至停止。病鸭倦怠,衰弱,消瘦,羽毛蓬乱,鼻孔流出黏稠的鼻液,鼻腔常因干酪样物堵塞而张口呼吸。由于软骨内造骨过程显著受抑制,骨骼发育障碍,因此病雏鸭运动无力,行走蹒跚,出现两腿不能配合的步态,继而发生轻瘫甚至完全瘫痪。喙部和小腿部的黄色素褪色变淡。病雏鸭一侧或两侧眼流泪,眼内和眼睑下方积聚黄白色干酪样物,继而角膜混浊、软化,导致角膜穿孔和眼前房液外流,最后眼球下陷,失明,直至死亡。

种鸭维生素 A 缺乏时,除出现上述眼睛的变化外,产蛋量显著下降,蛋黄颜色变淡,出雏率下降,死胚率增加,脚蹼、喙部的黄色变淡,甚至完全消失而呈苍白色。种公鸭性机能衰退。

【病理剖检】鼻道、口腔、咽、食管以至嗉囊的黏膜表面见有一种白色的小疱状结节,小的肉眼不易发现,数量很多,结节不易剥落。随着病情的发展,结节病灶增大,并融合成一层灰黄白色的假膜覆盖在黏膜表面,剥落后不出血。在雏鸭常见假膜呈索状与食管黏膜纵皱褶平行,轻轻刮去假膜,见黏膜变薄、光滑,呈苍白色。在食管黏膜小溃疡病灶周围及表面有炎症渗出物。肾呈灰白色,并有纤细白绒样网状物覆盖,肾小管充满白色尿酸盐。输尿管极度扩张,管内蓄积白色尿酸盐沉淀物。心脏、肝、脾表面均有尿酸盐沉积。

【诊断】根据饲养管理情况的调查,发现可能引起维生素 A 缺乏的原因,结合临床症状和病理变化,可做出初步诊断。

【治疗方法】外源性维生素 A 在体内能够被迅速吸收,因此人工补充外源性维生素 A 后,病鸭症状会很快消失。

群体治疗肉鸭维生素 A 缺乏症时可采用肌内注射鱼肝油法,体重 250 克以上的幼鸭每次可肌内注射 1 毫升,也可采取在每千克精饲料中添加鱼肝油 20 毫升的方法治疗。

【防治措施】第一,平时要注意饲料多样化,青饲料或禽用多维素必不可少。

第二,根据季节和饲源情况,冬、春季节以胡萝卜或胡萝卜缨为最佳,其次为豆科绿叶(如苜蓿、三叶草、紫云英、蚕豆苗等)。夏、秋季节以菰草等野生水草为最佳,其次为绿色蔬菜、南瓜等。

第三,一旦发现患维生素 A 缺乏症的病鸭,应尽快在日粮中添加富含维生素 A 的饲料,如在配合饲料中增加黄玉米的比例;青绿饲料饲喂不可间断。必须注意的是维生素 A 是一种脂溶性维生素,热稳定性差,在饲料的加工、调制、储存过程中易被氧化而失效,应防止饲料酸败、发酵、产热。

二、鸭佝偻病

鸭佝偻病是由于钙、磷与维生素 D 缺乏或配合比例失调而造成的疾病。有人认为,佝偻病是指磷或维生素 D 不足所致,而缺乏钙则称为骨质疏松症。

【发病原因】钙、磷是构成骨骼的主要元素,若钙、磷缺乏或配比不合理,则易发生佝偻病,产蛋鸭易发生骨折和产软壳蛋,而且会影响到新出壳雏鸭钙、磷的储备。此外,当缺乏维生素 D 时,也易发生佝偻病。其他因素,如较长时间的阴雨季节、鸭缺乏运动、鸭舍与运动场过分潮湿、患肠炎下痢等,也会促使本病的发生。

【临床症状】雏鸭和中鸭,病初表现生长迟缓,走路不稳,步态僵硬,常常蹲卧。长骨头端增粗,骨质疏松,尤以跗关节最严重。鸭喙变软,易扭曲变形,啄食困难。

填鸭，一般发生在中鸭转入填鸭阶段，病初无明显临床症状，逐渐出现两腿软弱无力，走动困难，经常伏卧，最后瘫痪不能站立。

成年母鸭，表现产蛋量减少，蛋壳变薄易碎，常有软壳蛋和无壳蛋，严重时造成瘫痪，在配种期很容易被公鸭踩伤致死。

【病理剖检】病变只见于骨组织；最突出的变化表现为肋骨质地轻度变软，骨干中部内表面出现界限清楚的乳白色、半球状突起之佝偻珠，镜下观察，长骨近端干骺端海绵骨骨小梁边缘见淡红色的类骨组织不同程度地增生；骨小梁之间的原始骨髓腔内疏松结缔组织增生，甚至充满骨髓腔；成骨细胞增多，破骨细胞偏多散在于增生的疏松结缔组织中。

【诊断】可根据病鸭的临床症状和病理变化，进行诊断。

【治疗方法】对小鸭佝偻病的治疗，可一次饲喂15 000单位的维生素 D，也可喂给维生素 AD 液或浓鱼肝油 2～3 滴，每天 1～2 次，连喂 2 天。

对填鸭和种母鸭的治疗，应注意日粮中钙、磷含量与比例，必要时加以调整。

【防治措施】

第一，在鸭的日粮中，要有足量的钙、磷和维生素 D_3，要重视钙、磷的平衡。

第二，舍饲期间，注意舍内保温，光照和通风良好，防止地面潮湿，饲养密度不宜过大。

第三，在阴雨季节和产蛋高峰阶段，要注意补加钙、磷和维生素 D_3 制剂。

第四，病初要及时调整钙、磷含量，要补加大量的维生素 D 制剂，也可每天补加鱼肝油 1～2 次，连续补加 5～7 天。

三、鸭有机磷农药中毒

有机磷类农药有多种，鸭最常发生的有机磷中毒为敌百虫、敌敌畏和乐果等。

【发病原因】有机磷杀虫剂是一种神经毒剂，可经消化道、呼吸道、皮肤和黏膜吸入，进入体内后，通过血流迅速分布到全身各器官组织，可透过血脑屏障，对中枢神经系统产生毒害作用。

【临床症状】发病初期，病鸭表现精神沉郁，不食，不愿行动，流涎，鼻腔流出浆液性鼻液，瞳孔缩小，可见黏膜苍白，两翅下垂，双腿无力，伏卧，下痢，排出带有灰白色泡沫性黏液的稀粪。随病情进一步发展，则病鸭出现呼吸困难，伸颈抬头，最后昏迷倒地死亡。

【病理剖检】血液凝固不良,鼻腔黏膜充血、出血,内有浆液性液体。肺充血、肿胀,支气管内充有白色泡沫。肾肿大质脆,肾膜充血,切片暗红,小肠黏膜充血或出血。

【诊断】发病迅速,有喷洒过敌敌畏,采食或喂饲过死于敌敌畏的蝇蛆等;临床症状为沉郁,瞳孔缩小,鼻腔流出浆液以及呼吸困难;剖检见血液凝固不良,支气管内有泡沫等。据此可做出初步诊断。

【治疗方法】有机磷农药中毒多为急性,往往来不及治疗。发现早的可以进行抢救,以减少损失。抢救可用以下几种方法:

立即皮下注射0.05%的硫酸阿托品注射液,每次0.2~0.5毫升,必要时,间隔30分再重复注射1次,本药使用越早,效果越好。

胸肌内注射碘解磷定,每只鸭每次2毫升,数分钟内中毒症状即可缓解,对病情严重的鸭,可于1~2小时后再注射1次,疗效显著。

静脉或肌内注射解磷定,每千克体重20~40毫克,用生理盐水或等渗葡萄糖液稀释后用。

严重病例,可用硫酸阿托品和双复磷混合,同时进行肌内注射,剂量为阿托品0.05毫克、双复磷13毫克。

手术切开嗉囊,用冷开水冲洗干净,而后分层缝合。此方法方便简单、效果甚佳,适于病鸭发现早、数量少的情况。

【防治措施】

加强对农药的保管,防止鸭误食农药污染的稻谷、饲料、饮水。

四、鸭亚硝酸盐中毒

【发病原因】鸭亚硝酸盐中毒是由于采食了因堆放发热而变质或加工不当的包菜、白菜而发生的一种中毒。菜中含有硝酸盐,在一定温度、湿度及酸碱度条件下,由于反硝化细菌及其分泌的酶的作用使之转化为亚硝酸盐,鸭采食后会发生中毒死亡。

【临床症状】鸭采食变质菜后约1个小时,出现不安,流涎,口吐白沫,驱赶时行走无力,摇摆并呈瘫痪状。结膜发绀,呼吸困难等。

【病理剖检】血液呈酱油色,凝固不良。食管或嗉囊内充满菜料,并有浓烈的酸败味。小肠黏膜充血,大肠膨气。心肌无弹力,心外膜有出血点。肝呈黄白色,质软肿胀。

【诊断】调查鸭是否采食过堆放变质或经煮后加盖闷放过夜的菜帮、菜叶而迅速发病,是否流涎、呼吸困难,死后剖检血液呈酱油色并凝固不良,据此即可做出初步诊断。确诊需取饲料送兽医检验部门做实验诊断。

【治疗方法】可静脉或肌内注射1%美蓝溶液(美蓝溶液的配法:取美蓝溶液1~2克溶于10毫升纯酒精中,加生理盐水90毫升混合),每千克体重注射1毫升,必要时重复1次。

【防治措施】对于腐烂变质的青饲料,建议饲养户不要喂,最好不要加热,要新鲜生喂,以减少亚硝酸盐中毒事件的发生。

五、鸭食盐中毒

食盐是鸭日粮中不可缺少的矿物质,适当给予,既可增强饲料的适口性,又能保证血液电解质平衡,但鸭摄入过量也会引起中毒。

【发病原因】饲料或饮水中食盐含量过高、饮水受到限制,均可导致食盐中毒。据报道,鸭子对食盐的毒性作用很敏感,饲料中加入2%的食盐,可使小鸭生长抑制,种鸭繁殖能力和蛋的孵化率降低。体重为0.6~0.8千克的鸭子,只要吃到5克以上的食盐就可引起死亡。

【临床症状】鸭食盐中毒后精神委顿,食欲消失,嗉囊软胀,口和鼻中流出黏性分泌物,频频喝水,运动失调,步态不稳,有的做转圈运动,时而倒地,两腿做划船动作。后期病鸭极度衰竭,腹泻。呼吸困难,吸气时伸颈,皮肤发绀,有时抽搐痉挛,最后虚脱而死。

【病理剖检】嗉囊、食道中充满黏液,黏膜脱落,腺胃黏膜发红,有的表面形成假膜;小肠黏膜充血有出血点,尤其是十二指肠呈弥漫性点状出血;腹腔积水;心包积水,心肌、心冠脂肪点状出血,肺水肿,肝脏肿大,淤血,表面盖有淡黄色的纤维素性渗出物;肾脏肿大,肾脏和输尿管有尿酸盐沉着;脑血管充血,有出血点并有脑炎变化;有的皮下水肿,切开后有黄色透明液体流出,脂肪呈胶样浸润。

【诊断】对可疑饲料、饮水或胃内容物进行氯化钠含量测定;也可以测定患鸭血浆和脑积液中的钠离子浓度。

【治疗方法】全群停喂残羹,并停止在饲料中加盐,加喂易消化的青绿多汁饲料,供给充足的5%的多维葡萄糖水,饮水中加入0.5%的醋酸钾,让其自饮。连用4天,中毒轻的雏鸭逐渐好转。

对于重症者适当控制饮水,腹腔注射10%葡萄糖25毫升,同时每只肌内注射20%安钠咖0.1毫升。

中药治疗用茶叶100克、葛根500克,加水2千克,煮沸半小时后待凉自饮,连用4天。

喂给适量的鸡蛋清,以保护嗉囊及胃黏膜。

供给新鲜牛奶,让病鸭饮用,连用2天。

【防治措施】雏鸭对食盐特别敏感,应严格控制在0.3%左右。所以,平时应经常供给雏鸭新鲜、清洁而充足的饮水。在利用残羹、酱渣等喂鸭时,应把它的含盐量估计进去,掌握适当的比例,切勿多喂。当雏鸭中毒后,应配合中药进行治疗,一般病雏会迅速康复。

六、鸭黄曲霉毒素中毒

鸭黄曲霉毒素中毒是由于鸭吃了被黄曲霉毒素污染的饲料而引起的一种以肝坏死为特征的中毒性疾病。

【发病原因】本病是由黄曲霉所产生的毒素引起的一种中毒病。黄曲霉素的产生是由于花生、麸皮、破损玉米、干草、稻草等在潮湿的季节中收藏保管不善所致,当鸭吃了含有黄曲霉毒素的饲料,即引起本病的发生。

【临床症状】幼鸭常表现急性中毒,表现食欲消失,脱毛,鸣叫,步态不稳,跛行,死亡时头颈角弓反张。慢性中毒症状多不明显。

【病理剖检】解剖检查可见尸体消瘦,皮下、肌肉有出血点,皮下组织呈胶样浸润,水肿,肝脏明显肿大,色淡苍白,表面有出血斑点。长期发病的可见肝硬化或出现肝癌结节。

【诊断】根据曾饲喂过发霉饲料,表现的特征症状和肝肿大,颜色淡白等剖检变化,一般可做出初步诊断。但确诊应依靠细菌的鉴定和黄曲霉毒素色层分析法。

【治疗方法】本病无有效药物治疗,若发现黄曲霉毒素中毒,应立即更换饲料,可给予病鸭盐类泻剂,排除肠道内毒素,同时采用对症疗法,并供给充足的青绿饲料和维生素A,必要时投喂盐类泻剂,排除肠道内的毒素。

【防治措施】只要停喂含有黄曲霉素毒素的饲料,很快就会停止发病死亡。因此,在温暖多雨季节,饲料要注意防霉,防止饲料中黄曲霉毒素的生长。

第八节　其他疾病

一、鸭中暑

鸭中暑也称为热应激,是鸭在高温、高湿的情况下,机体的散热机制发生障碍、热平衡受到破坏而引起的一种急性疾病。如果发病后未能及时有效地处理,可引起鸭大批死亡,从而给养殖造成较大的经济损失。

【发病原因】夏季气温太高,或者暴雨之后湿度增大,鸭在高温高湿的综合作用下最易引起中暑。鸭的运动场所没有遮阴设施,使鸭长时间在强烈的阳光下暴晒。饲养密度过大,鸭舍通风透气差,造成热量不易散发。

饮水不足或者由于夏季水温升高,池塘中的有害细菌及藻类大量繁殖造成水质恶化。鸭患其他一些疾病或者受到其他一些应激(如雷雨、气温突变、突然改变饲料等)。

【临床症状】鸭中暑后体温升高、蹲伏不愿走动、张口呼吸或伸翅散热,随后站立不稳、阵发性昏迷麻痹(具体表现为鸭头触地或摇头,站立不稳。当受到驱赶后又能正常跑动,但跑不了多远又出现头触地、昏迷或摇头等神经症状)。解剖病死鸭会发现血液不易凝固,有时会发现心肌出血,肝肿大、出血甚至坏死,脑膜充血等。

【诊断】一些养殖户或兽医工作者根据以上部分症状,诊断成禽流感、鸭病毒性肝炎或者小鸭瘟等,并且在治疗过程中没有采取防暑降温措施,也没有使用抗应激防暑的药物,甚至使鸭在受到抓鸭、打针等应激后,加速中暑发病鸭的死亡。

【治疗方法】当发现鸭出现中暑症状后,应立即将鸭转入阴凉处或搭建遮阴棚、遮阳网。

用电解多维或水溶性维生素C、5%葡萄糖粉、0.3%~0.5%碳酸氢钠(小苏打)饮水,也可以在饮水或饲料中加入一些抗生素类药物,防止继发感染。如果发现及时,按以上方法可有效控制病情。

在中暑鸭脚部充血的血管上,采取针刺放血。

【防治措施】

第一,合理设计鸭舍,最好呈东西走向,高度不低于2.5米,跨度不超过8米,以利于自然通风。

第二,在鸭舍旁2~3米处种树,避免阳光直射,也可在鸭舍周围种草或在鸭舍边种植丝瓜、爬墙虎等藤蔓植物,以利于吸收热量。

第三,在运动场所搭建凉棚或遮阳网,避免鸭长时间在阳光下暴晒。

第四,每年4~5月,当池塘水温升至25℃左右时,用二氯异氰尿酸钠或三氯异氰尿酸按说明进行水体消毒。

第五,供给鸭充足清洁的饮水,当气温超过29℃时,可以在饮水或饲料中添加电解多维或水溶性维生素C,也可以用一些中草药煎水饮服或拌料。常用的中草药有:淡竹叶10克,滑石15克,生地黄12克,白茅根25克,香蕉15

克煎水,供 15 日龄的鸭饮用;也可用鱼腥草、车前草、淡竹叶、香蕉煎水饮服。

第六,中午高温时段可以对鸭舍屋顶喷水、地面洒水,也可以用适当的消毒剂对鸭实行喷雾消毒,既降温也可杀灭病原微生物。需要注意的是,采取这些措施的前提是通风良好,否则反而会增加舍内空气湿度。

第七,做好其他疾病的防治工作。根据本场鸭发病规律及周围其他养殖场的疾病发生情况,做好免疫及药物预防;做好鸭寄生虫的防治工作,建议使用复方阿苯达唑(含阿苯达唑和伊维菌素)进行驱虫。当鸭发生其他疾病时,在治疗过程中应根据本场情况,采取防暑降温措施,并在饮水或饲料中添加防暑抗应激药物。

第八,降低或避免鸭受到其他一些应激因素的影响。避免淋雨;不要突然更换饲料;当天气突变时,使用电解多维或水溶性维生素 C 饮水或拌料。

二、啄羽

多发生于肉鸭长新羽毛或换羽时,相互啄羽,造成毛稀,毛根毛囊出血,影响鸭子生长发育和鸭群正常饮食休息。

【发病原因】

1. 营养缺乏

饲料配合不当,单一不全价,缺乏蛋白质或必需氨基酸,在缺少蛋氨酸、胱氨酸、维生素 A 和烟酸时容易发生鸭子啄毛;钙、磷含量不足或比例失调,缺乏食盐、矿物质和微量元素时也容易发生鸭子啄毛。

2. 环境条件差

鸭舍温度高,湿度大,地面潮湿污秽,通风不良,光线过强,密度过大,舍内空气混浊,氮和二氧化碳、硫化氢浓度过大,极易造成鸭子啄毛。

3. 饲养管理不当

饲料突变,饲喂不定时不定量,饮水不足,缺少运动也能引起鸭子啄毛。

【临床症状】

啄击部位多为背后部及羽翅尖部羽毛,常造成毛囊出血、皮肤撕裂等。

【诊断】

根据临床症状即可确诊。

【治疗方法】

1. 改善环境

加强饲养管理,疏散养殖密度,改善通风与光照强度。笼养设计高度应为 100~120 厘米,以便打扫。

2. 科学配料

饲料原料要多样化,配方要科学合理。因蛋白质、钙、磷不足,可添加5%豆饼或3%鱼粉、2%~4%骨粉或贝壳粉;因缺盐引起的可在饲料中添加1%~2%食盐,连喂2~3天;因缺硫引起的可补硫酸锌或硫酸钙,每只每天1~4克,适当添加青绿饲料或增喂啄羽灵、羽毛粉,都能防止啄毛发生。

3. 减少光照

一般用25瓦灯泡照明,鸭能看到吃食和饮水就可以了。

4. 及时治疗

发生啄羽应及时分离施治,病伤处用高锰酸钾溶液洗澡或涂紫药水,待结痂痊愈后再合群。适当运动,在饲料中加入适量的天然石膏粉末,一般每只鸭每天1~4克。

【防治措施】

鸭群中一旦发生啄毛现象,就要把啄毛鸭抓出,另外饲养,针对各种原因采取相应防范措施。

第一,科学合理配制饲料。饲料原料要多样化,配方要科学合理,根据鸭生长日龄饲喂优质、全价日粮,适当添加青绿饲料或增喂啄羽灵、羽毛粉等都能防止啄毛发生。

第二,科学饲养管理。鸭舍温度要满足不同日龄鸭的需要,相对湿度保持在60%~70%,通风良好,光线不要太强,保持清洁卫生,地面干燥,人走进鸭舍感到不闷,鼻眼不刺激就可以了,同时要定时定量喂食,在饲料中或水中定期添加一些亚硒酸钠和维生素E。

三、瘫痪

肉鸭瘫痪多发生在中鸭阶段,高发率可达10%以上。

【发病原因】引起肉鸭瘫痪的原因很多,有品种方面的原因,也有疾病方面的原因,还有环境方面的原因,以及营养方面的原因。从发生情况看主要是疾病和营养方面的原因和一些机械伤害。疾病方面主要是细菌感染引起的滑膜炎、骨髓炎,病毒性关节炎并发葡萄球菌引起的葡萄球菌性关节炎和呼肠孤病毒引起的股骨头坏死。营养方面主要是钙磷缺乏、钙磷不平衡或维生素D_3缺乏引起的软骨发育不良、佝偻病、骨质疏松症和红色跗关节,另外饲料中锰和胆碱缺乏会引起软骨营养障碍,也称股骨短粗症。

【临床症状】瘫痪引起生长发育受阻,产品的合格率低,瘫痪肉鸭表现体软、腿软、跛行、用跗关节行走、运动失调等软骨病症状,还有的出现"橡皮喙"

现象。有些鸭精神状态良好,虽行动困难,可正常采食和饮水,但采食量和饮水量因受其他肉鸭的影响而减少。大部分瘫痪肉鸭行动困难,不能正常采食和饮水,鸭体消瘦甚至死亡。死亡大多由其他肉鸭踩压所致。

【诊断】运动艰难,走路摇摆,不能站立;喜睡、身体发抖,头不能抬起,严重时常以跗关节着地或靠两翼支撑着地。

【治疗方法】可采用肌内注射维丁胶性钙治疗。规格为每毫升含维生素D 500 单位、胶性钙 0.5 毫升。成年鸭每次注射 1~2 毫升,每天 1 次,连续注射 2~3 次即可治愈。也可用每片含磷酸氢钙 0.5 克的糖钙片和每片含维生素 B_1 2~3 片同时喂服,成年鸭每天 1 次,连服几次即可康复。如能在针刺鸭趾血管放血的同时口服鱼肝油,则治疗效果更好。

【防治措施】

防治肉鸭瘫痪的措施是饲料中有充足的钙、磷,而且钙、磷比例必须平衡;日粮中的维生素尤其是维生素 D_3 的量要足,其他微量元素的量也要有保证,有条件的饲养场定期进行户外运动,多晒太阳;鸭舍和运动场要防止阴暗潮湿,经常更换垫料;经常消毒防止细菌感染,注射疫苗防止病毒性疾病发生。

第七章　鸭副产品的加工利用

　　鸭产品符合当前及今后的消费趋势。蛋鸭总体上具有抗病力强、耐粗饲的特性,产蛋期配合饲料中无须添加抗生素和化学合成药物类添加剂,故鸭蛋是较为安全的绿色食品,具有一定的保健功能,且风味独特,深受消费者青睐。

第一节　肉鸭的屠宰与加工

屠宰加工厂所需设备应根据厂的生产规模和生产现代化程度而定。不论屠宰加工厂规模大小,只要不是临时性的屠宰场,就应具备以下设施、设备:供水和排水系统、供热水锅炉、屠宰架、接血槽(盆)、浸烫的水池(或锅等)、冷库。如果是机械化屠宰厂,应有悬挂输链、浸泡设备、脱羽机、蜡脱羽设备等。

一、屠宰前的准备

鸭子屠宰前的管理工作是十分重要的,因为它直接关系着毛鸭屠宰以后的质量问题。

(一)确定屠宰计划

要调查了解鸭出栏数量,考虑自身的屠宰加工能力及运输能力,调研和预测加工后各类原料产品销售市场、产品流向及价格。依据这些因素确定屠宰数量和收购、屠宰的进度。

(二)设备和用具准备

屠宰加工前要维修和完善加工设备和用具。如人工屠宰加工应将屠宰场地、设备及用具准备齐全;如用机械化或半机械化屠宰加工,应检修设备,配齐零部件,并试车进行,达到正常状态。

(三)各类产品包装用品及存放场地的准备

屠宰加工的过程是分别采集各类产品的过程,因此对每类产品的包装用品应有足够的准备,并要确定存放场地。每类产品需用什么包装、需用多少、场地大小,要根据屠宰规模、数量和产品出售的时间而定。如屠宰规模大、数量多、短时间难以销出,就需较多的包装和较大的场地。

(四)人员准备

屠宰加工生产环节较多,各环节均需事先配备专人,并要进行上岗前的技术培训,使每个生产工作人员均要懂得自己工作岗位的技术要求和质量要求,以便在整个生产过程中,减少浪费,降低成本,提高产品质量和经济效益。

(五)鸭准备

屠宰前的管理工作主要包括宰前检验、宰前休息、宰前禁食和宰前淋浴等。

1. 宰前检验

肉鸭运进屠宰场后,将其关在待宰车间,在进行屠宰前进行一次宰前的检验,防止有病鸭进入屠宰加工间污染其他健康鸭。对成群的活鸭,一般是施行大群观察后再逐只进行检查。利用看、触、听、嗅等方法进行检验,根据精神状态,有无缩颈垂翅、羽毛松乱、闭目独立、发呆和呼吸困难或急促、发出"咕咕"或"嘎嘎"的怪叫声等异常表现,来确定鸭的健康情况,发现病鸭或患有可疑传染疾病的鸭应单独急宰,依据宰后检验结果,分别处理。对被传染病污染的场地、设备、用具等要施行清扫、洗刷和消毒。

2. 宰前休息

毛鸭在屠宰前要充分的休息、这样可以减少鸭的应激反应,从而有利于放血。一般需要休息 12～24 小时,天气炎热时,可延长至 36 小时。

3. 宰前禁食

鸭宰前休息时,要实行饥饿管理,即停食,但要给以定量的饮水。一般家禽断食为 12～24 小时为宜。停食的目的是为了使鸭尽量把肠胃内食物消化干净,排泄粪便,以方便屠宰后处理内脏,避免污染肉体。同时,饮水可以保持家禽正常的生理机能活动,降低血液的黏度,使鸭在屠宰时放血流畅。同时,因为绝食,肝脏中的糖原分解为乳糖及葡萄糖,分布于全身肌肉之中,而体内一部分蛋白质分解为氨基酸,使肉质嫩而甘美。绝食也节约了饲料,降低了成本。在绝食饮水时,绝食时间要掌握适当,太短不能达到绝食的目的,过长容易造成掉膘,减轻体重。喂水时要按照候宰禽的多少放置一定数量的水盆或水槽,避免鸭在饮水中打水,鸭体受到损伤,甚至相互践踏引起死亡。但在宰前 3 小时左右要停止饮水,以免肠胃内含水分过多,宰时流出造成污染。

4. 宰前淋浴

鸭在宰杀前要进行淋浴或水浴。其目的是清洁鸭体,改善操作卫生条件,以保持宰后的鸭体清洁,避免污染;同时,还可以使鸭精神舒畅,促进血液循环,可以保证放血干净,提高肉品质量,延长肉品的保存时间。一般可以用橡皮管接在自来水管上对鸭体进行喷淋,也可以在通道上设置数排淋浴喷头,在鸭经过时完成淋浴;把鸭赶入人工构筑的浅水池内让其走过,以达到清洗鸭体的目的。赶鸭时要避免用竹竿或绳鞭抽打,防止鸭跌倒、滑、摔、压、挤和相互啄伤而引起伤痕和淤血,在加工后出次品。

5. 活拔大翎

羽毛在即将屠宰之前,将两翼的刀翎、乌翎、尾毛及分水毛等大翎羽毛采集下来,可用于生产羽毛球等,应另行包装出售。如果用机械脱羽,会使羽片遭破坏,成为废料,而且大翎羽混在羽毛中也会影响羽绒的质量。

二、屠宰工艺

（一）感官检查

主要是指对毛鸭的精神和外观进行系统的观察。首先观察鸭的体表有无外伤，如果有外伤，则感染病菌的概率会成倍地增加。然后，察看鸭的眼睛是否明亮，眼角有没有过多的黏膜分泌物，如果过多，表明该鸭健康状况不好，属于不合格鸭。最后检查鸭的头、四肢及全身有无病变。经检验合格的毛鸭准予屠宰。

（二）屠宰工艺

从工艺流程上来分，鸭的屠宰工艺包括：吊挂、致昏、实杀沥血、浸烫脱羽、打毛、三次浸蜡、拔鸭舌、拔小毛、验毛、肉体的外部检查、开膛取内脏、扒内脏、宰后检验、切爪、整形、内外清洗、预冷等步骤。整体出售若是全净膛白条鸭，除留肺与肾以外，其余内脏全部取掉（包括气管、食管、胗、肠、肝、胆、胰、脾、心、肛门、生殖器等）；半净膛白条，除肺、肾、肝、心、胗之外，其余去掉，但是，胗要去掉内容物和角质膜。如果分割出售，就要按部位分割，分别包装，速冻冷藏。

1. 吊挂

双手握住鸭的跗关节倒挂在挂具上，使鸭的头朝下。每个挂具只挂一只毛鸭。

2. 致昏

致昏就是要将待宰鸭通过各种方法，使其昏迷，从而有利于下一步的屠宰工作。目前，使用最多的致昏方法是电麻法。所谓电麻法就是利用电流刺激使鸭昏迷。使用电压通常为110～220伏。可以设一个电击晕池，池底有电流通过，里面装满水，当毛鸭经过这里时，一触电就会自然晕厥。

3. 宰杀沥血

宰杀沥血是把活鸭杀死，采集鸭血产品的过程。在这个过程中采血是主要的工作，沥血不仅能将鸭体内血液流出体外，使心脏停止跳动致死，把鸭血产品采集起来，而且沥血的程度直接影响鸭胴体及内脏的品质质量。如沥血干净，则鸭胴体内无淤血、表面无淤血点，白净外观美，肉的品质好，有利于市场销售。

目前，有三种宰杀沥血的方法：一是颈部宰杀沥血法，二是口腔宰杀沥血法，三是颈静脉宰杀沥血法。在实际应用中，要根据产品用途及便于操作人员操作而决定。

（1）颈部宰杀沥血法　是我国传统的宰杀方法，应用比较普遍。具体做法是：操作人员将活鸭倒挂在屠宰架上，把鸭保定好，用一只手握住鸭头后颈部，另一只手用快刀将鸭颈部两侧血管和气管割断（有的还割断食管），让血从割断的静脉血管中流出，沥血 2～3 分。这种方法有时沥血不净，颈部不完整，刀口易污染，白条欠美观。

（2）口腔宰杀沥血法　又称舌根静脉放血法。具体做法是：操作人员将倒挂在屠宰架上的活鸭保定好，用双手将鸭嘴掰开；另一个人用剪刀将舌根两侧静脉剪断，使血流出，沥血 3～4 分即死。此法颈部完整美观，但操作难度大，有时沥血不净，一般不常用。

（3）颈侧静脉宰杀沥血法　具体做法是：操作人员将倒挂在屠宰架上的活鸭保定好，用一只手抓握头后颈部，两手配合摸准两侧静脉。用一只手固定住，并使静脉隆起，另一只手将较粗的空心针头插入两侧静脉管内，使血液从空心针头流出，沥血 4 分左右即死。此法沥血干净，皮肤完整美观，内脏干净无淤血。

4. 浸烫脱羽

鸭经过屠宰后需要随即浸烫即利用毛孔热胀冷缩的原理，用热水使毛孔膨胀，羽毛容易拔除，以保持宰后鸭体的光洁。浸烫的关键是根据鸭的品种和日龄适当掌握水温和浸烫时间。

（1）手工浸烫　鸭的羽毛覆盖层厚，水温比烫鸡时稍高，一般为 65～68℃。在这个范围内，日龄小的新鸭要低些。温度的掌握可把手放在冷水中浸一下，然后伸进热水中，感觉水烫而皮肤没有刺激为好。家庭屠宰可将沸水和冷水按 3∶2 掺和即可，也可将宰好的鸭先用冷水淋湿再在沸水中浸烫。浸烫时间一般在 30～60 秒。浸烫要在鸭完全停止呼吸而体温又没有散失时进行。注意水温不能过高，浸烫时间不能过久，否则，烫得过熟，肌蛋白凝固，皮肤韧性变小，褪毛时容易破皮，并且脂肪溶解，从毛孔渗出，表皮呈暗灰色，带有油光，造成次品；如果水温过低，浸烫时间过短，烫得不透，造成"生烫"，拔毛困难，甚至连皮拔下，损坏鸭体。手工浸烫分批烫，即将屠宰后的鸭一次投入若干只于适宜的水中，用木棒搅拌，30 秒后，试拔腹部的丝毛和翅羽。如果易脱落则将鸭拿到板上拔毛，也可逐只浸烫，即拽起鸭的两脚倒悬于水中浸没，上下左右搅动 10 多次，使热水渗透毛孔，再逐只拔毛。

（2）机械浸烫　即采用蒸汽热水温，使水温保持在规定范围内连续进行。浸烫温度为 61～62℃。机械浸烫可控制和调节水温，又能定时换水，保持了清洁卫生。但也要注意水温和浸烫时间不能过长或过短。

5. 打毛

目前，成规模的屠宰场都采用机械拔毛，也称为打毛，这样，可以同时为数只鸭拔毛，大大提高了拔毛的效率。拔毛要结合两种打毛机才能达到效果。一种是打头脖机，另一种是卧式打毛机。先用打头脖机将鸭的头与脖子打一遍，然后再用卧式打毛机将鸭的全身打一遍，这样，就可以将鸭体表的毛拔掉。两个机器原理上是一样的，都是利用转轮上面的打毛指拍打鸭子从而把毛打掉。在打毛的过程中要及时更换破损的打毛指，以保证打毛效果。

打完毛之后，要有专人将鸭身上的毛择干净，然后再放入清洗池中清洗一下，才能进入下一个程序。

6. 三次浸蜡

鸭子在经过打毛以后，身上大部分的毛已经脱落，但是，仍然有一小部分毛还存留在鸭体上，为了使鸭体表的毛脱落得更干净，可以借助食用蜡对鸭体进行更彻底的脱毛。在这之前，要先用小木棍将鸭的鼻孔堵上，以免进蜡。

通常，我们将浸蜡槽的温度调整在75℃左右。当鸭子经过浸蜡油时，全身都会沾满了蜡液，在快速通过浸蜡后，还要经过冷却槽及时冷却，冷却水温在25℃以下，这样，才能在鸭体表结成一个完整的蜡壳，然后再通过人工剥蜡，最终使鸭体表小毛进一步减少。每只鸭子都要经过3次浸蜡、3次冷却、3次剥蜡，才能达到最终的脱毛效果。

在这个过程中要保证浸蜡槽温度的稳定，避免温度过高或过低。如果温度太高，就会使得鸭体表的蜡壳过薄，导致脱毛效果变差，严重者还会导致鸭体被烫坏；而温度过低，蜡壳过厚，脱毛效果也会变差。所以，一定要引起重视。

另外，为了不浪费原料，剥下来的蜡壳还可以放在旁边的溶蜡池里融化后继续使用。在最后一次冷却完毕后，要及时将鸭鼻孔上的木棍取下来，然后再进入下一道工序。

7. 拔鸭舌

浸蜡过程完毕后，要拔鸭舌。这里采用尖嘴钳。尖嘴钳在使用前要先经过消毒处理。只要用尖嘴钳夹住鸭舌，然后向外拔出即可。拔下来的鸭舌要放入专门的容器里存放。

8. 拔小毛

经过打毛和三次浸蜡后，鸭体表的毛看似已经完全脱落，但体表深处的一些小毛仍然没有脱掉,这时候就要借助人工拔毛。拔小毛使用的工具主要是镊子。这个操作一般在水槽中进行。因为只有在水里,鸭体上的小毛才会立起来,看得更清楚。

首先,用小刀将鸭嘴上的皮刮掉,然后,按照从头到尾的顺序小心地用镊子将鸭体表残留的小毛摘除干净。这个过程看似简单,但需要有足够的细心和耐心。拔毛的时候要注意千万不可损伤到鸭体,否则容易细菌感染。万一有破损的鸭体,要将其放在一旁,最后再单独处理。

9. 验毛

拔完小毛的鸭子要进行检验,如果发现有少量的毛还没有拔干净,要再重新返工,直到鸭体上的小毛全部拔干净为止。毛净度检验合格后要及时将鸭子挂上掏膛链条进行下一个步骤。

10. 肉体的外部检查

依据体表状态、放血程度,来判定加工质量和卫生状况。放血良好、浸烫适宜的健康肉体,皮肤完整为白色或淡黄色,富有光泽,看不到皮下血管。否则皮肤是红色的,皮下血管充血,影响质量。在检查肉体的同时要注意体表有无肿瘤、寄生虫及传染的病变和天然孔的变化情况。

11. 开膛取内脏

开膛前须先除粪污,即将鸭体腹朝上,两掌托住背部,以两指用力按撩鸭的下腹部向下推挤,即可将鸭粪从肛门排出体外。接着洗淤血,一手握住头颈,另一手中指用力将口腔、喉部或耳侧部的淤血挤出,再抓住头在水中上下左右摆动以洗净血污,同时顺势把鸭的嘴壳和舌衣拉出。开膛可采用腋下开膛和腹部开膛两种方法。腋下开膛即从左下肋窝处切开长约3厘米的切口,再顺翅割开1个月牙形的口,总长度为6~7厘米即可。腹下开膛即用刀尖或剪刀从肛门正中稍稍切开刀口长度3厘米,以便食指和中指可以伸入拉肠,有的切口长5~6厘米以便五指伸入,要视加工需要而定。

摘取内脏所采用的方法应依据产品用途及销售的要求而定。但不论采用何种方法,均应注意保持产品的完整无损,特别是在开口的过程中要掌握好分寸,严防损伤内脏。

12. 扒内脏

(1) 全净膛　即除肺、肾外扒出全部内脏。翼下开膛的鸭都是全净膛,操作一般是先把鸭体腹部朝上,右手控制鸭体,左手压住小腹,以小指、无名指、中指用力向上推挤,使内脏脱离尾部的油脂,便于取内脏。随即左手控制鸭体,右手中指和食指从翼下的刀口处伸入,先用食指插入胸腔,抠住心脏拉出,接着拉食管,同时将与肌胃周围相连的盘腱和薄膜划开、轻轻一拉,把内脏全部取出。对腹下开膛的全净膛,一般是以右手的四个指头侧着伸入刀(刀口长度约 3 厘米)触到鸭的心脏,同时向上一转,把周围的薄膜划开,再手掌向上,四指抓牢心脏,把内脏全部拉出。

(2)半净膛　即从肛门口处切开长约 2 厘米的刀口,拉出肠和嗉囊,其他内脏仍留在鸭的体腔之中。操作时将鸭体仰卧,用左手控制住,以右手的食指和中指从肛门刀口处一并伸入腹腔,夹住肠壁与嗉囊连接处的下端,在向左弯转,抠牢肠管,将肠子连同嗉囊一并拉出。

(3)满膛(即不净膛)　即活鸭屠宰后全部内脏仍留在体内。

在开膛扒内脏时如拉断肠管或胆囊弄破,应继续清除肠管并用水冲洗,不使肠管或胆汁留在腹内,以免污染鸭体。此外,开膛后的鸭体腹腔内可能残留血污,应用水清洗,使其不留污秽。

13. 宰后检验

拉肠后的鸭由专职卫检人员进行宰后检验,剔除不合格的次品,将出口商品按出口标准进行分级。卫检人员用装有小灯泡的扩张器,从鸭体肛门处检查内脏。

(1)发现以下鸭体,进行局部废弃和修整,仍作出口商品

a. 轻度破胆,能及时冲洗干净的鸭。

b. 轻度少量粪便污染,能及时冲洗干净的鸭。

c. 由寄生虫引起的局部脏器有坏死点或病变的鸭。

d. 腹腔中有积凝血块可以冲洗干净的鸭。

e. 其他轻微局部病变而对人、兽无害的鸭。

(2)发现以下情况的鸭作市销处理

a. 血液凝固不良,皮肤呈粉红色的鸭。

b. 破胆后,胆汁严重污染冲洗不净的鸭。

c. 粪便污染,冲洗不净的鸭。

d. 腹腔中发现脓肿或有恶臭气味的鸭。

e. 其他较严重病变的鸭。

(3)检验中发现以下情况的鸭做高温或化制处理

a. 伤寒:主要为全体黏膜苍白,肝脏肿大发绿,表面有灰色斑点,脾脏肿大变形,肾脏通常亦肿胀、心壁上有大小不同的灰色小结节。

b. 结核:系指体内某些器官有变色或黄色小结节,其中尤以肝、脾、肠上为多,不严重的可列入局部器官病变内。

c. 出血性败血症:主要病变为皮肤,腹及胸肌呈淡红色,腹部内脏淤血,肋间肌肉、心冠脂肪心膜均有小点出血,心包囊中常积有多量淡黄色液体,肝色深,表面有小白脓点,皮下及腹部脂肪色变深,有肿胀及出血小点。腹膜也有出血点,十二指肠黏膜发炎及出血等。

d. 其他:系指除上述各项外之其他一般严重之病变。

(4)以上两类不合格的商品及废品,严禁出口;化制的鸭要加强管理和处理。

(5)腹腔检验剔除不合格商品及化制品之后。再剔除符合出口的鸭,再按出口标准进行分级,不符合出口的鸭按市销处理。出口鸭,应为半净膛、带头、翅与掌、去肠、胆洗净,鸭肉体外皮肤洁净,无羽毛及面管毛,无擦伤、破皮、污点及淤血。

一级:要求半净膛,2千克以上,肌肉发育良好,胸骨尖不显著,除腿、翅外,有厚度均匀的皮下脂肪层布满全身,尾部丰满。

二级:半净膛,1.8~2千克以上,肌肉发育完整,胸骨尖稍露,除腿部、肋部外,脂肪层布满全身。

三级:半净膛,1.6~1.8千克以上,肌肉不甚发达,胸骨尖显著,尾部有脂肪层。

(6)凡有以下现象的鸭体,也为不合格的商品,不得出口

a. 过瘦:宰前剔选不严所致。

b. 破皮:因操作不慎所致。

c. 受伤:因饲养管理不善所致。

d. 红头:因宰杀不善而淤血所致。

e. 破胆:因拉肠不慎所致。

f. 血管毛:因血管毛太多,不易拔去的鸭。

g. 变形:鸭体生理上的畸形,体态不正常。

h. 变色:鸭体皮色发黑、发紫及其他不正常色泽的鸭。

i. 其他:除以上各项外之其他现象而不能出口的鸭。

14. 切爪

掏完膛以后要进行切爪操作。切爪用的刀必须经过消毒以后才能使用。用刀沿着鸭腿跗关节处切开,然后把切掉的鸭爪放到专门的容器里。

15. 整形

先用冷水洗净体内残留的破碎内脏和血液,然后放入冷水中浸泡 4～5 小时,以浸出体内血液,使肌肉洁白,同时迅速降低屠体温度,最大限度减少细菌污染。然后取出鸭体,挂起,沥去水分(一般沥水 1～2 小时)。

整形时,将鸭放在桌上,背部向下,腹部朝上,头向里,尾向外,以手掌用力压扁三叉骨,使鸭体呈长方形,鸭体方正,肥大,好看。

(三)加工注意事项

胴体红斑、次斑、皮下溃疡、破皮等都影响着冻鸭的分等分级和销售价格,因此,在肉鸭饲养和加工中应注意以下几点:

第一,在出栏肉鸭时,每次赶鸭只数不超过 200 只,不得一次赶鸭太多,严禁用脚踢、利用硬器赶及用手摔,以免造成鸭体伤痕。

第二,装卸时,一只手只能抓一只鸭子,过多易造成肉鸭红颈。同时,注意要轻抓轻放,以防鸭体受伤。

第三,点刀部位要准,一刀点准避免红颈、红头、红身。

第四,浸烫温度一般控制在 60～65℃、浸烫时间 2～3 分,如浸烫温度过高或浸烫时间过长容易造成破皮。

第五,在打毛过程中,应根据当日鸭子大小及时调整打毛机间隙,以防间隙过大打不干净,或过小造成破皮及断翅等现象;严禁二次打毛。

第六,小毛加工中,应严格按小毛要求操作,严禁人为拔毛造成破皮等。

三、白条鸭加工工艺

冻鸭的加工,一般对开膛、拉肠后的白条鸭,需在冷却间保持温度 0～4℃,相对温度 85%左右,1～2 小时的预冷(也称冷却)达到鸭体表面水分蒸发,形成一层干燥膜,防止微生物的侵入和繁殖,并有利于提高冻结效率和好的商品质量。在冷却期间一般是挂在吊钩上,往往易引起变形,应在冷却过程中进行一次整形,整形时要将两翅反折再将腿弯曲贴紧鸭体,双脚趾蹼分开贴平,使其保持外形丰满美观,然后装盘或装袋。装袋时,鸭的腹部朝上,背部向下,通常是每 6 只白条鸭装为一箱(袋)。

经过冷却的鸭肉要长期保藏或远途运输,必须加以冷冻,放入温度在−25℃以下,相对湿度为 90%左右的速冻间,速冻不超过 48 小时。经测试肉温达到−15℃以下,才能防止肉质干枯和变黄的现象发生,保证肉的质量不受影响,在保管期内进行冷藏。

屠宰工序全部结束后,接下来还需要进行一系列的加工工艺,若分割出售则进入分割工艺,下面主要介绍鸭体分割及副产品加工。

(一)鸭体分割要求

鸭肉的分割必须注意的是质量与效益的问题,在质量上分割鸭主要是将一只鸭按部位分割下来,如果不按照操作要求和工艺要求,就会影响产品规格、卫生以及产品质量。为了提高产品质量,达到最佳经济效益,必须做到以下几点:熟练掌握鸭分割的各道工序;下刀部位要准确,刀口要干净利索;按部位包装,斤量准确;清洗干净,防止血污、粪污以及其他污染。

(二)鸭体的分割方法

我国对鸭体分割主要是按照分割后的加工顺序对肉鸭胴体进行分割去骨,通常分为鸭头、鸭脖、鸭翅、鸭爪等。

在分割的过程中,分割加工用具、手、案板、案台等要严格按规定进行清洗消毒;同时,要避免产品堆积;对于落地的半成品、成品必须经过严格的清洗消毒处理。整个分割车间的温度应保持在15℃以下。

(1)取爪 用尖刀分别在跗关节处取下左、右爪,要求刀口平直,整齐。

(2)取翅 用尖刀分别在肩关节处卸下左、右翅,要求刀口平直、整齐。

(3)取头 在下颌后环椎处,平直斩下鸭头,要求去除嘴角皮。

(4)取颈 在颈椎基部与肩的接合处平直斩下颈部,去掉皮下的食管、气管及颈胸处的淋巴结。

(5)取胸 在胸骨后端剑状软骨处下刀,沿着肋骨与胸骨的连接处,分别从左、右两侧使其分离,直到前方与喙骨分离,取下整个胸肌及胸骨。

(6)取腿 可在左侧腿与躯体的连接处用刀在髋关节处取下左腿,再用同样的方法取下右腿。

(7)修整 将分割好的鸭块进行修整,用干净的毛巾擦去血水,去掉碎骨,修净伤斑、结缔组织、杂质等。

(三)整理加工

副产品加工主要是对掏出的心、肝、肠等内脏及爪、舌等副产品按照加工要求,分别进行加工。先来看内脏的加工过程。

(1)鸭肉 鸭的分割包装,国内采用的主要是无毒的聚乙烯塑料薄膜制成的塑料袋,少数要求较高的,也有使用复合薄膜包装袋包装的,国外由于包装材料比较便宜,常采用复合薄膜进行包装。对于包装的要求,主要是对包装材料的有毒与否的要求。

(2)鸭头　去毛,去嘴角皮,水洗口腔,擦干。

(3)鸭脖　去毛,去斑痕和杂质,清除残留食管和气管中的食物,水洗,擦干。

(4)鸭翅　鸭翅不需要冲洗,取下来后只要用布擦干净就可以了。

(5)鸭爪　鸭爪取下来后,要将鸭掌上面的那层皮剥掉,然后用水洗干净就可以直接码入成品盒了。

(6)鸭舌　鸭舌是鸭体上售价最高的一部分。只需要把上边的一段气管剪掉,然后冲洗干净即可。

(7)鸭胗(肫)　取下来之后,首先用刀从中间割开,将里边的食料掏出来,用水洗干净后,再用小刀将表层黄色的皮刮去,最后把上边的油剥下来,冲洗干净即可。但在开刀摘除内容物和角质膜时,应横着开口保持两个肌肉块的完整,提高利用价值,最好是单独包装出售。

(8)鸭肝　去胆,修整(即胆部位和结缔组织),擦干血水。一般将摘胆后的肝放入白条鸭腹腔内,随白条鸭速冻冷藏,也可单独出售。如不慎胆囊破裂,立即用水冲洗肥肝上的胆汁。鸭肝在包装前不需要用水冲洗,以防变颜色,只需要用干净的布将其擦干净即可。

(9)鸭心　要清洗干净,去掉心内淤血。若单独出售应单独包装,速冻冷藏;若随半净膛白条鸭出售,清洗后放入腹腔内,随白条鸭速冻冷藏。

(10)鸭肠　去肛门,去脂肪和结缔组织,划肠,去内容物,去盲肠和胰脏,水洗,去伤斑和杂质,晾干。整理鸭肠应去掉肠油,并将内外冲洗干净,单独包装,速冻冷藏。鸭肠过去是废物,现在经加工处理后售价比鸭肉还高。

(11)鸭腰　鸭腰可单独出售。

(12)鸭内金　取出后晒干可药用。

(13)其他副产物　胆和胰脏冲洗干净单独包装,可供制药厂加工药用物质,其利润为鸭本身价值的几十倍,甚至上百倍。其他副产物可收集到一起,供饲料加工厂加工饲料用。

(四)冷冻储藏

冷冻是保存鸭肉最好的方法,可使肉鸭在较长的时间内不致腐败变质,以解决鸭生产淡旺季与加工供应直接的矛盾。

(1)预冷　鸭产品的储藏一般要经过预冷、冻结和冷藏3个过程。冷却设备一般采用冷风机降温,室内温度控制在0~4℃,相对湿度为80%~85%,

经过几个小时的冷却,鸭产品内部的温度降至30℃左右时,则预冷阶段即可结束。

(2)冻结　分割好的鸭体,应当分类,用无毒的包装容器包装好,按要求进行大件外包装,急冻库温要控制在 -25℃,在72小时以内,要使分割后的鸭肉中心温度降至 -15℃,储存的冷藏库应控制在 -18℃左右,分割鸭的肉温要控制在 -15℃以下。

(3)冷藏　冻结后的鸭产品,如果是需要较长期保存的,应当及时送入冷藏间保存,冷藏库和各种用具应经常保持清洁卫生。库内要求无污垢、无霉菌、无异味、无鼠害、无垃圾,以免污染冷冻的鸭产品。进入冷藏间的冻鸭产品,都应保持良好的质量,凡发现变质的、有异味的和没经过检验合格的鸭产品都不得放入,库内有包装的和没有包装的冻鸭产品应当分别堆放。要注意安全,合理安排,充分利用库房。同时,要求堆与堆之间、堆与冷排管之间,保持一定的距离,最底层要用木材垫起,堆放要整齐,便于盘查,有利于执行先进先出的原则,以保证鸭肉产品的质量。

进入冷藏间的冻鸭产品要掌握储存安全期限,定期进行质量检查,发现有变质、酸败、脂肪变黄等现象,应及时迅速地加以处理。冻鸭的安全储存期,鸭肉在 -6℃时可保藏2.5个月, -8℃时为3.5个月, -10℃时为4个月, -12℃时为5个月, -15℃时为7个月, -18℃时为10个月。另外,在保藏冻肉时,仓库内的空气要良好,要有一定风速的微风,相对湿度应为87% ~ 92%,以防肉质干缩。胴体在出售前仍需要保存在 -12 ~ 8℃。

产品经过称重、包装、分级、冷藏、保鲜后就可以出厂了。

五、鸭血

鸭血制品以其柔嫩爽滑的口感,富含铁、钙、锌、维生素的营养价值,逐渐成为大众喜爱的佐餐食品。鸭血有多种用途,因其容易腐败变质,应按用途及时处理。如食用,在采集血液过程中应加入适量食盐,屠宰后应及时加工,可加工血豆腐或血肠,供食用。如果是用于制药工业,屠宰后及时送制药厂加工。如果是用于饲料加工,应立即晾干或烘干供加工饲料之用。

(一)鸭血的收集

现代化的屠宰加工厂一般都用泵和管道来收集运送鸭血。即用装在沥血槽低端处的涡轮系将鸭血直接打入较大的储血器,再采用自流或泵打两种方式将储血器里的血输入罐车,送往鸭血所需的部门。储血器容积的大小,根据生产规模和鸭血的运送次数而设计,一般禽血量约为活禽重的4.5%。

(二)盒装鸭血豆腐

1. 工艺流程

采血→过滤→脱气→配料→装盒→凝固→灭菌→检验→成品入库。

2. 操作要点

(1)采血 食用血必须来自健康鸭群,在收血容器中加适量清水,水中加食盐,盐量约为水量的20%,待盐溶化后,即可将鲜禽血接入,约为水的2倍。

(2)过滤和脱气 降温后的血液经过20目筛过滤,除去凝块,放入脱气罐进行真空脱气。脱气温度40℃,真空度0.08~0.09兆帕,时间约5分。

(3)配料装盒 向脱气后的鸭血中加入凝血因子活化剂,搅拌均匀并快速装入盒内,使之在15分内自然凝固。

(4)封盒 鸭血在盒中凝固后,将盒边缘沾有的鸭血擦干净,即可用热封机封盒。

(5)灭菌 待水沸腾,水温升至121℃,水浴杀菌15~30秒。

(6)检验 灭菌后的产品经检验无破损、无漏气、无变形,方可入库。

该产品卫生、安全,销售过程无污染。夏季常温下保质期15天,冬季保质期30天。

(三)鸭血粉饲料

鸭血液中含有多种营养和生物活性物质,如蛋白质、氨基酸、各种酶类、维生素、激素、矿物质、糖类和脂类。鸭血液中营养物质不仅种类齐全,而且有些营养物质的含量很丰富,甚至超过进口鱼粉,如粗蛋白含量为84.7%,超过所有动物性蛋白质饲料,其中,赖氨酸、亮氨酸、缬氨酸含量很高,分别是进口鱼粉中同类氨基酸含量的1.79、2.65、2.79倍,含铁量为进口鱼粉的13倍。由此可见,血粉潜在的营养价值很高,具有很大的开发利用价值。

1. 工艺流程

鲜血→拌入孔性载体→干燥→成品。

2. 操作要点

(1)吸附法 将1~2倍于血量的麸皮(米糠或饼粕粉)与血混合,搅拌均匀后摊晒于水泥地上,勤翻动,一般经4~6小时可晒干,然后粉碎即可。用软皮或米糠制成的血粉含粗蛋白30%~35%,用饼粕粉制成的血粉含粗蛋白45%~50%。载体血粉在猪日粮中使用量不宜超过5%,在鸡日粮中一般用3%左右。

(2)蒸煮法 可用大豆磨成粉作载体,加工方法基本同上,但在制作时要把血豆粉做成块状,蒸20分,待其凉后搓成细条晾干,再粉碎。血豆粉含粗蛋白47%左右,用血豆粉喂雏鸡用量不宜超过日粮3%,喂青年鸡可全部代替鱼粉,喂蛋鸡可部分或全部代替鱼粉。

(3)晒干法 把鲜血倒入锅内,加入相当于血量1%~1.5%的生石灰,煮熟使之形成松脆的团块,捞出团块切成5~6厘米的小块,摊放在水泥地上晒干至呈棕褐色,再用粉碎机粉碎成粉末状,即成血粉。此血粉用来喂肉鸡一般占日粮的3%,喂产蛋鸡占日粮的2%~3%。如果在血粉中加入0.2%丙酸钙,并将装血粉用的口袋在2%丙酸钙水溶液中浸泡,晒干后再装血粉,可以起到较好的防霉作用。

(四)鸭血提取混合氨基酸

混合氨基酸为白色晶体,熔点高,易溶于酸、碱溶液,难溶于水、乙醇、乙醚等有机溶剂,具有氨基酸的所有性质。可用于食品、医药、饲料等方面,可作固体食品添加剂,亦可作液体食品添加剂。

1. 生产设备、仪器及药品

搅拌机、真空干燥机、水浴锅、pH计、温度计、盐酸、氢氧化钠、纯氨水、无水乙醇、活性炭。

2. 工艺流程

鸭血→水解→中和→过滤→干燥→得粗品→酸溶→中和脱色→滤取晶体→冲洗→干燥→得混合氨基酸精品。

3. 操作要点

取新鲜鸭血,搅拌下加入3倍量的6摩尔/升盐酸,用盐浴加热至110℃,保温密封水解24小时,趁热过滤,搅拌下用30%氢氧化钠中和至pH为3.5,于10℃静置36小时,过滤,用清水冲洗3次,抽干,于60℃真空干燥,得混合氨基酸粗品。将粗品用2摩尔/升化学纯盐酸溶解,用纯氨水中和至pH为3.5,加入总液量1%的活性炭,用水浴加热至80℃,保温搅拌30分,趁热过滤,将滤液于10℃静置24小时,滤取晶体,母液用水浴浓缩至原体积的一半,冷却至10℃,静置12小时,滤取晶体。合并两次晶体,用无水乙醇冲洗2次,抽干,于60℃真空干燥,得混合氨基酸精品。

4. 注意事项

主要包括:①乙醇是易挥发、易燃性化学药品,在操作过程中应通风、避明火,注意安全操作。盐酸和氢氧化钠等为强酸强碱,操作时应穿戴防护衣、手套和口罩等,防止酸碱液灼伤。废液的处理与排放必须遵照国家有关规定,防止对环境造成污染。②若生产的成品提供药用或食品加工,必须通过国家有关部门批准,办理有关手续。加工业主须有卫生许可证、从业人员须定期进行健康检查。所用药品必须选用化学纯级,产品质量必须符合卫生部颁布的食用及药用标准。

第二节　鸭肉制品加工

鸭肉制品有板鸭、酱鸭、烤鸭、烧鸭等,现将它们的加工方法简介如下。

一、南京板鸭

南京板鸭是我国著名的特产之一,分腊板鸭和春板鸭两种。板鸭色、香、味俱全,外形饱满,体肥皮白,肉质细嫩紧密,食之酥、香,回味无穷。南京板鸭外形较干,状如平板,肉质酥烂细腻,香味浓郁,故有"干、板、酥、烂、香"之美誉。

制作方法:

(一)选鸭

制板鸭的原料鸭愈肥愈好,并以未生蛋和未换毛者为佳。

(二)屠宰

宰前断食 18～20 小时,并进行宰前检验。屠宰时,一般都从下腭脖颈处下刀,刀口离鸭嘴 5 厘米、深约半厘米割断食管和气管。最好能用 60～75 伏的电流先进行电麻,这样不但有利于屠宰卫生,同时放血充分。刺杀的刀口以 1 厘米为宜,如过小则放血不净,过大则因伤口浸血使宰后颈部变红。刺杀后放入 60～64℃的热水中,水温不宜过高,以免表皮脂肪溶解(鸭脂熔点在 26～30℃)。烫毛时应逐只进行。烫毛要掌握适度,不能放在烫锅中任其浸泡,以羽软绒倒为度,否则脱毛不易或皮肤破损。烫毛时先抓住鸭肩骨,于热水中烫其尾部反复浸沾后,再倒提两腿反复上下浸烫全身和腹部,最后握住鸭嘴烫其颈部,这样即可拔大毛。拔大毛时,按如下次序进行:右翅→肩头→左翅→背部→腹部→尾部→颈部。

拔大毛后将鸭舌齐根割下,即用力将舌根下膜穿通,再勾住舌根,即可全部拉出。去舌后放于冷水中浸泡,以清洗血块等污物,并使体温下降。浸泡分三次进行,第一次 10 分,第二次 20 分,第三次 60 分。浸泡后表皮应洁白无疵。然后将胴体浸入冷水中,用镊子仔细择净小毛,或用松香拔毛法拔除小毛。

将毛除净后，齐肩膀处切去两翅，再沿膝关节割下两脚。在右翅下开一道 5~8 厘米的月牙形口（因鸭的食管偏右，故开口须在右翅下）。并随即将下咽膜刺穿，以便于悬挂。然后折断开口处的肋骨两根，用食指伸入胸腔，拉出心脏，将食管、喉管抽出，再将胃周围的两膜捅开，将胃拉出，并顺着胃的下部将肠子拉出。另用手指插入肛门搅断直肠并拉出，最后从背腔中一并将鸭杂取出。

取出的内脏，经兽医检验合格后，再将腹腔中的所有残留肋膜、血筋、腹膜等全部摘净（应注意勿伤及内表皮），清除肛门口残留肠头等。再用水清洗，洗净后放在冷水中浸泡 3~4 小时，然后钩住嘴下切口，将水沥干约 1 小时。最后将鸭仰放，用手紧压胸部，把胸部的前三叉骨压扁，使胴体呈现正规的长方形，即保持外形美观又便于腌制。

（三）腌制

1. 擦盐

将精盐于锅中炒干，并加入 0.125% 的茴香，炒至水汽蒸发后，取出磨细。腌制前后将鸭称重，用其重的 6.25% 的干盐。将盐的 3/4 从颈部切口中装入，在工作台上反复翻揉，使盐均匀地粘满腹腔各部。其 1/4 的盐擦于体外，应以胸肌、小腿肌和口腔为主。擦盐后依次码在缸中，经盐渍 12 小时后取出，提起后翅，撑开肛门，使腔中盐水全部流出，这称为扣卤。然后再叠于缸中，经 8 小时左右进行第二次扣卤。

2. 复腌

第二次扣卤后，用预先经处理的老卤，从肋部切口灌满后再依次浸入卤缸中。所浸数量不宜太多，以免腌制不均。码好后，用竹签制的棚形盖盖上，并压上石头，使鸭全部浸于卤中。复腌的时间按季节而定，在农历小雪至大雪期间，大鸭（活鸭 2 千克以上）22 小时，中鸭（1.5~2 千克）18 小时，小鸭（1.5 千克以下）16 小时；大雪至立春期间，大鸭为 18 小时，中鸭为 16 小时，小鸭为 14 小时，也可平均复腌 20~24 小时。

盐卤的配制：①新卤的配制。将除去内脏后浸泡鸭用的血水，加入精盐 38%，煮沸，使盐全部溶解成饱和盐水。除去上浮的泡沫污物，待澄清后取清液倒入缸中，另加生姜片 0.02%，整粒茴香 0.01%，整根葱 0.03%，冷却后即成新卤。②老卤的配制。由于老卤中含有一定量的萃取物质和蛋白质的中间分解物（如氨基酸等），故由老卤制成的板鸭，风味比新卤好。卤水经复腌后即有血水流出，呈浅红色，易引起腐败发臭，故每经复腌 3~4 次后，则需烧卤一次。烧卤一方面是灭菌,另一方面是将其中的可溶性蛋白质加热凝固后除去。烧卤前先用比重计测量其浓度,以维持饱和为原则。

好的板鸭外形呈扁圆形状,腿部发硬,周身干燥,皮面光滑无皱纹,呈白色或乳白色,腹腔内壁干燥,附有外霜,胸骨与胸部凸起,颈椎露出。肌肉收缩,切面紧密光润,呈玫瑰红色,具有板鸭固有的气味。水煮时,沸后肉汤芳香,液面有大片脂肪,肉嫩味鲜,有口劲。质量差的板鸭体表呈淡红或淡黄色,有少量油脂渗出,腹腔湿润,可见霉点。肌肉切面呈暗红色,切面稀松,没有光泽,皮下及腹内脂肪带哈喇味,腹腔有腥味或霉味。水煮后,肉汤鲜味较差,并有轻度哈喇味。如果板鸭通身呈暗红或紫色,则多是病鸭、死鸭所加工的,吃起来色、香、味极差,不宜食用。

二、杭州酱鸭

杭州酱鸭选用当年饲养成熟的肥壮鸭子,经先腌后酱精心制作而成,其肉色枣红,芳香油润,富有回味,是一道佐酒佳肴。鸭子先腌后酱,肉色枣红,芳香油润,咸中带鲜,富有回味,是杭州传统的风味名菜。

制作方法:

(一)宰杀、清洗

鸭空腹宰杀,洗尽后在肛门处开膛挖出内脏,除去气管、食管,再洗尽后斩去鸭掌,用小铁钩住鼻孔,浸在酱油里,挂在通风处晾干。

(二)腌制

将精盐和火硝拌匀,在鸭身外均匀地擦一遍,再在鸭嘴、宰杀开口处内各塞入 5 克拌料,将鸭头扭向胸前夹入右腋下,平整地放入缸内,上面用竹架架住,大石块压实,在 0℃ 左右的气温下腌 12 小时即出缸,倒尽肚内的卤水。将鸭放入缸内,加入酱油以浸入为度,再放上竹架,用大石块压实,在气温 0℃ 左右浸 24 小时将鸭翻身,再过 24 小时出缸。然后在鸭鼻孔内穿细麻绳一根,两头打结,再用 50 厘米长的竹子一根,弯成弧形,从腹部刀口处放入肚内,使鸭腔向两侧撑开。然后将腌过的酱油加水 50% 放入锅中煮沸,去掉浮沫,将鸭放入,用手勺将卤水不断浇淋鸭身,至鸭成酱红色时捞出沥干,在日光下晒 2~3 天即成。

食用前先将鸭身放入大盘内(不要加水),淋上绍酒,撒上白糖、葱、姜,上笼用旺火蒸至鸭翅上有细裂缝时即成,倒掉腹内的卤水,冷却后切块装盘。

三、北京烤鸭

是典型的烤制品,为我国著名特产。北京的全聚德烤鸭,以其优异的质量和独特的风味在国内外享有盛誉。

制作方法：

（一）工艺流程

原料选择→宰杀→打气→开膛、洗膛→挂钩→烫皮→挂糖色→灌水→烤制→成品。

（二）原料辅料

北京鸭10只，麦芽糖适量。

（三）加工工艺

1. 原料选择

选择经过填肥的北京鸭，以55～65日龄、活重3～3.5千克的填鸭最为适宜。

2. 宰杀

切断三管，放净血，用70℃热水浸烫鸭体3～5分，然后去掉大小绒毛，不能弄破皮肤，剁去双脚和翅尖。

3. 打气

从颈部放血切口处向鸭体打气，使气体充满鸭体皮下脂肪和结缔组织之间，当鸭身变成丰满膨胀的躯体便可。打气要适当，不能太足，否则会使皮肤胀破，也不能过少，以免膨胀不佳。充气目的是使鸭体外形丰满，显得更加肥嫩，烤制时受热均匀，容易熟透，烤鸭皮脆。

4. 开膛、洗膛

用尖刀从鸭右腋下开6厘米左右切口，取出全部内脏，然后取一根长约7厘米秸秆或细竹，塞进鸭腹，一端卡住胸部脊柱，另一端撑起鸭胸脯，要支撑牢固。支撑后把鸭逐只放入水中洗膛，用水先从右腋下刀口灌入体腔，然后倒出，反复洗几次，同时注意冲洗体表、口腔，把肠的断端从肛门拉出切除并洗净。

5. 挂钩

北京烤鸭过去挂钩比较复杂，现在用特制可旋转的活动钩，非常简便。使用时先用铁钩下面的两个小钩分别钩住两翅，头颈穿过铁钩中间的铁圈，即可将鸭体稳定地挂住。

6. 烫皮

提起挂鸭的钩，用沸水烫鸭皮，第一勺水先烫刀口处的侧面，防止跑气，再淋烫其他部位，用3勺沸水即可把鸭坯烫好。烫皮的目的是使皮肤紧缩，防止跑气，减少烤制时脂肪从毛孔流失，并使鸭体表层的蛋白质凝固，烤制后鸭皮酥脆。烫皮后须晾干水分。

7. 挂糖色

取1份麦芽糖或蜜糖与6份水混合后煮沸,和烫皮的方法一样,浇淋鸭体全身。挂糖色的目的是使鸭体烤制后呈枣红色,外表色泽美观。

8. 灌水

先用一节长约6厘米秸秆塞住肛门,以防灌水后漏水,然后从右腋下刀口注入体腔内沸水80~100毫升。注入烫水的鸭进炉后能急剧汽化,这样里蒸外烤,易熟,并具有外脆里嫩的特色。灌水后再向鸭坯体表淋浇2~3勺糖液。

9. 烤制

将鸭坯挂入已升温的烤炉,炉温一般控制在200~230℃。2千克左右的鸭坯需烤制30~45分。烤制时间和温度要根据鸭体大小与肥瘦灵活掌握,一般鸭体大而肥,烤制时间应长些,否则相反。如用砖砌炉或铁桶炉进行烤制,应勤调转鸭体方向,使之烤制均匀。当鸭全身烤至枣红色并熟透,出炉即为成品。

(四)质量标准

成品表面呈枣红色,油润发亮,皮脆里嫩,肉质鲜美,香味浓郁,肥而不腻。

四、烧鸭

产于广东、广西的烧鸭,色泽红艳,油润光亮,皮香脆,肉质滋嫩鲜甜,味清香醇浓,风味独特。

制作方法:

(一)宰杀、清洗

将鸭宰杀,洗净,翅膀并起,左手拇指和食指攥住鸭膀根部,鸭背靠近手背,小指勾住鸭右腿,右手捏住鸭嘴巴,把鸭头送给攥鸭膀根的拇指和食指,捏在鸭头和颈部之间,用刀在脖外切一小口,以切断气管为准,随即用右手捏住鸭嘴,把脖颈拉成上下斜直,血滴于碗内。

(二)拔毛

在沸水中将鸭子烫后,拔去大羽毛。

(三)工艺流程

下锅时左手拉动鸭掌,使鸭子在锅内浮动,右手用一木棍随时拨动鸭子全身,促使鸭毛尽快透水,再放入清水中浸泡打净细毛,从左翅膀下面切一小口,掏出内脏、食管、食袋,抠下鸭舌,齐关节处剁去脚掌;用芦苇秆一节,两端削成叉形,做成"鸭撑",长5~6厘米;将"鸭撑"从体侧口伸入胸脯的三岔骨上,使鸭脯隆起,便于灌汤,烧后体形不致扁缩,然后,用清水里外清洗干净;将鸭子用烧钩钩住顶颈,把鸭子在开水中烫一下,只能打一个滚,立即提起,达到鸭皮毛孔紧缩,表皮蛋白质凝固;蜂蜜用清水稀释,用手蘸蜜水擦在鸭身上,挂在通风处晾干;烧鸭入炉前,先在肛门处塞入4厘米长的芦苇一节做堵塞,防止灌入的汤外流;再将上汤加入精盐、味精调好,从体侧刀口处灌入至八成满;烧鸭时能使鸭子外烧内煮,熟得快,烧得透,并且可补充鸭肉水分的过度消耗,达到鸭肉外焦里嫩的效果;将烧鸭的焖炉先用松毛绳烧热,待松毛烟过时,立即把鸭子从上炉口放挂好,盖上炉火口和上盖,利用焖炉的热度反射烧熟;烧鸭不能直接与火苗接触,烧的过程中,要根据火候移动鸭子的位置,保证火色均匀,烧的时间不能过长和过短,一般掌握在10~15分,烧至皮呈枣红色即可出炉;鸭子出炉后,先拔掉鸭塞,挖出肚中汤汁,从中竖剖两半,切成1厘米宽的长方块,摆入盘中,保持鸭的形象;花椒盐、甜面酱、大葱白另装盘,一起上桌蘸食。

五、几种特色肉鸭加工方法

(一)清香嫩卤鸭

集南北方盐水鸭加工工艺为一体,成品外白里红,肥嫩鲜香,清淡爽口,风味甚佳。

1. 原料配方

白条鸭(1.5~2千克)1只,炒盐100克,葱结50克,花椒、五香粉各10克,大茴香1粒,姜片30克,清卤适量。

2. 清卤配制

清水2.5千克,加入姜2片、葱结少许、大茴香1粒、黄酒、醋少许和盐、味精入锅烧开,再用慢火熬成。

3. 制作方法

①将白条鸭的翅尖、脚爪清理掉,在翅窝下开约10厘米长的一个小口,从小口挖出内脏,清理干净后放入清水中浸泡30分以上,洗净沥干待用。②用精盐、花椒、五香粉合在一起炒热即成炒盐。用炒盐约50克从翅窝下的刀口塞入鸭腹摇匀。另用炒盐25克擦遍鸭身,再用炒盐25克从颈部的刀口和鸭嘴塞入鸭颈,然后放入缸内腌渍1~2小时,腌好后取出鸭坯再放入清卤缸内浸渍2~6小时,浸好后将鸭坯取出挂在通风处吹干,再用一根饮料吸管从鸭的肛门插入。在翅窝下放入姜片少许、葱结5克、大茴香1粒。③将整好的鸭坯放入锅内(腿朝上,头朝下),加足清卤,盖严用大火烧开后撇去浮沫,再用小火焖煮20分,然后提起鸭腿,将鸭腹中的卤汁沥回锅内,再放回锅内浸渍,

反复三四次后再盖上盖子继续小火焖煮 20 分,最后取出插进去的饮料管,沥干卤汁,冷却即成。

(二)风味酱嫩鸭

成品皮红肉嫩,酱香诱人,口味独特。加工季节最好是每年立冬之后至立春之前。

1. 原料配方

白条鸭 10 只、盐 1.5 千克、酱油 3.5 千克、糖酱色 20 克、丁香 10 粒、黄酒 0.5 千克。

2. 制作方法

①选择大小适中、羽细体健的活鸭宰杀去毛、净膛、斩脚,清洗后挂在通风处晾干。②每只鸭用 70 克左右的食盐均匀地擦在鸭体外部,再用 60 克左右的食盐擦在鸭嘴、刀口和腹腔内,再把鸭头向胸前扭转,夹在右翅下,平正地放入缸内,并用竹片加石头压实,在 0℃ 左右气温条件下,腌渍 24～48 小时,而后上下翻动一次,继续腌制 24～48 小时,取出挂通风处沥干。③沥干汤汁后的鸭坯放入后备缸内,加入酱油、丁香、黄酒,盖上竹片用石块压实。在 0℃ 左右气温条件下浸 48～56 小时,然后翻转鸭身继续浸渍 24～48 小时后起缸。④将酱色加入浸过鸭的酱油中(按 25 千克酱油加 150 克酱色的比例),煮沸并撇去浮沫,烧淋腌制过的鸭体,淋匀后沥干汁液,鸭体呈红色,在日光下晒 2～3 天即为成品。上市前置通风干燥处保存。

(三)香辣电烤鸭

成品外形美观,风味独特,皮香味鲜、肉质细嫩,深受中老年消费者的青睐。

1. 原料配方

①腌制料,水 25 千克、干香菇 25 克、八角 70 克、花椒 50 克、葱 70 克、姜 50 克、食盐 4 千克。将八角、花椒用纱布包好,与香菇、葱姜、盐加水煮沸入缸备用。②抹料,香油 100 克、辣椒 50 克、味精 15 克,一起拌匀后待用。③填料,生姜 10 克、葱 15 克、香菇 10 克,用水浸渍后待用。④皮料,水 2.5 千克,加饴糖 250 克溶解,加热至 100℃ 备用。

2. 制作方法

①选用 1.5～2 千克的活鸭,宰杀、脱毛后开膛取净内脏,去爪尖、去头、去颈皮,将两翅反转备用。②将整形后的鸭坯放入腌制料缸中,用压盖将鸭坯压入腌制液内腌制 60～80 分后捞出晾干。③将腌制后的鸭坯取出打开腹腔,用

5 克左右的腹腔料均匀涂抹腹腔,填入生姜 10 克、葱 15 克、香菇 10 克,然后用钢针缝口。④将填料后的鸭坯放入 100℃的皮料液中浸烫约 0.5 分后取出,挂起晾干待烤。⑤用电烤炉烤制。先将炉温升至 100℃后,将鸭坯挂入炉内。再将炉温升到 200℃,恒温 15~20 分,当鸭体全身呈枣红色,并从皮层里面向外渗透油滴时,说明鸭已烤熟。烤熟出炉后,趁热在鸭表皮上擦一层香油即为成品。可用食品塑料袋真空密封包装。

(四)板栗枸杞鸭

成品栗香引人,肉嫩清口,风味独特,具有清热祛火、补中益气、疏肝通肺等功效。

1. 原料配方

①浸卤液,水 50 千克、辛夷 4 克、砂仁 4 克、陈皮 3 克、白芷 10 克、桂皮 12 克、花椒 40 克、小茴香 50 克、元茴 90 克、盐 1.2 千克,葱、姜、糖各适量。②填料,香米 300 克、板栗仁 300 克、豌豆 80 克、枸杞子 200 克,莲子、百合各 80 克,将填料洗净后混合均匀备用。

2. 制作方法

①选择肥膘适中的活鸭,宰杀、脱毛、去内脏后洗净,并按不同需要将鲜鸭整形,然后将鸭体均匀地抹饴糖上色,放入油炸锅中油炸,油炸后放入煮制好的卤汤汁内腌制 1~2 小时,捞出沥汁并冷却。②将冷却后的卤鸭于其腹腔内装入香米、板栗、枸杞子等配方填料,直至填满为止。③将装有填料的卤鸭在 120℃温度条件下蒸煮 0.5 小时,冷却后即为成品。

(五)清淡盐水鸭

成品咸淡适中,口感诱人,老少皆宜。

1. 原料选择

选用当年肥鸭,宰杀拔毛后,切去翅膀尖和脚爪,在右翅下开口,取出内脏,用清水冲净鸭体内外,然后放入冷水中浸泡 1~2 小时,取出后在质量分数为 10%的食品级磷酸三钠(TSP)溶液中浸泡 0.5 分,然后挂晾 2 小时待用。

2. 盐渍腌制

将八角和食盐混合炒制,然后将食盐均匀地涂擦鸭坯内腔和体表,用盐量为每只白条鸭用盐 150 克左右。擦盐时要使体表和内腔内的盐溶解后再复擦,并且注意刀口、头、嘴及大腿夹缝都要擦抹均匀。擦好后放入环境温度为 0~4℃的室内堆码腌制 24~48 小时。腌制期间及时排掉卤水。一般掌握腌制程度为:鸭体表面洁白,用手指按压感觉肉质结实,几乎没有血水外渗即可。

3．入锅煮制

将锅内放足水,同时加入葱、姜、八角等配料。待水煮沸后,将腌制好的鸭放入锅中,待水进入内腔后取出鸭坯,提头倒出腹腔内的热水,再将鸭坯放入锅中,让热水再次进入腔内,再依次将鸭胚放入锅中,压上竹盖使鸭坯全部浸在液面以下,焖煮20~30分,锅中水温约为85℃。间隔30分后,锅内起火升温到水快微沸时,提鸭倒汤,然后再入锅焖煮约30分。最后加热升温至90~95℃时,再次提鸭倒汤,焖鸭10分左右,即可起锅。

(六)油炸金凤爪

成品金黄诱人,香脆适口,老少皆宜,尤其受到女性、儿童的喜爱。

1．配方原料

鸭爪100千克,质量分数为50%的过氧化氢250毫升、麦芽糖1.2千克,以及食用菜籽油、麦芽糖、食用黄色素、氢氧化钠等。

2．漂白上色

加工前先将鲜鸭爪放入冰箱或冷库进行冷冻上霜待用。每次在加工之前取出鸭爪用流动水冲洗解冻。解冻后,重新放水将鸭爪覆盖。每100千克鸭爪用过氧化氢250毫升漂白15~20分。然后将鸭爪沥干水分,上色,每100千克鸭爪使用由麦芽糖1.2千克,加入适量黄色素,再加热水0.8千克制成的混合溶液上色。

3．油锅炸制

将上好色的鸭爪放入菜籽油中炸制。每100千克鸭爪的油炸温度为180~220℃。鸭爪炸至爪心肉颜色发白、皮较硬为止。

4．水煮去杂

将炸好的鸭爪放入不锈钢锅中煮制。先用大火将水烧开,之后调成小火,保持微沸。鸭爪煮60分后,用一根软管连接自来水龙头,伸入缸底放水,一次排清漂浮在锅表面的油渣、杂沫。然后用质量分数为0.2%氢氧化钠溶液浸泡鸭爪,液面要将鸭爪盖住,浸泡3小时左右。

5．再次漂白

每100千克鸭爪再用过氧化氢0.8千克漂白3~4小时,使颜色达到理想的金黄色。最后,用自来水软管从缸底放水,冲洗鸭爪7~9小时,去除残留过氧化氢及氢氧化钠,同时除去油渣、杂沫即成。

第三节　鸭蛋产品加工和鸭肥肝

一、鸭蛋制品

商品蛋是指专门供给人们消费和加工的鸭蛋。包括不合格或停孵后的种蛋、无精蛋、专门饲养母鸭所产的蛋,其用途比较广泛。

1. 直接供食用

新鲜的鸭蛋可供人们煮、蒸、炒、煎等熟制食用,或者作为食品工业原料,加工蛋糕、面包等食品。

2. 加工再制蛋

再制蛋是指经过加工仍保持蛋的原有形态不变的蛋制品。主要包括利用新鲜蛋经盐、碱、糖等辅料制成的别有风味的皮蛋(松花蛋、彩蛋)、咸蛋(胞蛋)、糟蛋等。再制蛋不仅具有良好的风味,而且保存时间长,是人们喜爱的菜肴。

3. 加工熟制蛋

熟制蛋是指利用新鲜蛋经过高温处理后制成的具有一定风味的熟制蛋,包括茶蛋、虎皮蛋、卤蛋等。

4. 加工蛋制品

蛋制品是指利用新鲜蛋的内容物加工制成的蛋品,主要制品有冰冻类和干蛋类。冰冻类是将蛋壳去掉用蛋液冻结而成的制品,有冻金蛋、冻蛋黄、冻蛋白之分。这些冰冻类蛋品主要是用于食品工业。干蛋类是蛋壳去掉,利用内容物经加工制成干蛋品,有全蛋粉、蛋黄粉、蛋白粉之分。这些干蛋类制品不仅为食品加工所利用,而且还可为纺织、皮革、造纸、印刷、医药、塑料、化妆品等工业所利用。

二、蛋制品的加工方法

(一)咸鸭蛋的加工

在加工咸鸭蛋中食盐是主要的辅料,它具有防腐能力,能抑制细菌的繁殖。鲜鸭蛋含水量适中,营养丰富,容易导致细菌的大量繁殖,从而引起蛋白质等营养物质的降解和变质。在腌制过程中,由于盐水的渗透压大于蛋内渗透压,食盐就渗透和扩散到蛋内,而水分则向蛋外渗出,从而抑制了细菌的繁殖,并增加了风味。

咸蛋的加工方法随地区而异,常用的有盐泥涂布法、盐水浸泡法和草灰法。

1. 盐泥涂布法

鸭蛋 80 ~ 100 只,食盐 0.6 ~ 0.75 千克,干黄泥粉 0.65 千克,冷开水 0.4 ~ 0.45 升,将食盐放入瓦缸或塑料桶中,加入冷开水,稍加搅拌,待盐全部溶解后加黄泥,并搅拌成为均匀的泥浆。泥浆的浓度,可用鸭蛋来试验,取一个鸭蛋放入泥浆中,如一半浮在泥浆上面,而另一半浸入泥浆内,则为最合适的浓度。把经挑选、壳无破裂的新鲜鸭蛋,放进泥浆中,使全蛋粘满泥浆后取出,放到缸内或箱内,逐层摆满后盖上盖即可,成蛋的成熟时间,春、秋两季一般需30 天左右,夏季约需 20 天。

2. 盐水浸泡法

用 20% 的盐水溶液倒入缸内,将经批选洗净的鸭蛋浸入,浸泡时以盐水能浸过蛋面为准,腌多少蛋,就配多少盐水,盖上稀疏的竹网盖并将它压住,以防咸蛋上浮。这样经 20 天即成咸蛋。夏季加工可把盐水浓度提高到 25%。盐水腌制咸蛋比盐泥涂布法时间要短一些,这主要是盐水对鲜蛋的渗透作用比盐泥法快。但盐水腌蛋不能久储,否则蛋壳上会出现黑斑,甚至蛋黄变黑,直至腐败。本法简便,成本低,成熟快。但浸泡 1 个月后。蛋壳上通常会产生黑斑。腌制超过 2 个月蛋黄油脂特别显著,腌制时间超过 3 个月,蛋黄油反而减少。

3. 草灰法

鸭蛋 80 ~ 100 只,稻草灰 2 千克,食盐 0.6 千克,清水 1.8 升。把清水煮开后,倒入食盐搅拌,待食盐全部溶解并冷却后加入稻草灰,边加边搅拌,使灰、盐、水混合均匀,然后把鸭蛋逐个放入灰浆中,使蛋表面全部粘上灰浆,然后再滚灰,即把有湿料的蛋再包上一层草灰,其目的是防止蛋与蛋之间互相粘连,包上的草灰厚薄要适中,如包得太厚,会吸去湿料中的盐水,影响鸭蛋成熟的时间。包好的蛋放入密封的容器中,放 30 ~ 45 天即可,腌好的蛋在 25℃ 以下的条件可保存 2 ~ 3 个月。

(二)松花蛋的加工

松花蛋,又称皮蛋、变蛋等,是我国传统的风味蛋制品,不仅为国内广大消费者所喜爱,在国际市场上也享有盛名。

1. 原料

纯碱(Na_2CO_3,即无水碳酸钠、含碳酸钠在 96% 以上)、生石灰(CaO 要求块大体轻,有效氧化钙含量达 70% 以上),食盐($NaCl$,含氯化钠达 36% 以上)、茶叶(以红茶末为佳,其他茶叶也可,但用量要加大)。有的为加快成熟度还加黄丹粉(即氧化铅 PbO,用量不能超食品卫生规定的含量标准)。

2. 配方(每 100 枚蛋所需)

纯碱 400 克,生石灰 1 250 ~ 1 500 克,红茶末 100 ~ 150 克,食盐 150 ~ 200 克,黄丹粉 7.5 ~ 10 克,水 5 ~ 6 千克。

3. 制作方法

挑选蛋壳坚实、完整、无裂纹的新鲜蛋,并将其洗干净,摆放在缸内。配料要用两个容器,一个容器是 1 500 毫升水,放入茶叶煮开,然后放氢氧化钠充分搅拌,使其溶解。另一个容器装水 3 000 毫升,并将生石灰分 2 ~ 3 次投入,待石灰停止沸腾时,加入食盐搅拌,待充分溶解后,将不溶解的石灰杂质捞出。然后再将两个容器中的溶液倒入搅拌均匀,再加入黄丹粉,最后加水到 5 000 毫升,搅拌均匀后,倒入放蛋的缸内,压上竹盖,使料液淹没蛋面。密封缸口,在常温下(2 ~ 25℃),1 个月左右即成熟。

三、鸭肥肝

禽类肝脏合成脂肪的能力远比哺乳动物强,水禽在脂肪组织中合成的脂肪数量只占 5% ~ 10%,而在肝脏中合成的脂肪却占 90% ~ 95%。这是水禽肝脏能迅速肥大的主要原因。一般正常肝重 50 ~ 70 克,肥肝可达 500 克以上。

(一)屠宰

屠宰后将鸭倒挂排血约 10 分,再用传送装置送到水温 65 ~ 70℃ 的烫池中,保持 3 ~ 5 分,取出用手工拔出羽毛(用脱毛机打毛会使肥肝受损伤)。去除羽毛后的屠体移至温度 4 ~ 10℃ 的冷藏装置冷却 10 ~ 12 小时,在这样的温度条件下,既可使屠体、脂肪和肥肝变硬,取肝时不致损伤,也不会使肥肝冻结。

(二)取肝

取肝时将屠体仰卧在操作台上,腹部向上,尾部对着操作者。术者左手按压屠体保定,右手持刀,从龙骨前端处开始;从左到右开一个横切口,再沿腹中线割向泄殖腔前缘,然后右手从纵切与横切的丁字口处伸入,小心地将内脏器官肝、心、肌胃与腹腔和胸部剥离。最后右手从背侧伸入内脏器官下面,手掌向上面进行剥离,食指和中指紧夹住食道,小心地取出内脏器官,再把肝和胆囊一起与内脏器官分离,用左手向上抬起肥肝,使胆囊向下,用吸水纸从下而上小心地捏住胆囊,从肝上分离开。用吸水纸的目的是胆囊破裂后,胆汁可以吸附在纸上。剥离了胆囊的肥肝应清除其上的结缔组织与胆囊部位的绿色渗出物。

(三) 分级

肥肝的分级主要按重量和感官的质量评定。

肥肝的质量分级:目前,一些肥肝生产发达的国家,由于品种和填饲工艺都已过关,生产的肥肝重量大都在 350 克以上,已经符合国际市场中优质级肥肝的重量要求,因此按重量分级的意义就不大,对一些新生产肥肝的国家,特别是我国,面广量大的是北京鸭,生产的肝重量相对较轻,因而对肥肝的重量要求就显得重要了。

对鸭肥肝的重量要求一般是:特级肝 350 克以上,一级肝 200～350 克,二级肝 120～200 克。

肥肝的等级不能单用重量来评定,还要考虑到质量,而质量是根据肥肝的大小、结构、气味等方面的评定。

组织结构:肥肝的质量与组织结构有密切关系。肥肝应结构光滑、无斑点(血斑或淤血)、无病变、质地柔软而结实稍有弹性,既不要太硬,也不要太软(脂肪不足或肝变性),不同结构的肥肝的成分也不同。所以,肥肝的质量还是要按组织结构来评定。

表 7-1　硬肝、软肝与正常肥肝的成分

肥肝的结构	含脂肪(%)	含蛋白质(%)	碘价(%)
正常肥肝	46.4	9.6	57.5
硬肝	38.1	11.2	62.0
软肝	33.8	10.8	80.6

表 7-2　鸭肥肝分级

肥肝等级		质量(克)	肥肝的质量感官评定
特	A	350 以上	无血斑,色泽好,结构好,稍有弹性
级	B	350 以上	有少量血斑,色泽好,结构好,稍有弹性
一	A	200～350	无血斑,色泽好,结构好,稍有弹性
级	B	200～350	有少量血斑,色泽好,稍有弹性
等外	A	120～200	
级	B	120 以下	

色泽和味道:肥肝的色和味与饲料有很大关系,特别与填饲的玉米有关,用黄玉米或红玉米填饲生产的肥肝色泽较深,而用白玉米填饲的肥肝色泽较淡。正常的肥肝,色泽应一致(淡黄色或粉红色)。此外,肥肝应无异味,煮熟后有独特的芳香味。

(四)整形、包装和保存

优级肥肝要求肝叶均匀,轮廓分明,表面光滑,富有弹性,质地柔软而结实,无血斑。色泽呈淡黄或粉红色,质地相同的肥肝,越大越好。对肥肝有淤血、出血或破损的部分用小刀切除,随后按肥肝的大小、质地进行分级装盘。盘中铺1层黄豆粒大的碎冰,冰上铺1层纸,肥肝放于纸上。每盘横放6个肥肝,前后连放3排,然后放入0~4℃的冷藏箱(室)中。在此温度条件下,肥肝的保存期不超过3天。

保存肥肝采用速冻后冷藏的方法来延长储存时间。将刚摘下的肥肝,逐只装入塑料袋中,放入-28℃的速冻库中速冻24小时,然后取出加以整形。整形时先刮除肥肝上的结缔组织和摘除胆囊后残留在肥肝上的绿色痕迹,再用小刀刮除肥肝上的血斑,最后分等级装入箱中,存放在-20~-18℃的冷库中,可保存2~3个月。

第四节 养殖副产品的加工及利用

肉鸭场的废弃物,主要是指鸭的粪便、各种污水、死鸭,以及孵化场的蛋壳、死胚和屠宰后产生的羽毛等副产物。肉鸭场废弃物的处理是控制鸭环境卫生的重要环节,也是保持和促进肉鸭场生态良性循环不可缺少的部分。废弃物的科学处理,不仅直接影响到肉鸭场的卫生防疫,还能减少公害,改善生态环境,同时,也可以收到很好的经济效益。

一、鸭粪

鸭粪既可以制成优质肥料和饲料,还可作为能源加以利用,变废为宝。鸭粪是由饲料中未被消化吸收的部分以及体内代谢废物,与消化道黏膜脱落物和分泌物、肠道微生物及其分解产物等共同组成的。在实际生产中收集到的鸭粪中还含有在喂料及鸭采食时洒落的饲料、脱落的羽毛、破蛋等,其中的有机物含量非常高,作为有机肥料使用价值也很高。在采用地面垫料饲养时,收集到的则是鸭粪与垫料的混合物。

（一）用作生产沼气的原料

鸭粪作为能源最常用的方法就是制作沼气。沼气是在厌氧环境中,有机物质在特殊的微生物作用下生成的混合气体,其主要成分是甲烷,占60%～70%。沼气可用于鸭舍采暖和照明、职工做饭、供暖等,是一种优质生物能源。

（二）用作水产养殖的饲料

鸭粪是养鱼好饲料。如养200只鸭就可以供应2 000～2 500米^{2}鱼塘所需的肥料和饲料。实行水面养鸭,水下养鱼,鱼鸭结合,可达到鱼鸭都增收的目的。这是鸭粪再利用中最简便有效的出路之一。

（三）用作肥料

鸭粪中主要植物养分富含氮、磷、钾等主要植物成分。鸭粪中其他一些重要微量元素的含量亦很丰富,作肥料也是世界各国传统上最常用的办法。在当今人们对绿色食品及有机食品的需求日益高涨的情况下,畜禽粪便将再度受到重视,成为宝贵的资源。

畜禽粪便在作肥料时,有未加任何处理就直接施用的,也有先经某种处理再施用的。前者节省设备、能源、劳力和成本,但易污染环境、传播病虫害,可能危害农作物且肥效差;后者反之。根据处理方法的不同可分物理处理、生物学处理和化学处理3类。

1. 物理处理

该方法是比较简单的处理方法,主要是对鸭粪进行脱水干燥处理。新鲜鸭粪的主要成分是水,通过脱水干燥处理使其含水量降到15%以下。这样,一方面减少了鸭粪的体积和重量,便于包装运输;另一方面,可以有效地抑制鸭粪中微生物的活动,减少营养成分(特别是蛋白质)的损失。脱水干燥处理的主要方法有高温快速干燥、太阳能自然干燥以及鸭舍内干燥等。

（1）高温快速干燥 采用以回转圆筒烘干炉为代表的高温快速干燥设备,可在短时间(10分左右)将含水率达70%的湿鸭粪迅速干燥至含水仅10%～15%的鸭粪加工品。采用的烘干温度依机器类型不同有所区别。在加热干燥过程中,还可做到彻底杀灭病原体,消除臭味。烘干设备的附属设备有除尘器,有的还有除臭设备。热空气从烘干炉中出来后,经密闭管道进入除尘器,清除空气中夹杂的粉尘。然后,气体被送至二次燃烧炉,在500～550℃高温下做处理,最后才能把符合环保要求的气体排入大气中。

（2）太阳能自然干燥处理 这种处理方法采用塑料大棚中形成的"温室效应",充分利用太阳能来对鸭粪做干燥处理。专用的塑料大棚长度可达

60～90米,内有混凝土槽,两侧为导轨,在导轨上安装有搅拌装置。湿鸭粪装入混凝土槽,搅拌装置沿着导轨在大棚内反复行走,并通过搅拌板的正反向转动来捣碎、翻动和推送鸭粪。利用大棚内积蓄的太阳能使鸭粪中的水分蒸发出来,并通过强制通风排除大棚内的湿气,从而达到干燥鸭粪的目的。在夏季,只需要约1周的时间即可把鸭粪的含水量降到10%左右。

在利用太阳能作自然干燥时,有的采用一次干燥的工艺,也有的采用发酵处理后再干燥的工艺,在后一种工艺中,发酵和干燥分别在两个大槽中进行。鸭粪从鸭舍铲出后,直接送到发酵槽中。发酵槽上装有搅拌机,定期来回搅拌,每次能把鸭粪向前推进2米。经过20天左右,将发酵的鸭粪转到干燥槽中,通过频繁的搅拌和粉碎,将鸭粪干燥,最终可获得经过发酵处理的干鸭粪产品。这种产品用作肥料时,肥效比未经发酵的干燥鸭粪要好,使用时也不易发生问题。这种处理方法可以充分利用自然能源,设备投资较少,运行成本也低。但是,本法受自然气候的影响大,在低温、高湿的季节或地区,生产效率较低,而且处理周期过长,鸭粪中营养成分损失较多,处理设施占地面积较大。

(3)鸭舍内鸭粪干燥处理 该方法的核心就是直接将气流引向传送带上的鸭粪,使鸭粪在产出后得以迅速干燥。这种方法也可把鸭粪的含水率降至35%～40%,必须同其他干燥方法结合起来,才能生产出能长期保存的优质干燥鸭粪。

2. 生物学处理

鸭粪的生物学处理就是利用各种微生物的生命活动来分解鸭粪中的有机成分的方法。微生物处理主要是发酵处理,在发酵过程中形成的特殊理化环境也可基本杀灭鸭粪中的病原体。具体方法如下:①在水泥地或铺有塑料膜的泥地上将鸭粪堆成长条状,高不超过1.5～2米,宽度控制在1.5～3米,长度由场地大小和粪便多少而定。②先较为疏松地堆一层,待堆温达60～70℃,保持3～5天,或待堆温自然稍降后,将粪堆压实,在上面再疏松地堆加新鲜鸭粪一层,如此层层堆积至1.5～2米为止,用泥浆或塑料薄膜密封。③为保持堆肥质量,若含水率超过75%最好中途翻堆,若含水率低于65%最好泼点水。④密封后经2～3个月(热季)或2～6个月(冷季)才能启用。⑤为了使肥堆中有足够的氧,可在肥堆中竖插或横插若干通气管。经济发达国家采用堆肥法时,常用堆肥舍、堆肥槽、堆肥塔、堆肥盘等设施,优点是腐熟快、臭气少并可连续生产。当然也需要配备特定的搅拌和通气装置,成本相应提高。

3. 化学处理

即在鸭粪中按比例加入化学物质。常用的化学物质有福尔马林、丙酸、乙酸、氢氧化钠、过磷酸钙、磷酸、尿素—甲醛聚合物等。化学处理法可使鸭粪中的养分损失明显减少,而消化系数明显提高(提高最明显的是碳水化合物、半纤维素和细胞壁),增加动物对粪便饲料的进食量。化学处理杀灭鸭粪中病原体极为有效。

(四)用作培养料

这是一种间接作饲料的方法。与畜禽粪便直接用作饲料相比,其饲用安全性较强,营养价值较高,但手续和设备复杂一些。作培养料有多种形式如培养单细胞、培养蝇蛆、培养藻类、食用菌培养料、养蚯蚓和养虫等,为畜禽饲养业和水产养殖业提供了优质蛋白质饲料。

二、污水处理

养鸭场所排放的污水,主要来自清粪和冲洗鸭舍后的排放粪水及屠宰加工厂和孵化厂等冲洗排放的污水。屠宰加工厂也是用水和排放污水的大户,屠宰加工厂的污水主要来自血液、羽毛和内脏的处理用水、冲洗地面和设备所排放的污水。污水中含有大量的血液、羽毛、油脂、碎肉、未消化过的饲料和粪便等。

(一)污水的物理处理法

主要利用物理作用,将污水中的有机物、悬浮物、油类及其他固体物质分离出来。

1. 过滤法

过滤主要是污水通过具有孔隙的过滤装置以达到使污水变得澄清的过程,这是鸭场污水处理工艺流程中必不可少的部分。常用的简单设备有格栅或网筛。鸭场过滤污水采用的格栅由一组平行钢条组成,略斜放于污水通过的渠道中,用以清除粗大漂浮和悬浮物质,如饲料袋、塑料袋、羽毛、垫草等,以免堵塞后续设备的孔洞、闸门和管道。

2. 沉淀法

利用污水中部分悬浮固体密度大于水的原理使其在重力作用下自然下沉并与活水分离,这是污水处理中应用最广的方法之一。沉淀法可用于在沉淀池中去除无机杂粒,在一次沉淀池中去除有机悬浮物和其他固体物,在二次沉淀池中去除生物处理产生的生物污泥,在化学絮凝法后去除絮凝体,在污泥浓缩池中分离污泥中的水分,使污泥得到浓缩。

3. 固液分离法

这是将污水中的固体物与液体分离的方法,可以使用固液分离机。目前,常见的分离机有旋转筛压榨分离机和带压轮刷筛式分离机,其他的还有离心机、挤压式分离机等。

(二)污水的化学处理法

利用化学反应的作用使污水中的污染物质发生化学变化而改变其性质,最后将其除去。

1. 絮凝沉淀法

这是污水处理的一种重要方法。污水中含有的胶体物质、细微悬浮物质和乳化油等,可以采用该法进行处理。常用的絮凝剂有无机的明矾、硫酸铝、三氯化铁、硫酸亚铁等,有机高分子絮凝剂有十二烷基苯磺酸钠、羧甲基纤维素钠、聚丙烯酰胺、水溶性脲醛树脂等。在使用这些絮凝剂时还常用一些助凝剂,如无机酸或碱、漂白粉、膨润土、酸性白土、活性硅酸和高岭土等。

2. 化学消毒法

鸭场的污水中含有多种微生物和寄生虫卵,若鸭群暴发传染病时,所排放的污水中就可能含有病原微生物。因此,采用化学消毒的方式来处理污水就十分必要。经过物理、生物法处理后的污水再进行加药消毒,可以回收用作冲洗圈栏及一些用具,节约了鸭场的用水量。目前,用于污水消毒的消毒剂有液氯、次氯酸、臭氧和紫外线等,以氯化消毒法最为方便有效,经济实用。

(三)鸭场污水的生物处理法

生物处理法原理是利用微生物的代谢作用分解污水中的有机物而达到净化的目的。

1. 氧化塘

氧化塘是将自然净化与人工措施结合起来的污水生物处理技术,主要是利用塘内细菌和藻类共生的作用处理污水中的有机污染物。污水中的有机物由细菌进行分解,而由细菌赖以生长、繁殖所需的氧,则由藻类通过光合作用来提供。根据氧化塘内溶解氧的主要来源和在净化作用中起主要作用的微生物种类,可分为好氧塘、厌氧塘、兼性塘和曝气塘4种。氧化塘可利用旧河道、河滩、无农用价值的荒地、鸭场防疫沟等,基建投资少。氧化塘运行管理简单、费用低、耗能少,可以进行综合利用,如养殖水生动植物,形成多级食物网的复合生态系统。但氧化塘占地面积较大,处理效果受气候的影响,如越冬问题和春、秋翻塘问题等。如果设计、运行或管理不当,可能形成二次污染,如污染地下水或产生臭气。因此，氧化塘的面积与活水的水质、流量和塘的表面负荷等有关，须经计算确定。

2. 活性污泥法

由无数细菌、真菌、原生动物和其他微生物与吸附的有机及无机物组成的絮凝体称为活性污泥，其表面有一层多糖类的黏质层。活性污泥有巨大的表面能，对污水中悬浮态和胶态的有机颗粒有强烈的吸附和絮凝能力，在有氧气存在的情况下，其中的微生物可对有机物发生强烈的氧化分解作用。利用活性污泥来处理污水中的有机污染物的方法称为活性污泥法。该法的基本构筑物有生物反应地（曝气池）、二次沉淀池、污泥回流系统及空气扩散系统。

3. 厌氧生物处理法

厌氧生物处理法相当于沼气发酵。根据消化池运行方式的不同，可分为传统消化池和高速消化池。传统消化池投资少、设备简单，但消化速率较低，消化时间长，易受气温的影响，污水须在池内停留 30～90 天，多为南方小规模畜禽场和养殖专业户采用。高速消化池设有加热和搅拌装置，运行较为稳定，在中温（30～35℃）条件下，一般消化期 15 天左右，常被大型畜禽场广泛采用。近年来，根据沼气发酵的基本原理，发展出一种填充介质沼气池，如上流式厌氧污泥床、厌氧过滤器等。其特点是加入了介质，有利于池中微生物附着其上，形成菌膜或菌胶团，从而使池内保留有较多的微生物量，并能与污水充分接触，可提高有机物的消化分解效率。

三、垫料处理

工厂化鸭生产过程中，肉用仔鸭、育肥鸭和种鸭常采用地面平养。育雏也常在地面进行，这些过程中常需使用垫料。鸭场所用垫料多为锯木屑、稻草或其他秸秆。一般使用的规律是：冬季多垫，夏季少垫或不垫，阴雨天多垫，晴天少垫，一个生产周期结束后，清除的垫料实际上是鸭粪与垫料的混合物。对这种混合物的处理有几种方法。

（一）堆储

肉用仔鸭粪和垫料的混合物可以单独堆储。为了使发酵作用良好，混合物的含水量应调至 40%。混合物在堆储的第 4 天至第 8 天，堆温达到最高峰，可杀死多种致病菌，保持若干天后，堆温逐渐下降与气温平衡。经过堆储后的鸭粪与垫料混合物可以饲喂牛、羊等反刍动物。

（二）直接燃烧

在采用垫草平养时，由于清粪间隔较长，只要舍内通风良好且饮水器不漏水,那么收集到的鸭粪垫料都比较干燥。如果鸭粪垫料混合物的含水率在30%以下,就可以直接用作燃料来供热。据估算,一个较大型的鸭场,如能合理充分地利用本场生产的鸭粪垫料混合物作燃料,基本上就能满足本场的热能需要。当然,鸭粪垫料混合物的直接燃烧需要专门的燃烧装置,因此,事先需要一定的投资。如果鸭场暴发某种传染病,此时的垫料必须用焚烧法进行处理。

(三)生产沼气

使用粪便垫料混合物作沼气原料,由于其中已含有较多的垫草(主要是一些植物组织),碳氮比较为合适,作为沼气原料使用起来十分方便。

(四)直接还田用作肥料

锯木屑、稻草或其他秸秆在使用前是碎料者可直接还田。

四、羽毛处理和利用

鸭的羽毛柔软轻松、弹性好、保暖性强,经加工后可以制成各种轻软防寒的服装、羽绒被、羽绒枕和羽绒睡袋等的天然高级填充物,一部分翼羽可用来制作羽毛球、羽毛扇。鸭的羽毛上附着有大量病原微生物,如果不经加工处理而随地抛撒,有可能造成疾病的四处传播。羽毛中蛋白质含量高85%,其中主要是角蛋白,其性质极其稳定,一般不溶于水、盐溶液及稀酸、碱,即使把羽毛磨成粉末,动物肠胃中的蛋白酶也很难对其进行分解和消化。

(一)羽毛的收集

羽毛收集方法大体可分人工法、输送带法和水流管泵法。人工收集法又有两种:一种是用耙子将拔毛机下面随意掉在地上的羽毛耙集在一起,再装入筐;另一种是拔下的羽毛靠装在拔毛机下的斜挡板和拔毛时流下的水将羽毛自行汇集;第三种方法是水流管泵集羽法,此法以长的明沟代替第二种集羽法的输送带,拔下的羽毛掉落到明沟里,随快速流动的水入流水池。快速流动的水源由水泵提供,然后由羽毛输送泵将池内的羽毛和水送到分离机,分离出羽毛,而分离后的水仍可流入水泵池,被重复利用。由于快速流动的水可将羽毛带到较远的地方,汇集羽毛和大池以及水泵也都可设置在加工车间的外面。由于开了明沟,脱毛车间的地面清洗方便,从而保证环境卫生达到要求。一般现代化的鸭屠宰加工厂均用此收集法。

(二)羽绒的初步加工

在一般情况下,羽绒加工有两种程序;一是水洗羽绒加工程序,二是不经水洗的羽绒加工程序。

1. 水洗羽绒加工程序

羽绒原料的质量检验→水洗消毒→甩干→烘干→分选→质量检验。

（1）羽绒原料的质量检验 羽绒原料在加工前必须进行质量检验。因为加工前已知这批羽绒加工后的用途及质量要求，检验原料就能得知原料的质量，做到心中有数，并且，依据加工过程中各环节绒的损失率及羽绒的清洁度，可确定加工方法和投入原料的数量，以便达到或接近加工后的质量要求。这样，就可减少加工中的盲目性，以便提高加工质量，降低加工成本，提高加工中的经济效益。原料的质量检验，要按照羽绒质量检验程序和方法进行。

（2）洗涤 因为羽毛羽绒中，除了含有灰沙以外，还有不少皮屑、细小的血管毛和头、颈、脚、翅上的细小带硬性的梗毛及脂肪性的腥味，或者由于存放时间过久发生霉烂、虫蛀，都会散发出霉味和刺鼻的虫蛀气味。由于上述原因，使部分羽毛羽绒折断、损伤，失去天然的弹性和光泽。通过水洗过程，要求达到去污、去灰、去杂、去味，恢复弹性。将质检后的原料放入水洗机，加入适量适温中性热清水和适量中性洗涤剂，将羽绒洗涤干净，达到所需求的清洁度标准。

（3）甩干与烘干 甩干与烘干就是去掉洗涤后羽绒中的多余水分，使羽绒干燥蓬松、易于分选。这一加工过程，在一般情况下是先用甩干机甩干，再进入烘干机烘干。

（4）分选 将干燥、蓬松的羽绒原料送入分选机内，控制分选机的风力，把羽绒和大、中、小毛片分开，落入不同的集毛箱内。

（5）质量检验 羽绒原料加工后的质量检验是必不可少的程序。检验不仅仅是验证加工后的羽绒是否达到要求，而且也是检验各加工过程中所采用的方法是否得当及羽绒的损失率是否合理，以便总结经验提高加工技术水平，降低加工成本，提高效益。更主要的是得知各箱羽绒含绒率，可选择不同的用途，提高羽绒的综合利用率，增加经济收入。一般羽绒分选机是4箱（也有2箱的），每箱均要检验含绒率，含绒率最高的一箱应全面质量检验。

（6）包装 将拼堆后的羽绒采样复检，若合乎标准，则倒入打包机内打包（每包重约165千克），然后取出缝好包头，编号，过秤即为成品。

（7）羽绒的储存 羽绒若暂不出售，须放在干燥、通风的库房内储藏，库房地面放置水垫，可以增加防潮效果。由于羽绒不易散失热量，保温性能好，且主要是蛋白质，易结块、虫蛀、发霉，特别是白鸭绒受潮发热，会使羽色变黄影响质量。因此，储藏羽绒期间必须严格防潮、防霉、防热、防虫蛀，定期检查毛样,如发现异常,要及时采取改进措施。受潮的及时晾晒,受热的及时通风,发霉的及时烘干,虫蛀的及时杀虫。不同色泽的羽绒、片羽和绒羽,要分别标志,分区存放,以免混淆。当储藏到一定数量和一定时间后,应尽快出售或加工处理。

2. 不经水洗的羽绒加工程序

羽绒原料的质量检验→除尘→分选→质量检验。这个加工程序与水洗羽绒加工程序相同的部分按水洗羽绒程序进行。除尘是将羽绒放入除尘机内,除去羽绒的杂质,达到标准要求。

(三)羽毛的加工处理

对羽毛的处理关键是破坏角蛋白稳定的空间结构,使之转变成能被畜禽所消化吸收的可溶性蛋白质。

1. 高温高压水煮法

将羽毛洗净、晾干,置于120℃、450~500千帕条件下用水煮30分,过滤、烘干后粉碎成粉。此法生产的产品质量好,试验证明,该产品的胃蛋白酶消化率达90%以上。

2. 酶处理法

从土壤中分离的弗氏链霉菌、细黄链霉菌及从人体和哺乳动物皮肤分离的粒状发癣菌,均可产生能迅速分解角蛋白的蛋白酶。其处理方法为:羽毛先置于 pH >12 的条件下,用弗氏链霉菌等分泌的嗜碱性蛋白酶进行预处理。然后,加入 1~2 毫克/升盐酸,在温度 119~132℃、压力 98~2 156 千帕的条件下分解 3~5 小时,经分离浓缩后,得到一种具有良好适口性的糊状浓缩饲料。

3. 酸水解法

其加工方法是将瓦罐中的 6~10 毫克/升盐酸加热至 80~100℃,随即将已除杂的洁净羽毛迅速投入瓦罐内,盖严罐盖,升温至 110~120℃,溶解 2 小时,使羽毛角蛋白的双硫键断裂,将羽毛蛋白分解成单个氨基酸分子,再将上述羽毛水解液抽入瓷缸中,徐徐加入 9 毫克/升氨水,并以 45 转/分的速度进行搅拌,使溶液 pH 中和至 6.5~6.8。最后,在已中和的水解液中加入麸皮、血粉、米糠等吸附剂。当吸附剂含水率达 50% 左右时,用 55~56℃ 的温度烘干,并粉碎成粉,即成产品。但加工过程会破坏一部分氨基酸,使粗蛋白含量减少。

4. 微生物法

地衣形杆菌是一种好氧杆菌,可以在仅有羽毛作为碳源的培养基中生存。将羽毛放入接种有这种细菌的培养基后,经 3～5 天就可完全分解。在分解过程中,降解菌的数量增加很少,而羽毛则经过酶的水解而变成可溶性蛋白质及游离氨基酸。现已开发出一套以这种细菌为核心的鸭场废弃物消化体系,不但可以处理羽毛,也可处理鸭的废弃物。利用这种羽毛分解物饲喂肉鸭(添加适量赖氨酸、蛋氨酸和组氨酸),其效果与大豆蛋白型日粮相同,但价格更便宜。

(四)羽毛蛋白饲料的利用

1. 肉鸭饲料

国内外大量试验和多年饲养实践表明,在雏鸭和成鸭日粮中添加 2%～4% 的羽毛粉是可行的。

2. 猪饲料

研究表明,羽毛粉可代替猪日粮中 5%～6% 的豆饼或国产鱼粉。在二元杂交猪日粮中加入羽毛蛋白饲料 5%～6%,与等量国产鱼粉相比,经济效益提高 16.9%。若配比过高,则不利于猪的生长。

3. 毛皮动物饲料

胱氨酸是毛皮动物不可缺少的一种氨基酸,而羽毛蛋白饲料中胱氨酸含量高达 4.65%,故羽毛蛋白是毛皮动物饲料的一种理想的胱氨酸补充剂。

主要参考文献

[1]陈宗刚．肉用鸭饲养与繁育技术［M］．北京:科学技术文献出版社,
2010.

[2]宁中华．肉鸭快速饲养［M］．北京:科学技术文献出版社,2001.

[3]李晓东,商展榕,张俊．肉鸭［M］．北京:中国农业大学出版社,2005.

[4]黄炎坤．养肉鸭［M］．郑州:中原农民出版社,2008.

[5]李昂．肉鸭饲养［M］．福州:福建科学技术出版社,2004.

[6]王传武．新编禽病诊断与防治［M］．呼和浩特:内蒙古科学技术出版
社,2004.

[7]杨承忠．肉鸭饲养关键技术［M］．广州:广东科技出版社,2004.

[8]丁雷．肉鸭生产技术指南［M］．北京:中国农业大学出版社,2003.

[9]岳永生．肉鸭养殖技术［M］．北京:中国农业大学出版社,2003.

[10]蔡来长．肉鸭饲养手册［M］．广州:广东科技出版社,2005.

[11]黄仁泉,赵国先．肉鸭标准化生产技术［M］．北京:中国农业大学出
版社,2003.

[12]牛岩．肉鸭快速饲养技术［M］．郑州:河南科学技术出版社,2002.

[13]刘洪云．肉鸭科学饲养诀窍［M］．上海:上海科学技术文献出版社,
2004.

[14]扶国才．肉鸭饲养实用技术［M］．南京:江苏科学技术出版社,1999.

[15]李昂．肉鸭饲养一本通［M］．福州:福建科学技术出版社,2006.

[16]施韶华,余茂昌．肉鸭科学饲养新技术［M］．北京:北京出版社,1999.

[17]黄炎坤,韩占兵．优质肉鸭肉鹅饲养管理技术［M］．郑州:中原农民
出版社,2006.

[18]李玉冰,赵晨霞．无公害畜禽产品生产技术［M］．北京:中国农业科
学技术出版社,2008.